U0257132

本书获得贵州师范大学马克思主义理论学科建设经费资助

余满晖 等 著

生态文明建设的
理论与实践

THEORY AND PRACTICE OF
ECOLOGICAL CIVILIZATION CONSTRUCTION

社会科学文献出版社
SOCIAL SCIENCES ACADEMIC PRESS (CHINA)

自　序

党的十八大以来，我国大力推进生态文明建设，也推动了相关研究大发展大繁荣。与此相联系，笔者与诸位同仁也积累了一系列成果，最终成书与读者见面。

新时代，在取得了显著建设成效的同时，有关生态文明的研究也进入一个承先启后的关键发展阶段。因此，总结既有学理，在对问题的重新回顾与反思当中探究走向明天的路也就成了题中之义。

综观全书，其中理论部分为"生态文明建设的马克思主义之魂"、"生态文明建设的传统文化之根"和"生态文明建设的西方文化之鉴"；实践部分聚焦贵阳一地，管窥其近年来开展的生态文明建设行动。具体论述除了马克思主义这个"最大增量"以外，还融通了中华优秀传统生态文化，更着眼于当代西方生态文化，最后落脚于贵阳的现实生态实践。因而时间上跨越古今，空间上纵横中外，古为今用，洋为中用，切实推进关系人类前途命运问题的探索。

"哲学家们只是用不同的方式解释世界，而问题在于改变世界。"因此，本书虽然内容论及多个方面，但是重点还是关于贵阳市生态建设的研究。其中既有以整个贵阳为对象，讨论其"产、城、景"的互动发展等，也有"花溪区文化旅游创新区建设的探索"这种围绕贵阳某一区域中的某一特殊问题而进行的研讨。总的来说，尽管论述稍显粗糙，不过仍然属于本书的主要创新所在。

当然，由于时间仓促和水平有限，本书肯定会有一些地方处理不妥，望读者一一批评指正。

余满晖

2021 年 4 月 10 日

目　录

第一篇

生态文明建设的马克思主义之魂

第一章　思想史视野中的真理：
马克思的自然观

长期以来，在传统的理论框架中，诸多论者在探讨马克思的自然观时都疏离了历史，认为马克思天生就是一个"马克思主义者"，而马克思关于自然的自我意识当然也是"马克思主义性质"的自然观。这就使人们非常有必要以真切的态度"回到马克思"，在思想发展史的视野中展现马克思自然观的本真意义，从而使之能在当下人类面临全球性的生态危机的"艰难时刻"凸显自己的当代价值。

第一节　前唯物主义时期马克思的自然观

1837 年 4 月，年轻的马克思因病来到柏林郊区施特拉劳休养。在休养期间，马克思结识了青年黑格尔派成员加入他们的组织——"博士俱乐部"。"其中有几位讲师，还有我的一位最亲密的柏林朋友鲁滕堡博士。这里在争论中反映了很多相互对立的观点"①，但正是由于俱乐部成员中这些争论的影响，马克思"从头到尾读了黑格尔的著作，也读了他大部分弟子的著作"②，这使他"不想再练剑术，而只想把真正的珍珠拿到阳光中来"③，因而同他"想避开的现代世界哲学的联系却越来越紧密了"④。最终，大约在 1837 年四五月间，马克思带着"要证实精神本性也和肉体本性一样是必要的、具体的，并且具有同样的严格形式"⑤ 的明确目的，再次钻

---

① 《马克思恩格斯全集》第 40 卷，人民出版社，1982，第 16 页。
② 《马克思恩格斯全集》第 40 卷，人民出版社，1982，第 16 页。
③ 《马克思恩格斯全集》第 40 卷，人民出版社，1982，第 15 页。
④ 《马克思恩格斯全集》第 40 卷，人民出版社，1982，第 16 页。
⑤ 《马克思恩格斯全集》第 40 卷，人民出版社，1982，第 15 页。

到"大海"里，走进了黑格尔主义这一"现代世界哲学"，由此在严格的意义上开始了自己思想发展的真正历程。

黑格尔哲学是一种理念论哲学，它把理念或绝对精神作为世界的本原，世界上各种事物的本质是概念或事物的理念，因而这些事物都不过是理念的外部表现。同时，理念由于自身的矛盾性，为此它时时刻刻都在进行必然的辩证运动。当马克思转向黑格尔主义以后，他坚定地站在黑格尔理念论的立场上考察对象。在自然观方面，马克思提出，与"脱离了有机生命而被折断了的干枯的树枝树杈"① 不一样，根深叶茂的树和树干"有机地同化空气、阳光、水分和泥土，使它们变成自己的形式和生命"②。因此，"占主导地位的不是物质，而是形式"③。在宏观世界，"感性的自然也只是对象化了的、经验的、个别的自我意识，而这就是感性的自我意识。所以，感官是具体自然中的唯一标准，正如抽象的理性是原子世界中的唯一标准一样"④。其实，与宏观世界一样，微观世界中的"原子不外是抽象的、个别的自我意识的自然形式"⑤，是"客观化了的、经验的、个别的自我意识"⑥，而"由于有了质，原子就获得同它的概念相矛盾的存在，就被设定为外在化了的、同它自己的本质不同的定在"⑦。在这里，"自我意识"并不是指人的自我意识，而是特指"感性的自然"或原子等的概念或理念。另外，马克思在此提及的所谓"客观化了的、经验的""自我意识"，也并不是肯定"自我意识"是一种客观化的、经验的存在，而是说原子等自然物只不过是"自我意识"或概念的外化，只不过是无限的绝对精神在其发展中的一个环节。这样，在马克思的视域中，随着绝对精神的运动，这种"抽象思维的外在性就是……自然界，就像自然界对这种抽象思维所表现的那样。自然界对抽象思维来说是外在的，是抽象思维的自我丧失；而抽象思维也是外在地把自然界作为抽象的思想来理解，然而是作为外化的抽象

---

① 《马克思恩格斯全集》第 1 卷，人民出版社，1995，第 252 页。
② 《马克思恩格斯全集》第 1 卷，人民出版社，1995，第 252 页。
③ 《马克思恩格斯全集》第 1 卷，人民出版社，1995，第 345 页。
④ 《马克思恩格斯全集》第 1 卷，人民出版社，1995，第 54 页。
⑤ 《马克思恩格斯全集》第 40 卷，人民出版社，1982，第 233 页。
⑥ 《马克思恩格斯全集》第 40 卷，人民出版社，1982，第 233 页。
⑦ 《马克思恩格斯全集》第 40 卷，人民出版社，1982，第 218 页。

思维来理解"①。所以，年轻的马克思像黑格尔一样"把自然界从自身释放出去"，实际上释放出去的只是这个抽象的自然界，"只是自然界的思想物"，是一种精神性的东西。而对现实的历史中的人来说，他们不能画饼充饥，与幽灵作战，因而处于黑格尔主义发展阶段的马克思这种"被抽象地理解的、自为的、被确定为与人分隔开来的自然界，对人来说也是无"②。关于它的一切表面上尽管"喧嚣吵嚷"，然而其"真正业绩和关于这些业绩的幻想之间"③却存在着"令人啼笑皆非的显著差异"④。

第二节　唯物主义时期马克思的自然观

1843 年 2 月，卢格主编的《德国现代哲学和政论界轶文集》同期发表了费尔巴哈的《关于哲学改造的临时纲要》和马克思的《评普鲁士政府的书报检查令》，这使马克思很快读到了费尔巴哈的新思想。为此，1843 年 3 月，马克思写信给卢格时专门提到了费尔巴哈的新世界观，说："费尔巴哈的警句只有一点不能使我满意，这就是：他过多地强调自然而过少地强调政治"⑤。这虽然表明此时马克思具有不同于费尔巴哈的思想，但是也毫无疑问表示马克思已经接受了费尔巴哈的唯物主义，他和恩格斯"一时都成为费尔巴哈派了"⑥。

在"费尔巴哈派"阶段，马克思不仅专门著文《对黑格尔的辩证法和整个哲学的批判》⑦来与黑格尔决裂，而且对费尔巴哈的崇拜、迷信也不断超越费尔巴哈，特别是关于自然观。大约在 1844 年 5 月底 6 月初至 8 月间，他在后来标题为《1844 年经济学哲学手稿》（以下简称《手稿》）等一系列笔记文稿中第一次提出了人化自然的思想，认为"不仅五官感觉，而且连所谓精神感觉、实践感觉（意志、爱等等），一句话，人的感觉、感觉的人

---

① 《马克思恩格斯文集》第 1 卷，人民出版社，2009，第 202 页。
② 《马克思恩格斯文集》第 1 卷，人民出版社，2009，第 220 页。
③ 《马克思恩格斯选集》第 1 卷，人民出版社，2012，第 143 页。
④ 《马克思恩格斯选集》第 1 卷，人民出版社，2012，第 143 页。
⑤ 《马克思恩格斯全集》第 27 卷，人民出版社，1972，第 442 页。
⑥ 《马克思恩格斯选集》第 4 卷，人民出版社，2012，第 228 页。
⑦ 《马克思恩格斯文集》第 1 卷，人民出版社，2009，第 197 页。

性，都是由于它的对象的存在，由于人化的自然界，才产生出来的"①。同时，由于"自然科学却通过工业日益在实践上进入人的生活，改造人的生活，并为人的解放作准备"②，"因此，自然科学将抛弃它的抽象物质的方向，或者更确切地说，是抛弃唯心主义方向，从而成为人的科学的基础"③，这将使人们确凿无疑地发现："在人类历史中即在人类社会的形成过程中生成的自然界，是人的现实的自然界；因此，通过工业——尽管以异化的形式——形成的自然界，是真正的、人本学的自然界"④。

1845 年 2 月，马克思到了比利时的布鲁塞尔。在那里，他重新阅读了费尔巴哈的著作，原来积聚的新世界观因素迅速上升为马克思主义的自觉世界观，从此，马克思主义哲学也即"新唯物主义"脱离母体正式诞生了。而正是在这个时期写下的"包含着新世界观的天才萌芽的第一个文献"⑤——《关于费尔巴哈的提纲》（以下简称《提纲》）的第一条中，马克思指出："从前的一切唯物主义（包括费尔巴哈的唯物主义）的主要缺点是：对对象、现实、感性，只是从客体的或者直观的形式去理解"⑥。这意味着在"从前的一切唯物主义"的视域中，现实的感性世界仅仅只是自然存在或者自然感性，是开天辟地以来就始终如一的东西。马克思既然断定这一点是"从前的一切唯物主义"的"主要缺点"，也就表明他并不认为现实世界是先在的、既成的，只是客观的自然存在。

同样是在《提纲》的第一条中，马克思也提到了唯心主义。他说："和唯物主义相反，唯心主义把能动的方面抽象地发展了。"⑦ 马克思的这句话包含了两层意思：第一，马克思肯定唯心主义发展了"能动的方面"。在通常的哲学理解中，例如在"辩证唯物主义"教科书中，"能动"一词常用于指意识所具有的一种相对独立的作用，即能动作用。意识的能动作用表现在两个方面：一是意识自身从感性认识上升到理性认识；二是对实践的反作用。能否在这样的意义上来理解马克思在此处所说的"能动的方面"呢？

---

① 《马克思恩格斯文集》第 1 卷，人民出版社，2009，第 191 页。
② 《马克思恩格斯文集》第 1 卷，人民出版社，2009，第 193 页。
③ 《马克思恩格斯文集》第 1 卷，人民出版社，2009，第 193 页。
④ 《马克思恩格斯文集》第 1 卷，人民出版社，2009，第 193 页。
⑤ 《马克思恩格斯选集》第 4 卷，人民出版社，2012，第 219 页。
⑥ 《马克思恩格斯选集》第 1 卷，人民出版社，2012，第 133 页。
⑦ 《马克思恩格斯选集》第 1 卷，人民出版社，2012，第 133 页。

答案是否定的。因为这样理解，就会把马克思所说的"能动的方面"归之于意识的方面，好像马克思肯定的是唯心主义发展了意识的能动的方面。其实，马克思是在批评了"从前的一切唯物主义"只是从客体的形式去理解"现实"之后接着肯定唯心主义发展了"能动的方面"，因此，马克思对唯心主义的批判也是对"现实"的理解方式上的批判。这样，马克思所说的"能动的方面"绝不是指意识方面，而是指对象方面。"从前的一切唯物主义"仅仅从客体的形式去理解现实世界，他们视野中的现实世界不是主体的活动创造的，所以是非能动的；与之不同，唯心主义认为现实世界是主体的活动创造出来的，所以他们对现实世界的理解是能动的。这说明马克思此处所说的"能动"是指主体能动的创造性，"能动的方面"是指主体能动的创造性活动方面。由此可知，唯心主义发展了能动的方面是指唯心主义在其理论中赞成现实生活的世界是由主体的活动创造出来的。正是在这一方面，唯心主义得到了马克思的肯定。这证明马克思也认为现实生活的世界是主体能动的活动生成的，而不是像"从前的一切唯物主义"所说的那样是既成的。第二，马克思在肯定唯心主义发展了能动的方面的同时，也批判了他们只是抽象地发展了能动的方面。这一点黑格尔的唯心主义哲学作了最好的诠释。他在《自然哲学》中提出："自然界是自我异化的精神"①，"是作为他在形式中的理念产生出来的。既然理念现在是作为它自身的否定东西而存在的，或者说，它对自身是外在的，那么自然就并非仅仅相对于这种理念（和这种理念的主观存在，即精神）才是外在的，相反的，外在性就构成自然的规定，在这种规定中自然才作为自然而存在"②。显然，在黑格尔看来，一方面自然界不是既成的而是生成的；另一方面，创造自然界的是能动的理念，绝对精神。因为精神总是人的精神，黑格尔自己也说，绝对精神最终在人的精神中完成了复归，所以得出了绝对精神创造了自然界即人自己的精神活动创造了自然界的结论。为此，黑格尔等唯心主义者虽然认识到了现实是由主体能动性的活动创造的，但他们却认为主体这种生成现实的能动的活动是人的精神活动，因而唯心主义是抽象地发展了"能动的方面"。

---

① 〔德〕黑格尔：《自然哲学》，梁志学、薛华、钱广华等译，商务印书馆，1990，第 21 页。
② 〔德〕黑格尔：《自然哲学》，梁志学、薛华、钱广华等译，商务印书馆，1990，第 19～20 页。

创造人现实生活的感性世界的主体的"能动的方面"既然不是唯心主义所说的人的精神活动，那它到底是什么呢？由于马克思在批判唯心主义抽象地发展了"能动的方面"后马上指出："当然，唯心主义是不知道现实的、感性的活动本身的"①，这说明在马克思看来，创造现实感性世界的是人能动的实践活动。

由此可见，在新唯物主义阶段，马克思认为人现实生活的感性世界是一个人通过自己能动的实践活动创造出来的物质世界，是一个被人改造过的人化的自然界。

综上所述，从黑格尔主义跃迁到唯物主义以后，马克思虽然在整个世界观上仍处于激荡、质变的阶段，但是在自然观方面却已经跨越并走进了马克思主义哲学。

第三节　思想史视野中探讨马克思自然观的当代价值

当今时代，在思想史视域中探讨马克思的自然观，无论从理论上还是从实践上都有重大价值。在理论方面，通过对马克思自然观的追问，人们会注意到马克思的思想有一个发展过程，马克思并不是生下来就具有马克思主义的规定性的，也不是在其后来思想发展进程的任何时期都具有这种规定性的，他只是在自己思想发展的一定阶段时，才获得人们称为马克思主义的规定性。因此，不能把马克思的所有著作都看作马克思主义的著作，也不能把马克思的所有思想都看作马克思主义的思想。作为一个马克思主义研究者，在自己的论文和著述中面对一个讨论主题，绝对不能不加以任何历史性特设说明就从《马克思恩格斯全集》的第一卷同质地引述到最后一卷，正确的行动应该是踏踏实实地做好马克思文本的定位工作，以便尽最大努力"回到马克思"。

在实践方面，当今时代，地球生态环境——人类的生存家园受到严重破坏，出现了全球性的环境污染、气候变暖、物种灭绝、洪水泛滥、旱灾频发等压倒一切的、划时代的危机。虽说从广义的环境伦理学到生态智慧，从极端的动物保护主义到温和的"新生态宗教"，从环境保护主义到红—绿

---

① 《马克思恩格斯选集》第 1 卷，人民出版社，2012，第 133 页。

或绿—红运动，从浅层生态学到深层生态学，从现代哲学到后现代哲学，再到第三种"形而上学"——"万物有灵论"，人们都对之进行了自我反思和行动拯救，然而，从马克思主义的马克思思想中追寻思想资源与"火花"，使马克思有关人化自然的论述，在指导应对全球性生态危机这个问题的科学解答中显现出当代性的力量。它向我们表明当下的生态危机，本质上是人自身的危机，是人自己在反对自己。因为根据马克思在唯物主义时期的观点，人现实生活的自然是一个人化的自然，是一个人通过自己能动的实践活动生成的感性世界。这样当下人的生活世界发生的森林面积减少、水土流失、土地沙化、物种灭绝、资源减少、环境污染等生态灾难从根源上来看毋庸置疑都是人自身的实践活动造成的，因而本质上是人自身的危机，是人自己在反对自己。

第二章　真实的批判：马克思的生态批判

在西方学界，诸如本·阿格尔（Ben Agger）、唐纳德·沃斯特（Donald Worster）、安东尼·吉登斯（Anthony Giddens）、詹姆斯·奥康纳（James O'Connor）等学者都在不同程度上否认马克思思想的生态批判性。如本·阿格尔就提出："我们的中心论点是，历史的变化已使原本马克思主义关于只属于工业资本主义生产领域的危机理论失去效用。今天，危机的趋势已转移到消费领域，即生态危机取代了经济危机。资本主义由于不能为了向人们提供缓解其异化所需要的无穷无尽的商品而维持其现存工业增长速度，因而将触发这一危机。"① 事实上，只要真正地回到马克思的著作本身，我们就会看到，马克思的思想并没有疏离生态批判的向度。并且，胡锦涛同志在党的十八大报告中提出要"加强生态文明制度建设"②，在此背景下，马克思的生态批判思想对我们当下建设生态文明制度具有重要的启示。

第一节　《巴黎手稿》中马克思的生态批判思想

1844 年，流亡巴黎的马克思创作了《巴黎手稿》，提出"人的感觉、感觉的人性，都是由于它的对象的存在，由于人化的自然界，才产生出来的"③。这一段话中，"感觉的人性"就是感觉中体现了人本质属性的方面，它与该段中"人的感觉"在所指上是同一的。这是因为在语义学上，"它"是一个单人称指代词，仅仅指代"这一个"，所以，马克思此处说的"人的

---

① 〔加〕本·阿格尔：《西方马克思主义概论》，慎之等译，中国人民大学出版社，1991，第486 页。
② 胡锦涛：《坚定不移沿着中国特色社会主义道路前进 为全面建成小康社会而奋斗》，人民出版社，2012，第 41 页。
③ 《马克思恩格斯文集》第 1 卷，人民出版社，2009，第 191 页。

感觉"与"感觉的人性"具有同一性。由此可知，在《巴黎手稿》中，马克思断定人的本质不是生产，而是人的精神性的感觉。而在资本主义社会中，由于劳动的异化，感性的外部世界不再是工人"自己意志的和自己意识的对象"①，不再具有"有意识性"或与精神性的人的感觉分离，因而成为异己的与工人敌对的世界。这样，人与自然就处于尖锐的对立之中：尽管人必然依靠自然才能生活，不管这些东西是以住房、原料、粮食还是以衣服等形式表现出来，但是缘于自然界同人的类本质即意识或精神相异化，它日益成了与人疏离的、统治着人的对象。这意味着原本应当统一共处的人与自然之间和谐的生态平衡的打破。只有到了未来的共产主义社会，"自然界对人来说才是人与人联系的纽带，才是他为别人的存在和别人为他的存在"②，"才是人自己的人的存在的基础，才是人的现实的生活要素"③，因此，在共产主义社会，先前异化的自然界才真正复活，人同自然界才会完成本质的统一，人才实现了自己的自然主义，自然界才实现了自己的人道主义，重新达到人与自然关系的生态和谐。

由此可见，《巴黎手稿》中马克思的生态批判思想是先预设了一种抽象的、理想化的人的本质也即精神或感觉，并由此出发阐发其对人与自然之间生态异化及其走向和谐的伦理探索，鲜明地体现了马克思在自己的思想激荡时期凸显出的人道主义关怀。

第二节　1845年以后马克思的生态批判思想

1845年春，马克思被法国政府驱逐出境，来到了比利时的布鲁塞尔，在那里他深刻反思了自己的思想是与费尔巴哈的观点对立的，写下了著名的《关于费尔巴哈的提纲》（以下简称《提纲》），从此跃迁到了新唯物主义。

在《提纲》第一条中，马克思指出："从前的一切唯物主义（包括费尔巴哈的唯物主义）的主要缺点是：对对象、现实、感性，只是从客体的或

---

① 《马克思恩格斯全集》第3卷，人民出版社，2002，第271页。
② 《马克思恩格斯全集》第3卷，人民出版社，2002，第300页。
③ 《马克思恩格斯全集》第3卷，人民出版社，2002，第300页。

者直观的形式去理解"①。这意味着在"从前的一切唯物主义"的视域中，现实的感性世界仅仅只是自然存在，是开天辟地以来就始终如一的东西。马克思既然断定这一点是"从前的一切唯物主义"的"主要缺点"，也就表明他并不认为现实世界是先在的、既成的，只是客观的自然存在。

同样在《提纲》的第一条中马克思也提到了唯心主义。他说："和唯物主义相反，唯心主义却把能动的方面抽象地发展了。"② 马克思的这句话包含了两层意思：第一，马克思肯定唯心主义发展了能动的方面；第二，马克思在肯定唯心主义发展了能动的方面的同时，也批判了他们只是抽象地发展了能动的方面。为什么唯心主义只是抽象地发展了能动的方面呢？因为唯心主义者虽然认识到了"现实"是由主体能动性的活动创造的，但他们却认为主体这种生成"现实"的能动的活动是人的精神活动，所以唯心主义是抽象地发展了"能动的方面"。

创造人现实生活的感性世界的主体的"能动的方面"既然不是如唯心主义所说的人的精神，那它到底是什么呢？马克思在批判唯心主义抽象地发展了"能动的方面"后，马上指出："当然，唯心主义是不知道现实的、感性的活动本身的"③，这说明在马克思看来，创造现实的感性世界的是人能动的实践活动。因此，在新唯物主义阶段，马克思认为人现实生活的世界是一个人通过自己能动的实践活动创造出来的人化的自然界。

与《巴黎手稿》时期断定人的本质是抽象的精神活动不同，在新唯物主义阶段马克思认为"当人开始生产自己的生活资料，即迈出由他们的肉体组织所决定的这一步的时候，人本身就开始把自己和动物区别开来"④，因此，不是精神，而是实践才是人的本质。通过实践这种人的本质性活动，人一边生产自己的物质生活——人化的自然界，一边囿于"资本的逻辑"即追求剩余价值的最大化而无比贪婪地向自然开战，而这就造成了人与自然关系的异化，其现实表现就是人类生存世界的生态失衡，水土流失、土地沙化、环境污染、洪水泛滥、旱灾频发、物种灭绝等就像一把把"达摩

---

① 《马克思恩格斯选集》第1卷，人民出版社，2012，第133页。
② 《马克思恩格斯选集》第1卷，人民出版社，2012，第133页。
③. 《马克思恩格斯选集》第1卷，人民出版社，2012，第133页。
④ 《马克思恩格斯选集》第1卷，人民出版社，2012，第147页。

克利斯之剑"使人类时时感到恐慌与焦虑。

毋庸置疑，上述生态危机本质上是人自身的危机，马克思就从现实的人的活动也即实践出发从人与自然生态异化的批判走向了对资本主义制度的批判。

第三节　马克思生态批判思想对当下我国生态文明制度建设的价值

在党的十八大报告中，胡锦涛同志提出保护生态环境必须依靠制度，因此必须加强生态文明制度建设，而马克思关于生态批判的自我意识恰好在此彰显了它的永恒魅力。

在《巴黎手稿》中，因为马克思从抽象的人的本质出发阐述他的生态批判思想，所以他关注的是人道主义的道德性批判，而我们当下的生态文明制度建设是为了"建设美丽中国，实现中华民族永续发展"[①]，这就表明它绝不能照搬《巴黎手稿》中马克思的生态批判思想，仅仅着眼于空灵虚幻的道德宣讲。如果把人道主义当成一把万能钥匙，祈求以此为"基地"建立现实的生态文明制度，那么它将仅仅只是"意识的空话"[②]。当今时代要建构走向美丽中国的现实可行的生态文明制度，我们一是深入探索实践的规律以揭示规律并按照规律的要求办事；二是实现生产力的可持续发展；三是协调好个人、集体和社会三者之间的利益关系。全球性生态危机也如此，只有这样才有可能最终得到有效控制，人类也才会有更加光明的未来。

---

① 胡锦涛：《坚定不移沿着中国特色社会主义道路前进 为全面建成小康社会而奋斗》，人民出版社，2012，第 39 页。

② 《马克思恩格斯选集》第 1 卷，人民出版社，2012，第 153 页。

第三章　单向管窥：马克思的人文生态思想

当前，生态问题成为全球关注的一个焦点。早在一百多年前，马克思就以其敏锐的目光不仅察觉到自然生态的失衡，而且在批判资本主义过程中更加关注人文生态的恶化。马克思在对资本主义制度进行批判和反思的过程中形成了丰富的自然生态和人文生态思想。目前，学界对马克思生态思想的研究主要集中于自然生态方面，他丰富的人文生态思想被忽视。笔者认为，从原著入手考察马克思人文生态思想具有重要的理论和实践意义。

第一节　国内学界关于马克思生态思想研究的现状及缺陷

一　研究现状综述

目前国内学界关于马克思生态思想的研究主要集中于以下几个问题。

（1）关于马克思生态思想的理论根基。学者们普遍认为，实践观是马克思生态思想的理论根基。例如，吕军利、王俊涛撰文指出，实践是马克思生态思想的立足点。在马克思看来，人所面对的自然界是人化的自然，是人创造、占有和"再生产"的自然界。"实践越是深入，对自然的改变就越大，所涉及的自然规律就越深刻、越广泛，自然对人的制约作用也就相应地越明显，……忽视自然规律而导致生态失衡就是经过一番代价之后才引起人们注意的。"[①]"在人与自然这一对矛盾中人始终是主要的一方，在何种程度上展开这一矛盾取决于人的实践水平。因此，人距离动物愈远，他

[①] 吕军利等：《解读马克思恩格斯生态思想》，《西北农林科技大学学报》（社会科学版）2003年第2期。

对于环境的影响就愈深刻，环境问题的人为因素也就愈明显。"① 唐叶萍、傅如良指出马克思批判了旧唯物主义和唯心主义的实践观，第一次建立了科学的实践观。在实践这种对象性活动中，"人把自身之外的存在变成了自己活动的对象，变成自己的客体，与此同时，也就使自己成为主体性的存在。这样一来，我们能够从实践的基础上来把握和理解人与自然的关系，使主体与客体达到统一"② 赵成认为："马克思的生态思想以他的实践唯物主义为基础。在实践的基础上，马克思揭示了自然进化与社会发展之间的内在统一性，说明了社会发展的'自然的历史的过程'，提出了人与自然之间的实践关系实际上表现为人化自然的关系，为我们科学理解生态文明及其建设奠定了思想基础。"③

（2）关于马克思生态思想的内容。国内学者一般认为马克思生态思想包含以下几个方面内容。一是人与自然和谐相处的思想。"马克思认为'人靠自然界生活'，'所谓人的肉体生活和精神生活同自然界联系'，'人是自然界的一部分'。"④马克思生态思想认为："人首先依赖于自然，自然界是人类的母体，是物质资料的生产和再生产以及人自身的生产和再生产的前提条件。也就是说，人是自然的组成部分，人类存在于自然界之内，不能把人类摆在自然界之外，更不能凌驾于自然界之上；人类与自然界的关系，不是征服与被征服的关系、索取与被索取的关系，而是休戚相关的有机整体。"⑤ 二是合理调节人与自然之间物质变换的思想。"'劳动首先是人和自然之间的过程，是人以自身的活动来引起、调整和控制人和自然之间的物质变换的过程。'因此，我们可以说马克思生态理论最大的理论贡献，就是科学地论证了人与自然之间的关系本质上是一种物质变换关系。"⑥ 三是资本是生态恶化根源的思想。"在资本主义条件下，人和自然的关系就其内容

---

① 吕军利等：《解读马克思恩格斯生态思想》，《西北农林科技大学学报》（社会科学版）2003年第2期。
② 唐叶萍等：《论马克思主义的生态文明观及其当代价值》，《求索》2009年第3期。
③ 赵成：《马克思的生态思想及其对我国生态文明建设的启示》，《马克思主义与现实》2009年第2期。
④ 黄宏：《马克思恩格斯的自然生态观与构建社会主义和谐社会》，《马克思主义与现实》2007年第3期。
⑤ 唐叶萍等：《论马克思主义的生态文明观及其当代价值》，《求索》2009年第3期。
⑥ 宋冬林：《马克思主义生态自然观探析》，《科学社会主义》2007年第5期。

和实质来说，是资本同自然的关系，是资本对自然的占有。因此，形式上表现为人和自然关系恶化的生态危机，实质上，是资本同自然关系的恶化，是资本家对自然疯狂占用所引起的恶果。"① 四是按客观规律办事的思想。"人类只有认识自然规律，遵循自然规律，按自然规律办事，自然才会向着利于人类社会的方向发展。否则，人类就会受到自然的报复。马克思说：'不以伟大的自然规律为依据的人类计划，只会带来灾难'。"②

（3）关于解决生态危机的根本途径。大家普遍认为资本主义制度是生态危机的主要社会根源，因此，解决生态危机的根本途径在于消灭私有制。"在为合理地解决这些全球问题寻找对策时，我们既不能对自然界作拟人化的责备，也不能把希望仅仅寄托在单纯的新技术革命上，而必须把希望放在新技术革命与以积极地扬弃资本主义私有制为目的的政治革命和社会革命的结合上。"③

（4）关于马克思生态思想的当代价值。学者们普遍认为马克思生态思想对我国的生态文明建设具有指导意义。

二 研究缺陷：忽视马克思的人文生态思想

马克思生态思想包括自然生态思想和人文生态思想，是自然与人文双重维度的统一。从国内学者研究现状来看，当前对马克思生态思想的研究仅仅在自然维度上展开，将自然生态思想直接等同于马克思生态思想，忽视了人文维度的马克思生态思想。出现这种状况的原因在于认识上的偏差，即把自然等同于生态，把"自然"与"生态"看作同等意义的两个词，互相混用。例如，有学者撰文写道："马克思主义历史唯物主义科学地揭示了人与自然的辩证关系，突出地体现在马克思恩格斯有关人与自然关系的论述中（本文将其称为生态思想）"④。中国人民大学林坚认为："生态，亦即自然生态，指生物之间以及生物与环境之间的相互关系和存在状态。"⑤

---

① 冯敏：《关于马克思主义生态哲学的思考》，《北方论丛》1998 年第 6 期。
② 杨立新等：《论生态思想文化的新发展及其当代价值》，《环渤海经济瞭望》2008 年第 7 期。
③ 杨立新等：《论生态思想文化的新发展及其当代价值》，《环渤海经济瞭望》2008 年第 7 期。
④ 吕军利等：《解读马克思恩格斯生态思想》，《西北农林科技大学学报》（社会科学版）2003 年第 2 期。
⑤ 林坚：《马克思、恩格斯的自然生态观论纲》，《湖南文理学院学报》（社会科学版）2009 年第 3 期。

其实，"自然"与"生态"之间并不能简单画等号。就狭义上而言，自然就是生态，但在广义上，"生态"与"自然"是包含与被包含的关系，生态包含自然与人文两个维度，自然生态只是生态的一方面。因此，忽视马克思人文生态思想是当前国内对马克思生态思想研究的一个明显缺陷。

第二节　马克思人文生态思想的形成

马克思生态思想是在以自然和生态两个维度对资本主义生态问题进行批判和反思的基础上形成的。从自然维度出发形成马克思自然生态思想，表现为人与自然的关系；从人文维度出发形成马克思人文生态思想，表现为人与人、人与社会的关系。马克思人文生态思想的形成与自然生态思想的形成是同一过程的两个方面。

马克思认为，人与自然是一个物质变换过程，人通过劳动从自然界获取生活资料，自然界是人的"母体"，人是自然界的一部分。"人靠自然界生活。这就是说，自然界是人为了不致死亡而必须与之处于持续不断的交互作用过程的、人的身体。"① 在资本主义生产方式确立前，人与自然的物质变换关系基本上是平衡的。在资本主义生产方式确立后，一方面，资本家贪婪地追求剩余价值的最大化，无限地扩大再生产，导致自然资源的过度开采；另一方面，无限扩大再生产所产生的大量污染物破坏了自然生态的平衡。资产阶级还通过建立世界市场，将资本主义生产方式扩展到全球，造成全球性自然生态失衡。马克思以敏锐的眼光关注着自然生态的失衡问题，在人与自然的关系上对资本主义生产方式展开批判和反思，形成其自然生态思想。

人与自然的关系从来都是同人与人、人与社会的关系交织在一起的。人与自然之间的物质变换是通过劳动实现的。"劳动首先是人和自然之间的过程，是人以自身的活动来中介、调整和控制人和自然之间的物质变换的过程。"② 人们在调整和控制人与自然的物质变换的过程中必然形成以生产关系为核心的人与人、人与社会的关系。不同生产方式条件下人与自然的

---

① 《马克思恩格斯文集》第 1 卷，人民出版社，2009，第 161 页。
② 《马克思恩格斯文集》第 5 卷，人民出版社，2009，第 207 页。

物质变换过程形成不同的人与人、人与社会的关系。在同一历史时期，特殊的气候和地理条件也影响着人与自然的物质变换，形成特殊的人与人、人与社会的关系。同样，人与人、人与社会的关系反过来也制约着人与自然的物质变换关系。如果我们要改变人与自然之间的关系，就不得不改变人与人、人与社会的关系。马克思敏锐地意识到生态的失衡是资本主义生产方式的必然结果。永无止境的追求剩余价值是资本主义生产的目的，这就决定了资本主义生产方式是盲目无限制地扩大再生产，实行不可持续的社会发展模式。这种发展模式不仅必然打破人与自然的平衡，造成自然生态危机，而且必然导致人与人、人与社会关系的紧张，造成人文生态危机。在资本主义制度下，人文生态危机主要表现为人的全面异化。对此，马克思有独到的论述："技术的胜利，似乎是以道德的败坏为代价换来的。随着人类愈益控制自然，个人却似乎愈益成为别人的奴隶或自身的卑劣行为的奴隶。甚至科学的纯洁光辉仿佛也只能在愚昧无知的黑暗背景上闪耀。我们的一切发明和进步，似乎结果是使物质力量成为有智慧的生命，而人的生命则化为愚钝的物质力量"①。马克思正是在对人文生态环境恶化的批判和反思基础上形成其丰富的人文生态思想的。

第三节　马克思人文生态思想的内容

一　自然界与人类社会相统一

马克思认为自然界与人类社会是内在统一的，人类社会的发展是一个自然的历史过程。人是自然的一部分，自然界是人类的"母体"，"自然界，就它自身不是人的身体而言，是人的无机的身体。人靠自然界生活。这就是说，自然界是人为了不致死亡而必须与之处于持续不断的交互作用过程的、人的身体"②。人们通过社会实践活动从自然界获取物质生活资料和精神食粮，人与自然界是统一的。

"历史可以从两方面来考察，可以把它划分为自然史和人类史。但这两

---

① 《马克思恩格斯文集》第2卷，人民出版社，2009，第580页。
② 《马克思恩格斯文集》第1卷，人民出版社，2009，第161页。

方面是密切相连的；只要有人存在，自然史和人类史就彼此相互制约。"①
整个人类社会的发展史就是一部自然发展史。人通过与自然的物质变换，
与自然界融为一体，实现"人的自然化"。在物质变换过程中，人通过有意
识的实践活动影响和利用自然，实现"自然的人化"。在整个社会历史发展
进程中，自然界与人类社会以人的实践活动为中介，始终相互影响和制约。
"整个所谓世界历史不外是人通过人的劳动而诞生的过程，是自然界对人来
说的生成过程，——因为人和自然界的实在性，即人对人来说作为自然界
的存在以及自然界对人来说作为人的存在，已经成为实际的、可以通过感
觉直观的。"② 因而，自然界与人类社会是统一的。

二　资本本性是人文生态恶化的根源

马克思认为，在资本主义制度下，资本本性是人文生态恶化的根源。
在资本主义生产方式下，资本与劳动对立，资本无限追求剩余价值的本性
决定了资本主义生产不是为了满足社会需要，而是无节制追求超额剩余价
值，实现资本增殖。为了实现资本增殖，作为资本人格化的资本家不得不
无限扩大再生产，资本家和工人同样苦恼。对此，马克思写道："总之，应
当看到，工人和资本家同样苦恼，工人是为他的生存而苦恼，资本家则是
为他的死钱财的赢利而苦恼"③。

资本家为了在激烈的市场竞争中立于不败之地并获取超额的剩余价值，
他们不得不延长工人劳动时间、提高生产技术、降低劳动力成本、加重对
工人的剥削，导致人文生态环境的恶化。马克思在《资本论》第一卷中写
道："在这里我们只提一下进行工厂劳动的物质条件。人为的高温，充满原
料碎屑的空气，震耳欲聋的喧嚣等等，都同样地损害人的一切感官，更不
用说在密集的机器中间所冒的生命危险了。这些机器像四季更迭那样规则
地发布自己的工业伤亡公报。"④ 在这种劳动环境下，工人的身心健康受到
严重威胁。"他们越想多挣几个钱，他们就越不得不牺牲自己的时间，并且
完全放弃一切自由，在挣钱欲望的驱使下从事奴隶劳动。这就缩短了工人

---

① 《马克思恩格斯全集》第3卷，人民出版社，1972，第20页。
② 《马克思恩格斯文集》第1卷，人民出版社，2009，第196页。
③ 《马克思恩格斯文集》第1卷，人民出版社，2009，第119页。
④ 《马克思恩格斯文集》第5卷，人民出版社，2009，第490页。

的寿命。"①

三　"以人为本"

"以人为本"是马克思人文生态思想的核心内容。"以人为本"的人文生态思想是马克思在批判和反思资本主义非人道的生产方式的基础上形成的。马克思从资本主义生产的目的——追求超额剩余价值出发，揭示了资本主义的基本矛盾：生产的社会化同生产资料的私人占有之间的矛盾；生产的无限扩大同广大人民群众有限购买力之间的矛盾。这两对基本矛盾发展到一定的程度必然导致经济危机，大量工人失业。在经济危机期间，资本家在销毁大量"过剩"劳动产品的同时，"工人等级中的一部分人必然沦为乞丐或陷于饿死的境地"②。在资本主义生产过程中，"资本由于无限度地盲目追逐剩余劳动，像狼一般地贪求剩余劳动，不仅突破了工作日的道德极限，而且突破了工作日的纯粹身体的极限。它侵占人体的成长、发育和维持健康所需要的时间"③。资本家不仅将工人的工作日延长到生理极限，还在生产中大量使用妇女和童工，迫使工人在毫无人身安全和健康设备系统的环境中劳动，严重摧残了他们的身心健康。马克思对此展开了批判和反思，认为社会生产要"以人为本"，生产要以满足人的需要为目的，在生产过程中必须保障个人的福利，形成"以人为本"的人文生态思想。

四　人的主体性

马克思认为，就自然属性而言，人和动物一样需要吃、喝等，都是自然界的一部分，靠无机界生活。但人是类存在物，人通过有意识、有目的的实践活动认识和改造自然，动物却只能被动地适应自然。"有意识的生命活动把人同动物的生命活动直接区别开来。正是由于这一点，人才是类存在物。"④ 人作为类存在物就必须全面占有人的本质，充分展示人的主体性。但在资本主义制度下，异化劳动使人丧失了主体性，沦为自己劳动产品的附属物。"异化劳动把自主活动、自由活动贬低为手段，也就把人的类生活

---

① 《马克思恩格斯文集》第 1 卷，人民出版社，2009，第 119 页。
② 《马克思恩格斯文集》第 1 卷，人民出版社，2009，第 120 页。
③ 《马克思恩格斯文集》第 5 卷，人民出版社，2009，第 306 页。
④ 《马克思恩格斯文集》第 1 卷，人民出版社，2009，第 162 页。

变成维持人的肉体生存的手段。"① "劳动，在他们那里已经失去了任何自主活动的假象，而且只能用摧残生命的方式来维持他们的生命。"② 马克思认为，要实现人的主体性的复归，就必须由社会占有生产资料，消灭私有制，扬弃异化，真正实现自主活动。在自主活动条件下，劳动成为一种乐趣，成为人类实现自我发展的手段，人在劳动中感到快乐。在自主活动中，人类能够充分展示人的主体性，把自己的生命活动本身"变成自己意志的和自己意识的对象。他具有有意识的生命活动"③。

第四节　马克思人文生态思想的意义

从人文维度考察马克思的生态思想，具有重要的理论和现实意义。

一　理论意义

（一）进一步揭示生态危机与资本主义制度之间的必然联系，完善马克思主义相关理论

马克思的自然生态思想揭示资本主义制度下资本的盲目扩张本性是自然生态失衡的根源，从一定程度上说明生态危机与资本主义制度存在必然联系。但仅仅从自然维度论证它们之间存在必然联系是不够全面的，并不能使人完全信服。我们需要从人文维度考察马克思的生态思想，进一步揭示生态危机与资本主义制度之间的必然联系。我们不能简单地把生态危机等同于人与生态的对立，其实质是资本主义与生态的对立。资本主义和生态的对立是根本性的，不仅仅是某些枝节的对立。自然生态的失衡只是生态问题的表象，人文生态问题更具有本质性，人与自然的关系是人与人、人与社会关系的反映。马克思的人文生态思想把生态问题从人与自然的关系追溯到了人与人、人与社会的关系，使我们更加清晰地看到了生态危机与资本主义制度之间的必然联系。

马克思人文生态思想进一步揭示生态危机是资本主义制度导致的，这

---

① 《马克思恩格斯文集》第 1 卷，人民出版社，2009，第 163 页。
② 《马克思恩格斯文集》第 1 卷，人民出版社，2009，第 580 页。
③ 《马克思恩格斯文集》第 1 卷，人民出版社，2009，第 162 页。

就为我们解决生态问题提供根本出路——消灭私有制，扬弃异化，实现共产主义。这就从生态学的角度进一步论证了马克思主义学说的科学性，使马克思主义相关理论更加完善。

（二）进一步驳斥西方学者关于马克思唯生产力论，指出忽视生态的错误观点

长期以来，西方一些学者将马克思视为唯生产力论者，对马克思进行攻击。他们认为马克思不关心生态问题，他的世界观完全是建立在技术对自然进行极度控制的基础上。例如，特德·本顿（Ted Benton）认为马克思的理论是一种普罗米修斯式的唯生产力论历史观。他尽管在特定的场合对生态问题表示了关切，但是在这方面提出的理论观点首先还是必须接受批判的。马克思是个彻头彻尾的人类中心主义者，他否定所有可能会认可自然限制经济发展的观点。马克思将劳动看成是价值的源泉，从而完全否认了自然的固有价值。雷纳·格莱德（Rainer Glad）认为，马克思的基本前提是对自然进行普罗米修斯式的控制。维克托·福基斯（Victor Fokies）认为马克思对世界的态度始终保有这种普罗米修斯式的劲头，一直赞扬人类对自然的征服。韦德·斯科尔斯基（Wade Skorski）认为马克思是最虔诚的机器崇拜者。资本主义的罪恶之所以得到宽恕，是因为资本主义在完善机器。在西方学者看来，马克思是极端的现代主义者，主张唯生产力论和对自然与人性进行极端控制。

其实，马克思并非唯生产力论者，他不仅关注自然生态失衡问题，更关切资本主义私有制下人文生态的恶化。马克思分别从自然和人文的双重维度分析和批判了资本主义社会的生态问题，不仅形成了自然生态思想，而且形成了更为丰富的人文生态思想。通过对马克思人文生态思想的解读，在理论上进一步驳斥西方学者攻击马克思忽视生态问题的谬论，有助于澄清是非，还原真理。

二 实践意义

（一）生态文明建设必须重视人文生态价值

自然是人类赖以生存的"母体"，是人类获取物质生活资料和精神食粮

的源泉。人文环境是人类现实存在状态的反映，决定着人的生存质量和发展状况。马克思的人文生态思想对我国生态文明建设具有重要的启示意义。它启示我们在生态文明建设中既要保护自然生态，保持人与自然之间物质变换的平衡，尊重自然界其他生物的生存和发展权利，实现人与自然的和谐，又要关注和追求人类自身生存和发展的权利，保持良好的人文生态环境，实现人与人之间关系的和谐发展。

生态文明建设必须重视人文生态价值。人是类存在物，人类认识、改造自然的实践活动最终目的是实现人的发展。人在实践活动中实现自己的本质，把自身与动物区别开来。"通过实践创造对象世界，改造无机界，人证明自己是有意识的类存在物，就是说是这样一种存在物，它把类看做自己的本质，或者说把自身看做类存在物。"① 因此，生态文明建设的一个重要任务就是恢复人的类本质，恢复人的类本质就必须重视人文生态价值。

（二）生态文明建设必须重视人文生态的可持续发展

发展始终是人类的核心问题，人们从事的一切实践活动归根到底都是为了发展，发展的最终目的是实现人的生存状态和发展环境的最优化。发展必须选择一条适合人类的道路，否则将导致发展困境。可持续发展道路是人类的必然选择，是解决生态危机的根本途径。生态文明建设必须走可持续发展道路，不仅要重视自然生态的可持续发展，更要重视人文生态的可持续发展。人文生态的可持续发展就是人的生存状态和发展环境随着生产力的发展更优化，达到人与人、人与社会关系的和谐。没有人文生态的可持续发展，人的异化就不可能被扬弃，人的全面发展就不可能实现，人类的发展也就失去了意义。在资本主义生产方式下，可持续发展是不可能的。因此，否定私有制，扬弃异化，在劳动中实现人的各方面能力的发展，达到人与人、人与社会关系的和谐状态成为人文生态可持续发展的必然选择。

① 《马克思恩格斯文集》第 1 卷，人民出版社，2009，第 162 页。

第四章 自然与人文统一：马克思生态思想全方位考察

随着经济全球化进程的深入，生态问题越来越成为困扰人类发展的中心问题。生态文明建设成为当今世界一个时髦的话题。早在一百多年前马克思就已敏锐地意识到生态问题，在著作中对资本主义生态的问题进行了批判和反思，形成了自然和人文生态思想。我国学界对马克思生态思想进行了深入的研究，取得了一定的成果，但遗憾的是，学者们仅仅从自然维度考察马克思的生态思想，没有涉足人文生态方面，因而是片面的。从原著入手，全面考察马克思的生态思想具有重要的理论和实践意义。

第一节 自然和人文：马克思生态思想的两个维度

人和自然是统一的，人类在改造自然的同时也在改造自己，实现人的发展，达到二者的和谐统一。人类的一切活动都是人和自然两个维度的相互交织和融合。马克思是从自然和人文两个维度对资本主义生态问题进行批判和反思。因此，全面考察马克思的生态思想应从自然和人文这两个维度出发，在自然维度上构成自然生态，表现为人与自然的关系，在人文的维度上构成人文生态，表现为人与人、人与社会的关系。马克思生态思想是自然生态和人文生态思想的统一。

一 自然维度的马克思生态思想

人与自然的关系是物质变换关系，人通过实践活动从自然界获取物质生产资料和精神食粮，自然界受人类活动的影响，成为人化自然。人与自然在物质变换系统中相互生成，达到平衡状态。资本主义生产关系确立以前，人与自然的关系基本上是和谐的。资本主义生产方式确立后，生产力得到迅猛发展，西方资本主义国家先后进行了以机器取代人力，以大规模工厂化生产取代手工生产的工业革命。18世纪中叶，英国人瓦特改良蒸汽机之后，人类进入了崭新的"蒸汽时代"。机器生产代替手工生产，人类获得了前所未有的改造自然的先进技术手段。它对生态环境的影响主要体现在两个方面：一方面，资本的本性促使资产阶级毫无止境的扩大再生产，造成生产的无限扩大与自然资源的有限性之间的矛盾；另一方面，无限扩大再生产消耗的大量原材料污染了人类的生存环境。为了解决原料来源和商品倾销市场困境，资产阶级开拓了世界市场，把一切民族都卷入到资本主义生产方式中去。资产阶级在世界范围内掠夺原料和倾销商品，人与自然的和谐关系遭到破坏，造成全球性的自然生态问题。而当时的一些西方学者却欢欣鼓舞，没有意识到自然生态的失衡问题。他们陶醉于对大自然掠夺性开发所获得的物质成果。以至于"征服自然"、"控制自然"和"支配自然"的言论甚嚣尘上。

马克思以锐利的眼光关注着自然生态的变化。马克思在1876年8月写给恩格斯的信中谈到了资本主义自然生态失衡导致的气候异常和引发的自然灾害。马克思说："我们在卡尔斯巴德（这里最近六个星期没有下雨）从各方面听到的和亲身感受的是：热死人！此外还缺水；帖普尔河好象是被谁吸干了。由于两岸树木伐尽，因而造成了一种美妙的情况：这条小河在多雨时期（如1872年）就泛滥，在干旱年头就干涸。"① 这里，马克思亲身感受到了生态失衡对人类造成的影响，表达了对生态失衡的忧虑。马克思对资本主义工业化进程中大量农村人口涌入城市所引发的生态问题进行了批判和反思。资本主义的大土地所有制使土地日益集中在农业资本家手里，由资本家统一经营，打破了小农经济的土地分割状态。农业资本家以机器大生产取代手工农业生产，所需的农业劳动力不断减少，导致大量农业劳动力剩余。这些剩余农业人口涌入城市，成为雇佣工人，导致城市人口膨胀，城市规模扩大，使自然生态遭到破坏。马克思写道："大土地所有制使农业人口减少到一个不断下降的最低限量，而同他们相对立，又造成一个不断增长的拥挤在大城市中的工业人口。由此产生了各种条件，这些条件在社会的以及由生活的自然规律所决定的物质变换的联系中造成一个无法

---

① 《马克思恩格斯全集》第34卷，人民出版社，1972，第25页。

弥补的裂缝，于是就造成了地力的浪费，并且这种浪费通过商业而远及国外。"① 马克思还批判了资本主义大工业对土地掠夺性开发。马克思认为，资本主义农业所取得的成就，是资产阶级对土地掠夺性开发和对劳动力掠夺性剥削的结果。农业资产阶级使用技术手段在一定时期内虽然可以提高土地的肥力，实质上是对土地的过度开采，将破坏土地肥力的持久性。马克思批判道："一个国家，例如北美合众国，越是以大工业作为自己发展的基础，这个破坏过程就越迅速。因此，资本主义生产发展了社会生产过程的技术和结合，只是由于它同时破坏了一切财富的源泉——土地和工人。"② 马克思在自然维度上对资本主义社会生态问题的批判和反思，形成其自然生态思想。

二　人文维度的马克思生态思想

在马克思看来，人文生态的理想状态就是人作为类存在物占有自己的全面本质，成为一个完整的人。但在资本主义社会，"异化劳动从人那里夺去了他的生产的对象，也就从人那里夺去了他的类生活，即他的现实的类对象性，把人对动物所具有的优点变成缺点，因为人的无机的身体即自然界被夺走了"③。马克思从异化的角度对资本主义社会人文生态环境进行分析和批判，形成其人文生态思想。人文生态思想主要包括以下三个方面。

一是人的异化，资本家和工人都缺乏幸福感。资本家成为人格化的资本，丧失人性。资本的本性要求其不断实现自身的增殖，无限扩张。资产阶级是资本的化身，在生产中表现为疯狂追逐超额的剩余价值。资本家为达到剩余价值的最大化，不断延长工作日、改进生产技术，赤裸裸地占有工人的剩余劳动，导致资本家人格扭曲和工人生存窘迫。因而，"工人和资本家同样苦恼，工人是为他的生存而苦恼，资本家则是为他的死钱财的赢利而苦恼"④。

二是劳动的异化。马克思批判资本主义机器大生产使妇女、儿童成为劳动力的补充这一现象。他批判机器大生产"不仅夺去了儿童游戏的时间，而且夺去了家庭本身惯常需要的、在家庭范围内从事的自由劳动的时间"⑤，

---

① 《马克思恩格斯文集》第7卷，人民出版社，2009，第918页。
② 《马克思恩格斯文集》第5卷，人民出版社，2009，第580页。
③ 《马克思恩格斯文集》第1卷，人民出版社，2009，第163页。
④ 《马克思恩格斯文集》第1卷，人民出版社，2009，第119页。
⑤ 《马克思恩格斯文集》第5卷，人民出版社，2009，第454页。

还导致劳动力的贬值。在资本主义制度下，劳动本身成为工人不堪忍受的东西，劳动"在他们那里已经失去了任何自主活动的假象，而且只能用摧残生命的方式来维持他们的生命"①。

三是人的关系的异化。人与人之间成了赤裸裸的利益关系，缺乏感情。在家庭关系方面，"资产阶级撕下了罩在家庭关系上的温情脉脉的面纱，把这种关系变成了纯粹的金钱关系"②，甚至还出现了母亲违背天性虐待自己的子女，发生母亲故意饿死和毒死自己子女的事件。

第二节 马克思生态思想的内容

一 人与自然的统一

马克思在《1844年经济学哲学手稿》中揭示了人与自然的关系，认为人是自然界的一部分，人的生存和动物一样依赖于自然界，人与自然是相统一的。人和动物的不同之处在于人是有意识的，而动物没有。人依赖于自然，并通过有意识的实践活动改造自然，获得更广阔的活动空间，使自然更适合于人类生存。因而，马克思写道："无论是在人那里还是在动物那里，类生活从肉体方面来说就在于人（和动物一样）靠无机界生活，而人和动物相比越有普遍性，人赖以生活的无机界的范围就越广阔"③。马克思认为，自然界是人类的母体，人的生活资料和精神食粮都来源于自然界，人必须在自然界中才能进行物质资料和精神生活的生产和再生产，人不能凌驾于自然之上，必须和自然和谐相处。"从理论领域来说，植物、动物、石头、空气、光等等，一方面作为自然科学的对象，一方面作为艺术的对象，都是人的意识的一部分，是人的精神的无机界，是人必须事先进行加工以便享用和消化的精神食粮；同样，从实践领域来说，这些东西也是人的生活和人的活动的一部分。人在肉体上只有靠这些自然产品才能生活，不管这些产品是以食物、燃料、衣着的形式还是以住房等等的形式表现出

---

① 《马克思恩格斯文集》第1卷，人民出版社，2009，第580页。
② 《马克思恩格斯文集》第2卷，人民出版社，2009，第34页。
③ 《马克思恩格斯文集》第1卷，人民出版社，2009，第161页。

来。"① 因此，自然界是人的无机的身体，人依赖自然界生活，人与自然是相统一的。

二 合理调节人与自然之间的物质变换过程

马克思在考察资本主义生产过程中阐述了合理调节人与自然之间物质变换过程的思想。马克思认为扩大再生产需要一定量的劳动剩余。一定量的劳动剩余是扩大再生产的前提。资本主义生产是扩大再生产的过程，存在一定量的剩余劳动是必要的。"剩余劳动一般作为超过一定的需要量的劳动，应当始终存在。"② 但在资本主义生产方式下，剩余劳动"是资本未付等价物而得到的，并且按它的本质来说，总是强制劳动"③。此外，资本不断扩张的本性，使得资本家不断扩大再生产，最大限度地追求剩余价值。因而，资本主义社会控制人与自然的物质变换过程，实质上与资本家不断扩大再生产而对自然进行野蛮开发是对立的。只有在生产者自由结合的社会里，生产的目的才不再是追求剩余价值的最大化，毫无止境扩大再生产，而是追求人的创造能力的全面发展。人与自然之间的物质变换过程得到合理的调节，是人和自然以最小的代价获取最佳的物质变换的结果。马克思在《资本论》第三卷中写道："社会化的人，联合起来的生产者，将合理地调节他们和自然之间的物质变换，把它置于他们的共同控制之下，而不让它作为一种盲目的力量来统治自己，靠消耗最小的力量，在最无愧于和最适合于他们的人类本性的条件下来进行这种物质变换。但是，这个领域始终是一个必然王国。在这个必然王国的彼岸，作为目的本身的人类能力的发挥，真正的自由王国，就开始了。"④ 因而，实现人与人、人与自然的和谐相处的基础是"劳动日的缩短"，合理调节人与自然之间的物质变换过程。

三 资本是生态恶化的根源

马克思认为资本是生态恶化的根源。资本和劳动的对立决定了资本主

① 《马克思恩格斯文集》第1卷，人民出版社，2009，第161页。
② 《马克思恩格斯文集》第7卷，人民出版社，2009，第927页。
③ 《马克思恩格斯文集》第7卷，人民出版社，2009，第927页。
④ 《马克思恩格斯文集》第7卷，人民出版社，2009，第928页。

义生产不是以满足人的需要为目的。资本是创造价值的价值，因而资本不仅是自我保持的价值，而且同时是自我增殖的价值。资本的本性决定了资本主义劳动的主观目的是实现资本的无限增殖，增加资本家的社会财富。因而，马克思论述道："劳动本身，不仅在目前的条件下，而且就其一般目的仅仅在于增加财富而言，在我看来是有害的、招致灾难的，这是从国民经济学家的阐发中得出的，尽管他并不知道这一点"①。资本的无限扩张必然导致自然生态危机。资本的无限扩张的结果是无限扩大再生产，无限扩大再生产必然导致对自然资源毫无节制的开采。只要有利可图，资本在追求价值增殖的手段选择上没有任何顾忌，对于自然生态的破坏毫不吝惜。②因此，马克思写道："只有在资本主义制度下自然界才真正是人的对象，真正是有用物；它不再被认为是自为的力量；而对自然界的独立规律的理论认识本身不过表现为狡猾，其目的是使自然界（不管是作为消费品，还是作为生产资料）服从于人的需要"③。资本无节制的追求剩余价值也必然导致人文生态环境的恶化。无限扩大的再生产，需要投入大量的社会剩余生产资料。因而社会可供分配的消费资料将仅仅能保证工人不被饿死，导致工人生存条件恶化。资本家不断改进技术，提高生产效率，工人分工不断细化，工人畸形发展，成为机器的附属品。资本家为了节约生产成本，对工厂劳动的物质条件的恶化视而不见。马克思说："在这里我们只提一下进行工厂劳动的物质条件。人为的高温，充满原料碎屑的空气，震耳欲聋的喧嚣等等，都同样地损害人的一切感官，更不用说在密集的机器中间所冒的生命危险了。这些机器像四季更迭那样规则地发布自己的工业伤亡公报。"④

四　"以人为本"

马克思把实践看成是人与自然之间进行物质变换的过程，人在改造自然的过程中也在改造自己。在马克思看来，劳动是人的本质性活动，而不仅仅是维持肉体生存需要的一种手段。"动物和自己的生命活动是直接同一

---

① 《马克思恩格斯文集》第 1 卷，人民出版社，2009，第 123 页。
② 赵汇等：《资本本性与生态危机根源》，《高校理论战线》2011 年第 12 期。
③ 《马克思恩格斯文集》第 8 卷，人民出版社，2009，第 90 页。
④ 《马克思恩格斯文集》第 5 卷，人民出版社，2009，第 490 页。

的。动物不把自己同自己的生命活动区别开来。它就是自己的生命活动。人则使自己的生命活动本身变成自己意志的和自己意识的对象。他具有有意识的生命活动。这不是人与之直接融为一体的那种规定性。有意识的生命活动把人同动物的生命活动直接区别开来。正是由于这一点，人才是类存在物。"① 因此，劳动是一种乐趣，是人类实现自我发展的手段，人在劳动中应该感到快乐。人类改造自然的活动是有意识的活动，人类在改造自然过程中真正证明自己是类存在物。人按照自身需要改造自然，从自然界获取物质产品和精神产品，使自然界变成人化自然。人类在改造自然的过程中始终坚持"以人为本"，以满足人的合理需要为限度，尊重自然规律，合理地调节人与自然进行物质变换的进程。"以人为本"体现了马克思对人文生态的关注，也反映了马克思对自然生态进行合理调节的思想。

第三节　马克思生态思想的本质：可持续发展

马克思生态思想的本质是可持续发展。可持续发展是解决自然和人文生态危机的根本途径。马克思在对资本主义生产方式的研究中，对自然生态和人文生态环境进行了批判，但马克思没有仅仅停留在批判上，批判只是揭露了问题，这不是马克思的目的。马克思的目的是通过批判进行反思，找到解决生态问题的出路。马克思的生态思想始终隐含了解决生态问题的根本出路在于可持续发展的思想。

自然生态的可持续发展就是要达到人与自然物质变换系统的平衡。马克思认为，人与自然处于物质变换系统中。人是自然的一部分，人的生存所需的物质资料和发展所需的精神食粮都来自自然界。人与自然是统一的，"自然界，就它自身不是人的身体而言，是人的无机的身体"②。人与自然处于不断的物质变换系统之中，人通过有意识的实践活动从自然界中获取物质资料，满足自身的需要。在实践活动中，自然界被深深地打上了人类的印记，成为人化自然。人与自然在物质变换过程中相互影响、相互作用，达到统一。人类必须维持人与自然的和谐统一，达到物质变换系统的

---

① 《马克思恩格斯文集》第 1 卷，人民出版社，2009，第 162 页。
② 《马克思恩格斯文集》第 1 卷，人民出版社，2009，第 161 页。

平衡，人不能凌驾于自然之上，肆无忌惮地对自然进行掠夺性开发。对自然的任何破坏，就是对物质变换系统平衡的破坏，导致物质变换系统功能紊乱。由此产生的一切消极后果都将由人类承担，人类必定为此付出惨重代价。因而，人与自然物质变换系统的平衡是实现自然生态可持续发展的关键。

人文生态的可持续发展就是使人的各方面能力随着生产力的发展而发展，达到人与人、人与社会关系的和谐。马克思认为在资本主义制度下，资本成为人的统治者，资本的本性是实现自身的增殖。资本的扩张本性促使资产阶级不断扩大再生产，永无止境地追求超额剩余价值，产生两方面的问题。一方面资本的扩张本性造成无限扩大的生产与有限的自然资源之间的矛盾，导致自然生态失衡。另一方面，资产阶级积累大量的社会财富，促进生产力的快速发展，却导致人的异化，人文生态环境的急剧恶化。发展是人类的核心问题，任何问题的解决都离不开发展。发展必须有合适的道路，否则就会导致发展困境。发展的最终目的是实现人的全面发展，因此，发展始终要以人为本，坚持可持续发展。没有人文生态的可持续发展，人的异化就不可能被扬弃，人的全面发展就不可能实现，人类的发展也就失去了意义。在资本主义生产方式下，可持续发展也就没有可能。因此，否定私有制，扬弃异化，在劳动中实现人的各方面能力全面发展，达到人与人、人与社会关系的和谐状态成为人文生态可持续发展的必然选择。

第四节　全面考察马克思生态思想的意义

多年来，学者们从自然生态的维度深入研究了马克思生态思想，取得了丰硕成果。笔者认为，自然维度的马克思生态思想仅仅是马克思生态思想的一方面，因而是狭义上的马克思生态思想。实际上，马克思生态思想还包括人文维度的生态思想。在人文维度解读马克思的生态思想，目前学界几乎没有人涉足。因而，当前学界对马克思生态思想的研究不具有全面性。从自然和人文双重维度全面考察马克思生态思想有助于还原马克思生态思想的完整内容，具有重要的理论和实践意义。

一 理论意义：驳斥攻击，澄清是非，还原真理

西方学者在研究马克思主义时往往存在偏差，在研究马克思的某一思想时，得出的结论也通常是片面的，甚至是错误的。出现这种状况的原因有两个方面：一是受阶级立场和意识形态的影响，他们在研究马克思主义时通常戴着有色眼镜；二是他们的研究不够全面、透彻，对马克思的思想一知半解就轻易下结论。他们在对待马克思生态思想的问题上也不例外。西方学者认为，马克思对生态不关心，主张自然就是被开发利用的对象，马克思的世界观完全是建立在技术上对自然进行极度控制的基础上。例如，特德·本顿认为马克思的理论是一种普罗米修斯式的唯生产力论历史观。他尽管在特定的场合对生态问题表示了关切，但是在这方面提出的理论观点首先还是必须受到批判的。马克思是个彻头彻尾的人类中心主义者，他否定所有自然限制经济发展的观点。

事实上，马克思根本不是唯生产力的崇拜者，而是最先对资本主义生态问题进行关注和批判的人之一。通过对马克思生态思想的全面解读，我们发现马克思不仅关注自然生态恶化问题，而且特别关切资本主义私有制下人文生态的恶化问题。马克思从自然和人文的角度分析和批判了资本主义社会的生态问题，形成了自然生态和人文生态相统一的生态思想。马克思对资本主义的生态问题没有仅仅停留在批判上，而是指明了生态可持续发展的归宿，即消灭私有制，扬弃异化，实现共产主义。

关于劳动是创造价值源泉的问题，马克思是从使用价值的角度来说的。他认为劳动不是创造使用价值的唯一源泉，使用价值是自然物和劳动相结合的产物。"劳动并不是它所生产的使用价值即物质财富的唯一源泉。正像威廉·配第所说，劳动是财富之父，土地是财富之母。"[①] 全面考察马克思的生态思想，在理论上有力驳斥西方学者攻击马克思忽视生态问题的谬论，有助于澄清是非，还原真理。

二 实践意义：对我国生态文明建设具有重要启示

近年来，随着生态问题的日益凸显，生态问题成为各国关注的焦点。

---

① 《马克思恩格斯文集》第 5 卷，人民出版社，2009，第 58 页。

生态文明建设成为当今社会一个热烈探讨的课题。改革开放以来，我国生产力有了突飞猛进的发展，人民生活水平有了显著提高，总体上达到小康水平。与此相对应，生态问题日益严峻，如何实现更高质量的发展成为困扰我国的一个议题。党的十七大报告提出要建设社会主义生态文明，并把生态文明建设作为全面建设小康社会的五个新要求之一。这表明我们已经找到了实现更高层次发展的出路。

全面考察马克思的生态思想，对我国生态文明具有重要启示。我国的生态文明建设既要重视自然生态建设，处理好人与自然的物质变换关系，也要重视人文生态建设，形成人与人、人与社会的和谐关系。自然生态和人文生态是辩证统一的，二者相互影响，相互促进，不可偏废。建设生态文明要从整体出发，全面把握生态环境的运行发展规律，根据我国社会发展的实际状况，采取有力的措施。必须建构完善的生态文明理念以指导生态文明建设。可持续发展符合自然和社会发展规律，解决生态问题的根本出路在于可持续发展。马克思说："不以伟大的自然规律为依据的人类计划，只会带来灾难。"① 同样，不以社会发展规律为依据的实践活动终将导致失败。社会主义生态文明建设必须始终贯彻可持续发展的思想，不以牺牲自然和人文生态环境为代价换取短期利益，否则得不偿失。

第五节　结语

生态问题是人类发展面临的永恒课题，它是人的发展要求与发展困境的矛盾体现。生态问题自从人类诞生之日起就存在，只是在资本主义之前这个问题并不凸显，总是被忽视。到了资本主义社会，资本扩张使得生态问题日益严峻。马克思以敏锐的洞察力揭示和批判了资本主义的生态危机，形成了马克思生态思想。虽然马克思生态思想的形成具有特定的历史背景。但马克思揭示的生态问题至今并没有得到很好的解决，有愈演愈烈的趋势。因此，马克思研究生态问题的科学方法对我们今天探索生态问题仍具有指导意义。全面考察马克思的生态思想，有助于启发我们探索生态文明建设的路径。

---

① 《马克思恩格斯全集》第31卷，人民出版社，1972，第251页。

第五章　从实践视域审视：马克思生态责任伦理

随着经济全球化进程的深入发展，生态问题越来越成为困扰人类发展的焦点问题，生态责任伦理问题被社会广泛关注。马克思很早就注意到资本主义生态失衡的问题，在相关著作中形成了科学的生态责任伦理思想。因此揭示马克思的生态责任伦理思想对当代中国生态文明建设具有重要的启示意义。

第一节　马克思是经济和技术决定论者？

西方环境主义者认定，马克思是经济和技术决定论者。依据是，在著作中，马克思强调科技的进步、生产的发展和物质产品的极大丰富。马克思在《共产党宣言》中热情讴歌了资本主义生产力的发展："资产阶级在它的不到一百年的阶级统治中所创造的生产力，比过去一切世代创造的全部生产力还要多，还要大。自然力的征服，机器的采用，化学在工业和农业中的应用，轮船的行驶，铁路的通行，电报的使用，整个大陆的开垦，河川的通航，仿佛用法术从地下呼唤出来的大量人口——过去哪一个世纪料想到在社会劳动里蕴藏有这样的生产力呢？"[①] 因此，一些研究者认为，马克思忽视了生态依赖原则，对自然在人类社会生活中所起的作用没有任何或至少是有用的东西可说。

西方环境主义中的一些代表人物纷纷诘难马克思是普罗米修斯主义者。例如，本顿认为马克思的"生产性的"劳动过程虽然有着生态重要性的特点，但是它们却被排除在马克思的论述之外。其他一些学者或否认马克思

[①] 《马克思恩格斯文集》第 2 卷，人民出版社，2009，第 36 页。

有任何关于人类自然或者并非社会构成的外部自然的概念，或指出马克思虽然在《资本论》中已经意识到资本主义经济对生态的影响，但是对其晚期经济学著作中对科学性的追求提出了批判，并认为马克思的生态观不论其所理解的技术决定论是什么，都是为了使马克思的理论作为一门科学更容易被接受。

在实践中正确处理人与自然、人与人的关系是马克思生态责任伦理思想的基础。环境主义者对马克思诘难的实质是不同世界观的对立，即如何处理人与自然、人与人关系问题上的分歧。以黑格尔为代表的唯心主义将精神视为世界的本源，以精神活动来理解和解释自然，认为主体是绝对精神，客体（自然）是绝对精神产物的被动物质世界。以此为基础，唯心主义对人的能动性无限夸大，认为人在自然面前表现得无所不能，陷入人类中心主义的极端。在人与自然的物质变换活动中，唯心主义片面强调对人的"需要"的满足，将人视为自然界的主宰者，忽视了自然界的承受能力，引起主客体之间的矛盾冲突。因此马克思说："和唯物主义相反，唯心主义却把能动的方面抽象地发展了，当然，唯心主义是不知道现实的、感性的活动本身的。"[1] 在以费尔巴哈为代表的旧唯物主义那里，主体被看作自然存在物的人，客体是上帝。旧唯物主义者把自然看作脱离人的活动的孤立的自在之物，与人的实践活动毫无关系。人们面对自然只能逆来顺受，不能根据需要发挥主观能动性去改造和利用自然，割裂了主体与客体的关系。对此，马克思批判道："从前的一切唯物主义（包括费尔巴哈的唯物主义）的主要缺点是：对对象、现实、感性，只是从客体的或者直观的形式去理解，而不是把它们当做感性的人的活动，当做实践去理解，不是从主体方面去理解"。[2]

西方环境运动的主流思想（非人类中心主义的哲学）基础正是旧唯物主义。在环境主义者看来，人类不应将自己视为自然界的主体，应该放弃在处理自然关系中的主体地位。他们倡导"回归"到人与自然关系的初始状态，与其他生物"同等"作为生态系统的一个元素。"非人类中心主义将道德义务扩展到人类之外的整个大自然存在物上，将自然存在物看作与人

① 《马克思恩格斯文集》第 1 卷，人民出版社，2009，第 499 页。

② 《马克思恩格斯文集》第 1 卷，人民出版社，2009，第 499 页。

类平等的主体，……主张人类应放弃一切对自然的干涉与影响"①。人类的主体地位主要体现于实践活动中。要求人类放弃主体地位，实质上是要取消人类的实践活动，退回到动物的本能性活动中去。对人类的特殊性和主观能动性的无视，无疑具有虚妄性和浪漫主义的色彩。

在人与人的关系问题上，唯心主义、旧唯物主义从社会意识决定社会存在的立场出发，将人类历史的发展看作少数英雄人物作用的结果，忽视了人民群众的主体地位和利益诉求，造成人的异化，压制了人的全面发展。由此导致阶级对立，引发了人与人之间关系的紧张和异化。

马克思在对唯心主义、旧唯物主义主客体思想的批判中阐述了对人与自然、人与人关系的正确理解。马克思认为，人与自然是物质变换的实践关系，在物质变换过程中生态系统必须保持平衡。人是自然界的一部分，人类生存和发展所需物质和精神食粮都来源于自然界，同时自然界也深深受到人类实践活动的影响，被打上人类活动的印记，成为人化的自然。因此人们在与自然的物质变换过程中必须充分发挥主观能动性，既要考虑人类自身的需要，又要兼顾自然界自身的承受能力；既要发挥主观能动性，实现实践的价值，又要遵循客观规律，减少生态代价。所以，马克思说："劳动首先是人和自然之间的过程，是人以自身的活动来中介、调整和控制人和自然之间的物质变换的过程"②。在人与人的关系上，马克思认为人具有社会性，人的本质是一切社会关系的总和，人的全面发展是人们进行实践活动的旨归，在实践活动中必须充分体现人的主体地位，实现人与人之间关系的和谐发展。

由此可见，马克思在对唯心主义和旧唯物主义的批判中，从双重维度阐明了其生态责任伦理。在对唯心主义和旧唯物主义人与自然关系认识的批判中阐明了自然生态责任伦理；在对唯心主义和旧唯物主义人与人关系认识的批判中阐明了人文生态责任伦理。因此，环境主义者对马克思的诘难是没有根据的。

---

① 贾礼伟：《超越虚妄与浪漫：马克思生态伦理观之于生态文明建设的现实意义》，《求实》2011 年第 4 期。
② 《马克思恩格斯文集》第 5 卷，人民出版社，2009，第 207 页。

第二节　马克思生态责任伦理思想的基本内容

与旧哲学旨在解释世界不同，马克思主义哲学主要在于改造现实世界。马克思生态责任伦理思想的逻辑是：生态责任问题产生于社会实践中，它必须在实践中得到合理解决。马克思以实践为基本立足点，从人与自然关系的维度和人与人关系的维度分别阐明了可持续发展的自然生态责任伦理和以人为本的人文生态责任伦理。

一　可持续发展的自然生态责任伦理

人与自然的关系本质上是人与自然的物质变换过程。马克思认为，在资本主义生产方式确立之前，人与自然的物质变换过程基本上是平衡的。但资本主义生产方式确立后，人与自然之间的物质变换出现断裂，由此产生了自然生态责任问题，其主要体现在以下两个方面。

一方面，在资本逻辑的作用下，资本主义生产是以最大限度地追求剩余价值为目的。资本家为了获得超额剩余价值，不得不将更多的资本投入到生产体系中，盲目扩大再生产，以至过度开采自然资源和产生大量废弃物，使人与自然的物质变换系统失衡。因此，马克思写道："只有在资本主义制度下自然界才真正是人的对象，真正是有用物；它不再被认为是自为的力量；而对自然界的独立规律的理论认识本身不过表现为狡猾，其目的是使自然界（不管是作为消费品，还是作为生产资料）服从于人的需要"①。

另一方面，随着资本主义工业化和城市化进程的推进，农村大量剩余劳动力涌入城市，城市人口膨胀，使城市生态环境日益恶化。"大土地所有制使农业人口减少到一个不断下降的最低限量，而同他们相对立，又造成一个不断增长的拥挤在大城市中的工业人口。由此产生了各种条件，这些条件在社会的以及由生活的自然规律所决定的物质变换的联系中造成一个无法弥补的裂缝，于是就造成了地力的浪费，并且这种浪费通过商业而远

---

① 《马克思恩格斯文集》第8卷，人民出版社，2009，第90页。

及国外。"① 城镇化的迅速推进，使城市生活垃圾问题日趋突出。"例如，在伦敦，450万人的粪便，就没有什么好的处理方法，只好花很多钱用来污染泰晤士河。"②

针对资本主义社会实践中出现自然生态恶化的现象，马克思认为必须在实践中实现可持续发展。

首先，马克思探讨了充分利用排泄物，发展循环经济，实现可持续发展的可能。马克思将排泄物归类为生产排泄物和消费排泄物。他说："我们所说的生产排泄物，是指工业和农业的废料；消费排泄物则部分地指人的自然的新陈代谢所产生的排泄物，部分地指消费品消费以后残留下来的东西。因此，化学工业在小规模生产时损失掉的副产品，制造机器时废弃的但又作为原料进入铁的生产的铁屑等等，是生产排泄物。人的自然排泄物和破衣碎布等等，是消费排泄物。"③ 马克思认为，在资本主义生产方式下，人口大量集中，机器大生产使得大规模的劳动成为可能，这是排泄物再利用的前提。马克思主张依靠科技进步最大限度地提高资源利用率，对原料、产品、废料进行再利用以节约初始原料，对废弃物进行循环利用，以减少废弃物对生态的破坏。马克思说："机器的改良，使那些在原有形式上本来不能利用的物质，获得一种在新的生产中可以利用的形态；科学的进步，特别是化学的进步，发现了那些废物的有用性质。"④

其次，马克思还反思了农业资本家以土地所有者自居，为谋取超额剩余价值，违背自然规律，对土地和劳动力进行掠夺性开发，持久破坏土地肥力。马克思认为，人类作为自然界的一部分，在从自然界获取物质和精神食粮时，必须尊重自然规律，不能以主宰者自居，应保持物质变换系统的平衡，实现可持续发展。马克思写道："从一个较高级的经济的社会形态的角度来看，个别人对土地的私有权，和一个人对另一个人的私有权一样，是十分荒谬的。甚至整个社会，一个民族，以至一切同时存在的社会加在一起，都不是土地的所有者。他们只是土地的占有者，土地的受益者，并

---

① 《马克思恩格斯文集》第7卷，人民出版社，2009，第918页。
② 《马克思恩格斯文集》第7卷，人民出版社，2009，第115页。
③ 《马克思恩格斯文集》第7卷，人民出版社，2009，第115页。
④ 《马克思恩格斯文集》第7卷，人民出版社，2009，第115页。

且他们应当作为好家长把经过改良的土地传给后代。"①

最后，马克思阐述了变革资本主义生产方式，实现可持续发展的思想。马克思认为，只有"自由人联合体"的社会，才能实现以"消耗最小的力量"和"最适合于人类本性"为原则，获取最佳的物质变换结果，实现物质变换系统的平衡。"社会化的人，联合起来的生产者，将合理地调节他们和自然之间的物质变换，把它置于他们的共同控制之下，而不让它作为一种盲目的力量来统治自己；靠消耗最小的力量，在最无愧于和最适合于他们的人类本性的条件下来进行这种物质变换。但是，这个领域始终是一个必然王国。在这个必然王国的彼岸，作为目的本身的人类能力的发挥，真正的自由王国，就开始了。"②

二　以人为本的人文生态责任伦理

资本主义生产方式确立后，以私有制为基础的雇佣劳动制度同时也得以确立。在雇佣劳动制度下，几乎社会所有职业的劳动者都成了资产阶级的雇佣工人。机器的使用使妇女、儿童成为补充劳动力，"工人家庭全体成员不分男女老少都受资本的直接统治，从而使雇佣工人人数增加"③。人与人之间的关系变成了赤裸裸的利害关系，利己主义成为社会的普遍价值形式。对此，马克思写道："资产阶级在它已经取得了统治的地方把一切封建的、宗法的和田园诗般的关系都破坏了。它无情地斩断了把人们束缚于天然尊长的形形色色的封建羁绊，它使人和人之间除了赤裸裸的利害关系，除了冷酷无情的'现金交易'，就再也没有任何别的联系了"④。资本家为了在激烈的市场竞争中立于不败之地，必然不顾劳动者的身心健康最大限度地剥削工人，漠视劳动者的基本权利。资产阶级对雇佣工人进行赤裸裸的剥削，贪婪地追逐着剩余价值。工人作为劳动成果的创造者不但不能享受自己的劳动果实，反而被自己的劳动成果所奴役。在资本主义制度下，劳动仅仅是维持肉体生存需要的一种手段，在资本家那里"已经失去了任何

---

① 《马克思恩格斯文集》第 7 卷，人民出版社，2009，第 878 页。
② 《马克思恩格斯文集》第 7 卷，人民出版社，2009，第 928 页。
③ 《马克思恩格斯文集》第 5 卷，人民出版社，2009，第 454 页。
④ 《马克思恩格斯文集》第 2 卷，人民出版社，2009，第 33 页。

自主活动的假象，而且只能用摧残生命的方式来维持他们的生命"①。资本主义的社会实践导致人的异化和人与人关系的高度紧张，出现了人文生态责任问题。

马克思对资本主义雇佣劳动为基础的社会实践进行了无情的批判，形成了以人为本的人文生态责任伦理思想。在马克思看来，劳动应该是人的本质性活动，是人实现自我发展的手段。人们通过劳动从自然界中获取自己所需的生活资料，维持着自身的存在并实现自己的发展。人在劳动中应该感到快乐，人们可以根据自己的爱好从事自己感兴趣的劳动，以促进人的全面发展。以人为本，促进人的全面发展是马克思主义整个学说的最终旨归。马克思的生态责任伦理思想在任何时候都"一如既往地体现着对人类生存的目的、价值和最终的全面自由发展的执着追求"②。

第三节 马克思生态责任伦理思想对当代中国生态文明建设的启示

一 实践是人类解决生态危机的根本方式

当前，人与自然、人与人关系的不和谐现象日益突出，生态危机成为全社会关注的焦点问题。而生态危机的解决绝非环境主义者主张的那样——人类放弃实践活动，复归到人与自然的初始状态，也不是人类中心主义者倡导的人的主观能动性的无限发展，而是必须立足于实践这个现实基础，全面实现"以人为本"的社会变革。

在人与自然的关系方面，我们应该重新审视人类对待自然的态度，以实践为基础，实现人与自然实质的统一，即在人与自然的物质变换过程中摆正人类的"主体"地位，合理把握对自然开发的"度"。在实践中，我们既要充分发挥人的主观能动性，又要充分尊重客观规律；既要满足人类生存和发展的需要，又要充分考虑自然本身的承受能力。同时解决社会主义实践中的自然生态问题，也必须立足于社会主义建设实践。树立科学发展

① 《马克思恩格斯文集》第1卷，人民出版社，2009，第580页。
② 杨珺：《马克思主义生态思想之人文本质浅议》，《晋阳学刊》2005年第3期。

观，以发展的眼光解决社会实践中出现的生态问题。

在人与人的关系方面，坚持以人为本，尊重人的主体性，消除异化。马克思认为，劳动既是人类生存的需要，又是人类实现自身发展的条件。人们在劳动中可以凭自己的兴趣爱好"今天干这事，明天干那事，上午打猎，下午捕鱼，傍晚从事畜牧，晚饭后从事批判"[①]。在原始社会，人与人之间关系是一种原始的和谐。随着社会的发展，私有制产生后，人与人之间开始出现不平等，资本主义生产方式确立后，人与人之间的关系出现了异化。因此解决人文生态危机，必须通过社会实践创造条件。在马克思看来，最根本的方法就是通过社会革命实践，推翻资本主义生产关系，废除私有制，扬弃异化，建立"自由人联合体"社会。目前，我国正处于社会主义初级阶段，尚未达到马克思设想的"自由人联合体"阶段。不可否认，在社会主义初级阶段，人文生态问题依然困扰着人们。因此，解决我国社会主义实践中的人文生态问题，必须坚持人民群众的历史主体地位，加强社会主义制度和法制建设，完善社会主义市场经济，坚持发展为了人民，发展依靠人民，使广大人民共享改革开放的成果，增强人民群众的幸福感。

二　社会主义生态责任伦理的建构必须坚持科学精神与人文精神的统一

马克思的生态责任伦理思想启示我们，社会主义生态责任伦理的建构必须坚持科学精神与人文精神的统一。坚持科学精神，就是在实践中尊重自然和人类社会发展的客观规律，坚持真理尺度和价值尺度的统一。在处理人与自然关系的时候我们要崇尚科学，既要反对违背客观规律，片面夸大人的主观能动性，又要反对否定人的能动性，主张恢复到人与自然的初始状态。坚持人文精神，就是在实践中以人为本，尊重人民群众的主体地位和创造精神，在发展中关注民生，坚持发展为了人民，发展依靠人民，关怀弱势群体的思想和行动路线，以人的全面发展作为社会主义实践的出发点和归宿。

社会主义生态责任伦理的建构必须将科学精神与人文精神统一起来。马克思认为，解决生态失衡的问题，不能仅仅狭隘地从处理人与自然关系

---

① 《马克思恩格斯文集》第 1 卷，人民出版社，2009，第 537 页。

的维度进行思考，还应该从人与人、人与社会关系的角度考量。人与自然关系的和谐决定了人与人、人与社会关系的和解。反过来，由人与人之间不同的关系所决定的生产目的、由生产目的所决定的生产模式、由生产模式所决定的技术发展模式等，又反作用于人与自然的关系。因此，社会主义生态责任伦理的建构既要坚持科学精神，以科学的态度正确处理人与自然的关系，实行可持续发展；又要坚持人文精神，充分体现人民群众的主人翁地位，将科学精神与人文精神统一于社会主义生态文明建设之中。

　　总之，人类的社会实践是不断发展的，在人类达到"自由人联合体"社会之前，生态问题的出现是不可避免的。人类的生存和发展危机既产生于社会实践，又必须通过社会实践得到合理解决。因为生态问题随着人类社会实践的展开而不断出现，又随着社会实践的发展不断得到解决。唯心主义试图通过发展科学技术，片面强调人的能动性解决生态问题是不可取的；环境主义者主张牺牲人类的发展，复归到人与自然的初始状态破解生态问题同样是一种虚妄的浪漫主义情怀。因此，只有实践才是人类解决生态危机的根本方式。

第六章　现实关怀与终极关怀："中国梦" 生态伦理关怀的立地与顶天

党的十八大以来，习近平同志多次提出并深刻阐述了实现中华民族伟大复兴的"中国梦"，为全体国人指明了奋斗目标与努力方向。而追问"中国梦"生态伦理关怀的意蕴，既是对当下如何实现中华民族复兴的现实问题的回应，同时也与"休谟问题"、自然中心主义的伦理困境等的探索相互缠绕，因此很有必要对此进行研究。

第一节　对自然界的现实关怀："中国梦"生态 伦理关怀的现象层面意蕴

自1840年鸦片战争以来，在西方资本主义列强的侵略下，中国被迫踏上了丧权辱国的历史，追求民族复兴成为几代中国人的梦想。为了实现这个梦想，诸多国人前仆后继，先后组织发动了洋务运动、戊戌变法、辛亥革命等试图救国救民，但最后都以失败而告终。直到"十月革命一声炮响，给我们送来了马克思列宁主义"[1]。在这种先进思想的引导下，"我们党团结带领全国各族人民，把贫穷落后的旧中国变成日益走向繁荣富强的新中国，中华民族伟大复兴展现出光明前景"[2]，但同时我们"前进道路上还有不少困难和问题"[3]。具体到生态环境方面，从世界范围来看，"如今生活在地球上的70亿人类正以增长的速度和强度开采着地球资源，这已超过了地球系

---

① 《毛泽东选集》第4卷，人民出版社，1991，第1471页。
② 胡锦涛：《坚定不移沿着中国特色社会主义道路前进 为全面建成小康社会而奋斗》，人民出版社，2012，第1页。
③ 胡锦涛：《坚定不移沿着中国特色社会主义道路前进 为全面建成小康社会而奋斗》，人民出版社，2012，第5页。

统所能承受吸收废物和中和环境负面影响的能力范围，实际上，几种重要资源的损耗已经限制了世界许多地方的常规发展"①。至于中国国内，《2014 年中国国土绿化状况公报》也提到我国"区域之间、城乡之间造林绿化发展不平衡的问题仍很突出，干旱半干旱地区和农村造林绿化仍是薄弱区域，亟待加强；珍贵木材、木本粮油供需矛盾十分突出，珍贵树种、优质乡土树种、特色经济林、生物质能源林培育力度还需不断加大；森林、草原质量效益仍处于较低水平，森林、草原经营保护管理工作还需不断加强；乱砍滥采林木资源、乱捕滥猎野生动物、非法采挖移植大树古树现象还依然存在，侵占林地、草地、绿地、湿地现象仍较严重，森林、草原、绿地、湿地保护宣传教育与执法工作需进一步加强；自然灾害与极端天气频发，森林、草原有害生物和火灾防控形势严峻"②。由此可见，我国依然面对的是"资源约束趋紧、环境污染严重、生态系统退化的严峻形势"③。

毋庸置疑，人们可以采取制定一系列法律法规等方式来对这种"严峻形势"进行规约，但这种注重外在强制性的手段并不能令人悦服，因而心不甘情不愿的诸多"利益纠缠者"总是会时时刻刻去寻找这种外在强力的"阿基琉斯之踵"借以释放自己隐藏在心底的贪欲。为此，党的十八大报告提出"必须树立尊重自然、顺应自然、保护自然的生态文明理念"④，"努力建设美丽中国"⑤。习近平同志在"致生态文明贵阳国际论坛 2013 年年会的贺信"中再次强调指出："走向生态文明新时代，建设美丽中国，是实现中华民族伟大复兴的中国梦的重要内容，中国将按照尊重自然、顺应自然、保护自然的理念，贯彻节约资源和保护环境的基本国策，更加自觉地推动绿色发展、循环发展、低碳发展"⑥。这表明我国在加快推进社会主义现代

---

① 联合国环境规划署编《全球环境展望 5：我们未来想要的环境》，黎勇等译，2012，引言第 19 页。

② 国家林业和草原局：《2014 年中国国土绿化状况公报》，2015 年 3 月 12 日，foresty. gov. cn/main/63/20150312/1093748. html。

③ 胡锦涛：《坚定不移沿着中国特色社会主义道路前进 为全面建成小康社会而奋斗》，人民出版社，2012，第 39 页。

④ 胡锦涛：《坚定不移沿着中国特色社会主义道路前进 为全面建成小康社会而奋斗》，人民出版社，2012，第 39 页。

⑤ 胡锦涛：《坚定不移沿着中国特色社会主义道路前进 为全面建成小康社会而奋斗》，人民出版社，2012，第 39 页。

⑥ 《生态文明贵阳国际论坛二〇一三年年会开幕 习近平致贺信》，《人民日报》2013 年 7 月 21 日。

化，努力实现"中国梦"的过程中，一直在强调内在宰制性的"尊重自然、顺应自然、保护自然"①的生态伦理关怀，以从内在层面引导人们的实践活动使其对环境的改造与对自身的改变能够和谐一致。与当今时代现实生态环境面临的"严峻形势"②相联系，在这种生态伦理关怀的视域中，直接受到呵护的并不是形而上的抽象对象，而仅仅只是我们自己正生活于其中的现实的自然界，因而在现象层面上，"中国梦"的生态伦理关怀是一种指向现实物质对象的现实关怀。

第二节　对人整体利益、长期利益的终极关怀："中国梦"生态伦理关怀本质层面意蕴

"中国梦"的生态伦理关怀在现象层面是对现实自然界的现实关怀，但在本质层面却是一种指向人们整体利益、长期利益的终极关怀。从"中国梦"生态伦理关怀的外在对象自然界来看，在《1844 年经济学哲学手稿》中，马克思指出："在人类历史中即在人类社会的形成过程中生成的自然界，是人的现实的自然界"③。这说明人们现实生活中的自然界不是先在的、既成的自然存在，而是人们通过自己创造性的实践活动生成的属人的存在。作为人的"对象、现实、感性"，现实自然界与主体处于二分之中，是客观存在的物质世界，能被以主体在场的人以"客体的或者直观的形式"④所直观把握，然而更重要的是现实自然界在与主体二分的同时，又与主体是统一的，因此应当把它"当做感性的人的活动，当做实践去理解"⑤，"理解为构成这一世界的个人的全部活生生的感性活动"⑥。因此，当前人们由于自然生态失衡而对现实自然界进行伦理关怀时，表面上或直接上是关怀客观性的物质自然界，然而，归根到底却是对人们自己改造客观自然界的实践

---

①　胡锦涛：《坚定不移沿着中国特色社会主义道路前进 为全面建成小康社会而奋斗》，人民出版社，2012，第 39 页。

②　胡锦涛：《坚定不移沿着中国特色社会主义道路前进 为全面建成小康社会而奋斗》，人民出版社，2012，第 39 页。

③　《马克思恩格斯文集》第 1 卷，人民出版社，2009，第 193 页。

④　《马克思恩格斯选集》第 1 卷，人民出版社，2012，第 133 页。

⑤　《马克思恩格斯选集》第 1 卷，人民出版社，2012，第 133 页。

⑥　《马克思恩格斯选集》第 1 卷，人民出版社，2012，第 157~158 页。

活动的关怀。而在社会生活中，人们的一切活动都有各自的目的，体现着活动主体的利益追求，因而生态伦理作为思想性的东西，不可能离开这种与其呵护的主体活动纠缠在一起的利益，否则"就一定会使自己出丑"①。这意味着它对人的实践活动的关怀，就是对人在实践活动中利益诉求的关怀。具体到这些被追逐的利益，其中既有短期利益、个人利益，也有长期利益、整体利益。当前人类生活的自然界出现划时代的生态危机，一个重要原因是自工业革命以降，人类囿于短期利益、个人利益，借助机器的发明使用贪婪地向大自然无休止地索取财富。事实上，伴随着废水、废气、废渣等有害物的胡排乱放，滥捕、滥挖、滥采等活动的恣意妄行，一部分人的个人利益不仅没有受到损害，反而在短时间内被最大化，诸如一时的粗放式发展等短期效益也井喷式地得到提升，而这些利益畸形扩张的背后是人类整体利益、长期利益被无视和不断萎缩。可见在这种情况下，对自然界进行生态伦理关怀，追寻现实自然界生态问题的有效规约，其最终指向或呵护的对象只可能是人的整体利益、长期利益。当然，这种整体利益、长期利益并不是与个人利益、短期利益绝对对立的，而是承认并内在统一了对合理的个人利益、短期利益的追求。

另外，从"中国梦"自身来看，2012 年 11 月 29 日，习近平同志在国家博物馆参观"复兴之路"展览时提出："实现中华民族伟大复兴，就是中华民族近代以来最伟大的梦想"②。这在极为清晰地、明确地阐释了"中国梦"的具体内涵的同时，也在其利益诉求方面表明：一是"中国梦"张扬整体利益，它要实现的是整个中华民族的复兴。这个复兴过程离不开千千万万以个人身份存在的个人的努力奋斗。不过仅仅一个人或少数人实现了自己仅属于个人的梦想绝不意味着"中国梦"已经梦想成真。二是"中国梦"强调长远利益。目光短浅，注重一时的利益实现的复兴，例如单一GDP 的粗放式增长，即使这一增长稳居世界前列，甚至使我国暂时地在经济方面走到世界的前列，最后必然也会因为不可持续而转向原点急速后退，因而这种复兴不仅不是中华民族的伟大复兴，反而是一种隐性的向后倒退。真正实现"中国梦"，需要中华民族实现的复兴是一种可持续性的复兴，所

---

① 《马克思恩格斯文集》第 1 卷，人民出版社，2009，第 286 页。
② 《习近平总书记深情阐述"中国梦"》，《人民日报》2012 年 11 月 30 日。

以必须注重长远，坚定不移地维护表征可持续性发展的长期利益。由此可知，"中国梦"本身的价值取向也决定了其视域中的生态伦理关怀最终必须聚焦于中华民族及整个人类的整体利益、长期利益。

毋庸讳言，这种在"中国梦"视域中呵护人的整体利益、长期利益的生态伦理关怀，并不直接是对人的生命本源和死亡价值的追索。然而从本质上看，它却是超越了现实自然的有限性而面向人类未来无限性，也是对人类持续发展、生命绵延进而达到永恒的条件关爱与前提审视，体现了人们对人类终极发展、无限延续的深邃思考和精神渴望，因此在这个意义层面上，"中国梦"的生态伦理关怀是一种终极性关怀。

第三节　"中国梦"的生态伦理现实关怀与终极关怀的关系

在"中国梦"视域中，其生态伦理的现实关怀与终极关怀不是相互平行的两个层面，它们二者之间具有紧密的辩证关系，主要体现在两个方面。

一方面，"中国梦"的生态伦理终极关怀是现实关怀的逻辑前提。在生态伦理发展史上，长期以来与人类中心主义相对立的是自然中心主义。这一思潮大体可分为动物解放论和动物权利论、生物中心论、生态中心主义三个分支，主要以利奥波德（Aldo Leopold）、罗尔斯顿（Holmes Rolston）等为代表。虽然这些学者的具体观点并不完全相同，但总体上都认为荒野自然"是一个具有目标导向的、完整有序而又协调的活动系统"[1]，在这个系统中，所有的事物都相互紧密组合在一起，"以致生养万物的生态系统优先于个体生命"[2]，而"价值的意义，远比只是简化主义对人类利益满足的概念要深刻得多，价值，根在自然源泉中，是有结构的，是多方面的思想的集合"[3]。因此，人们应当突破传统道德即只关注人与人之间关系的藩篱，

① 徐嵩龄：《环境伦理学进展：评论与阐释》，杨通进译，社会科学文献出版社，1999，第3页。

② 〔美〕霍尔姆斯·罗尔斯顿：《环境伦理学》，杨通进译，中国社会科学出版社，2000，第249页。

③ 〔美〕霍尔姆斯·罗尔斯顿：《价值走向原野》，王晓明等译，《哈尔滨师专学报》1996年第1期。

对自然界的伦理关怀超越人类自己利益的满足，直接置于"天然自然界"①本身。

在《人性论》中，休谟提出："我所遇到的不再是命题中通常的'是'与'不是'等联系词，而是没有一个命题不是由一个'应该'或一个'不应该'联系起来的，这个变化虽是不知不觉的，却是有极其重大的关系的，因为这个应该或不应该既然表示一种新的关系或肯定，所以就必须加以论述和说明；同时对于这种似乎完全不可思议的事情，即这个新关系如何能由完全不同的另外一些关系推出来的，也应当举出理由加以说明"②。可见，休谟认为，以往的道德学体系中普遍存在的从"是"或"不是"为联系词的事实命题向以"应该"或"不应该"为联系词的伦理命题的思想跃迁缺乏逻辑上的根据和论证。近年来元伦理学的研究也表明"价值判断中就算有描述性因素，但最具特色的行为既不是经验的，也不是逻辑的……这就再一次证明了一个道理：从事实判断推导不出价值判断"③。然而，自然中心主义却直接置于"天然自然界"本身，用它的事实的属性去规定或说明道德，从"是"中去求"应当"，诸多前提中都不包含一个命令句，因而陷入了"自然主义谬误"④：其纯粹事实性的前提不可能有效地推导出命令性结论。

而"中国梦"思想对现实自然界的现实关怀尽管从表面上看似乎也面临从"是"推导"应当"的"自然主义谬误"⑤，但其对人整体利益、长期利益的终极关怀却说明了我们之所以呵护自然对象，是因为维持自然生态环境的平衡稳定有利于人类的整体延续和可持续发展。因此，关怀现实自然界绝不是从单一或纯粹的"是"去探求"应当"，而是从人的整体利益、长期利益出发把"生态自然的'是'同'要保护生态自然'的'应当'联系起来"⑥，从而使"是"与"应当"之间的逻辑进路得到了通达，彻底走出了自然中心主义的伦理困境。

---

① 〔美〕霍尔姆斯·罗尔斯顿：《价值走向原野》，王晓明等译，《哈尔滨师专学报》1996 年第 1 期。
② 〔英〕休谟：《人性论》，关文运译，商务印书馆，1980，第 509~510 页。
③ 刘福森：《自然中心主义生态伦理观的理论困境》，《中国社会科学》1997 年第 3 期。
④ 刘福森：《自然中心主义生态伦理观的理论困境》，《中国社会科学》1997 年第 3 期。
⑤ 刘福森：《自然中心主义生态伦理观的理论困境》，《中国社会科学》1997 年第 3 期。
⑥ 刘福森：《自然中心主义生态伦理观的理论困境》，《中国社会科学》1997 年第 3 期。

　　另一方面，"中国梦"的生态伦理现实关怀为终极关怀提供了实践根基和群众土壤。在"中国梦"视域中，生态伦理终极关怀的是人的整体利益、长期利益，但它并不像马克思、恩格斯在《德意志意识形态》中所批判的"思辨"一样"一切都是在纯粹的思想领域中发生的"①，而是在对现实自然界抑或人的实践活动关怀的基础上，"从人间升到天国"②，让这种呵护人的整体利益、长期利益的形上性关怀在趋求"崇高"的同时，也是"从对人类历史发展的考察中抽象出来的最一般的结果的概括"③。当然，不仅与其一直立足于现实的人的实践活动相关，它也自然而然地与群众的生活紧密对接，从而使广大老百姓都实实在在、清清楚楚地感受到了这种终极关怀的真理性与力量，感觉到了它与他们生活紧密的关系。因此，追逐"崇高"、注重超越的"中国梦"的生态伦理终极关怀也就真正成为凝聚、激励广大人民群众的一个切切实实的奋斗目标。在这个目标描绘的美丽风景的"诱惑"下，我国人民大众振兴民族、发展国家的热情必将得到极大的激发。而受到激发的每一个民众都会在自己的岗位上自觉地去辛勤劳作。虽然单独的个体极其平凡，所起的作用也各不相同甚至千差万别，但是"历史是这样创造的：最终的结果总是从许多单个的意志的相互冲突中产生出来的，而其中每一个意志，又是由于许多特殊的生活条件，才成为它所成为的那样。这样就有无数互相交错的力量，有无数个力的平行四边形，由此就产生出一个合力"④，即凝聚了我国 14 亿人智慧和希望的磅礴力量。在人民群众巨大力量的作用下，所有阻碍都会烟消云散，一切困难也会迎刃而解，为此，我们一直为之奋斗的"美丽中国梦"也将不再是一种梦想，而是昂首走进中国人民的现实生活，转变为经验的存在。

---

① 《马克思恩格斯选集》第 1 卷，人民出版社，2012，第 142 页。
② 《马克思恩格斯选集》第 1 卷，人民出版社，2012，第 152 页。
③ 《马克思恩格斯选集》第 1 卷，人民出版社，2012，第 153 页。
④ 《马克思恩格斯选集》第 4 卷，人民出版社，2012，第 605 页。

第二篇

生态文明建设的传统文化之根

第一章　彩绘雁鱼铜灯形制：秦汉青铜日常生活用器的生态构建

在鼎盛繁荣的青铜时代，中国所生产的青铜制品绝大部分属于礼乐器。秦汉以降，随着商周礼乐制度的崩溃，青铜艺术经历了最后的辉煌，这时青铜器制造技术已经完全转到日常生活用器的制作上来，原来的礼乐兵器也转化为日常生活使用器具，出现了诸如汉彩绘雁鱼铜灯、汉长信宫灯等我国工艺史上极为珍贵的艺术珍品。这些经典之作以其独特的式样和鲜明的技术凸显了秦汉这一特殊时期青铜日常生活用器的生态构建情况。

第一节　利用科学原理，顺应自然规律进行生态构建

汉彩绘雁鱼铜灯现存世多件，分别藏于中国国家博物馆、陕西历史博物馆和山西博物院等地。除大小上略有区别以外，这些存世的青铜灯的形制结构并无明显差异。它们从整体上看都作鸿雁回首收翅双足着地伫立状，通体彩绘红、白二色，雁身为两范合铸，接地两腿分铸后焊接在雁腹部。四个主要组成部分（雁首颈及鱼、灯盘、灯罩、雁体）可拆卸分开，使用时按顺序相互套合。雁首颈通过子母口与雁体相连，雁眼圆睁，嘴充分张开，口衔一鱼，鱼身下接灯罩（即两片弧形、可左右转动开合的屏板），与置于圆形直壁浅腹与雁背子母口套接在一起的灯盘相接。灯盘一侧附有曲鋬，可自由转动灯盘方向，控制灯罩开口大小。

诸如彩绘雁鱼铜灯等汉代青铜灯的燃料多为牛油等动物油脂①。与油脂里所含的水分等相关，当油灯点燃时，这些水分杂物不仅不能燃烧，反而会

---

① 由于直到魏晋时期才出现可将植物油大量榨取出来的技术，另据《西京杂记》载南越王献高祖刘邦"蜜烛二百枚"，说明秦汉时期即使蜜蜡类蜡烛也比较珍贵少见，因此彩绘雁鱼铜灯等日常用灯具普遍采用的燃料一般是动物油脂。

吸收热量，在油脂与灯焰之间形成一层气雾，使灯油同空气隔绝而不能充分氧化。于是，青铜灯照明时灯焰部的燃油气化物会因受热隔氧炭化而分解出碳粒，最终产生带有烟炱的黑烟，不但会带来难闻的异味，时间长了还会熏黑房屋以及屋中的各种陈设物品，污染生活环境，影响人们健康。

汉彩绘雁鱼铜灯通过自己独特的生态建构，利用自然规律巧妙地解决了因灯焰油烟而引起的环境污染问题。

在自然界，由于重力与分子间黏聚力的作用，倒 U 形管道最高点的液体会向低位的管口流动，在倒 U 形管内形成真空产生负压，致使高位管口附近的液体被压入倒 U 形管并上升跨越管内最高点，进而源源不断地流出低位管口，这就是物理学上的虹吸现象。汉彩绘雁鱼铜灯为了防止灯烟污染创造性地利用了虹吸原理。具体说来，组成彩绘雁鱼铜灯的主要部分雁头鱼身、雁颈、雁腹都薄壁中空，其中可以拆卸的灯盘、灯罩与雁头鱼身一起依次连通并形成一个密闭的倒 U 形管道。当彩绘雁鱼铜灯灯盘上点上灯火时，燃烧的灯焰将半封闭灯罩中的空气加热。这种受热的空气和灯焰生成的油烟相混合形成炽热的气烟混合体，由于它们较冷空气比重较小，因而会沿着青铜灯罩迅速上升流动。一方面，上升的热气烟混合体会顺次流经中空的鱼腹、雁嘴，最终越过雁头倒 U 形管道的最高点，在后续而来的热气烟混合体压力的推动下继而改变方向向下流动；另一方面，灯罩内热气烟混合体的上行运动造成灯罩口形成负压吸引罩口外的冷空气聚集流进灯罩。这样，灯罩、鱼腹、雁头、雁颈构建形成的倒 U 形管内就因为虹吸现象而形成了循环向下运动的气流，带动灯焰产生的油烟沿管道下行。在这种上行、下行过程中，气烟混合体与鱼腹腔、雁颈内径充分接触后温度开始下降，其中少量油烟微粒会由于运动速度减缓及青铜管径的滞留作用而被吸附到鱼腹内腔与雁颈管壁上。至于彩绘雁鱼铜灯的雁腹部分，这实际上是一个肥硕中空盛有一定量清水的较大容器。当经由雁颈内管引导而下的气烟混合体进入雁腹后，会产生四个方面的作用，一是这个中空的大容量组件能利用它硕大的内部空间抽吸和贮存相当数量的不洁烟气，因而有效解决了下行烟气的暂时留存空间问题。二是雁腹较大表面积的内腔壁会直接吸附并留住少部分油烟尘粒，也能辅助性地降低吸入气烟混合体中油烟的含量。三是雁腹腔壁的内外热交换以及留住雁腹空腔中的冷空气会使涌入的气烟混合体进一步降低温度，让其中内含的油烟颗粒变冷下沉因而部分被吸附进入雁腹预留的清水中，不再四处扩散。四是随着较热的气烟混合体进入雁腹内部空间，雁腹腔底部留置的清水会由于受热大量蒸发。这些向上的水蒸气和顺雁颈下行的气烟混合体恰好形成迎面对流，不仅会使较热的气烟混合体快速降温削减它对烟气尘粒的上浮托力，而且上行的水汽还会以烟雾微粒为凝结核心在其表面不断凝聚加大烟尘颗粒的自重。在二者相互叠加的作用下，油灯灯焰产生的烟尘污染物会迅速下沉，最终被雁腹底部的清水吸附，从而基本解决了灯焰烟气的环境污染问题。

把雁首颈及鱼、灯盘、灯罩、雁体四部分按顺次安装连接好后，就构成了完整的彩绘雁鱼铜灯，其应用原理及整个油烟运行与消降线路也就更加直观明显。不过，要特别提及的是，虽然汉彩绘雁鱼铜灯灯体有虹管，并且在实际使用过程中也因为利用虹管原理吸引灯烟进入灯座，从而净化环境，但是它与典型的虹吸现象即单纯依靠大气压力推动液体越过倒 U 形管道顶部形成连续回流还是存在一定的区别。严格地说，汉彩绘雁鱼铜灯中灯烟作虹吸运动时确实有大气压力的参与，不过却不仅仅单独只有大气压力在其中起作用，它的灯焰在燃烧时由于周围空气受热而产生的上升热气流形成的作用力也是这种虹吸运动能够发生及持续不断进行下去的一个不可或缺的重要因素。这既表明了我国古代人民对自然规律的敏锐性认识，也显示了他们对自然规律的创造性利用。

需要指出的是，汉彩绘雁鱼铜灯在上述生态建构过程中注重利用自然规律并不是偶然现象，而是有着深刻的社会思想背景。春秋时期，黄老学派道家讲究经世致用，认为天道自然无为，人道应顺应天道无为而治，契合了时代潮流，受到诸侯们的重视。战国晚期，秦相吕不韦开始在秦国推行黄老之术，极大地促进了秦国经济的繁荣，也扩大了黄老思想在秦国的影响。后虽经"秦火"，秦始皇重启法家，黄老道家遭到了打击，但它在民间的余脉仍在延续。到了汉初，"天下既定，民亡盖臧，自天子不能具醇驷，而将相或乘牛车"①，社会生产因秦末战乱遭到了严重破坏。高祖刘邦总结秦亡教训，深感"事逾烦天下逾乱；法逾滋而天下逾炽"②，因此重

---

① （清）王先谦：《汉书补注》，中华书局，1983，第 509 页。
② 陆贾著，王利器注《新语校注》，中华书局，1986，第 62 页。

新重视黄老道学，遵循"道莫大于无为"①的理念进行国家治理，使社会经济得到了快速发展。此后文帝与窦太后都"好黄帝老子言，景帝及诸窦不得不读老子，尊其术"②，由此带来了社会前所未有的经济发展，开创了"文景之治"的盛世。受此影响，黄老道家思想已经深刻地渗入到汉朝社会的生产、生活之中，即使后来汉武帝罢黜百家、独尊儒术，与经济繁荣紧密相依的黄老道家之术也并没有销声匿迹。例如汉武帝本人也因想长生而热衷于道家炼丹。同时，汉时儒家倡导君主受命于天，天人感应等，也内在地包含遵从天命、顺应自然的思想，这与黄老道家关于人天关系的观点并不冲突，在一定程度上甚至强化了其视域中人与自然关系的论述。为此，有汉一代面向日常生活直接参与经济活动的诸多生产者当然不会不受到黄老道家人道顺应天道思想的影响。而正是在对这种思想朴素而直观的认识体悟过程中，他们也从中捕获到了灵感，继而顺自然之常势，应客观之规律，铸造出了诸如汉彩绘雁鱼铜灯等惊世之作。

第二节　寓物寄情，尊崇自然进行生态构建

汉彩绘雁鱼铜灯的生态建构不仅体现在利用物理原理，顺应自然规律消除灯焰烟气污染，促使人灯关系和谐友好方面，而且也体现在寓物寄情，尊崇自然方面。

关于组成汉彩绘雁鱼铜灯的雁和鱼，长期以来在我国传统文化中都因其独特性而寓意深远，备受尊崇。早在原始石器时代，人们依河谷聚群而居，除了采集和狩猎以外，缘水而渔也是他们获得生活食物来源的一个重要途径。另外，因为人们当时使用的工具都非常简陋，所以在面对大自然的各种扰动时应对力量也明显不足。在一定意义上，他们"就像牲畜一样慑服于自然界"③。而相对应的是，当时原始人生活的环境异常恶劣。这就使那时人们的平均寿命比较短，特别是繁衍后代，存活率很低。与此不同，鱼虽然是人们的食物，但是它们却有着超乎异常的生

① 陆贾著，王利器注《新语校注》，中华书局，1986，第59页。
② （清）王先谦：《汉书补注》，中华书局，1983，第1648页。
③ 《马克思恩格斯文集》第1卷，人民出版社，2009，第534页。

殖能力。一条小小的游鱼，可以成功繁衍出成千上万的后代。为此，与原始人对食物的渴望和生殖的崇拜等相关，鱼在他们的生活中就取得了受人尊崇的地位。1955 年陕西省西安市属于仰韶文化的半坡遗址曾出土了绘有黑色人面鱼纹的彩陶盆。盆内不仅有单独的两条大鱼作追逐状，而且呈圆形的两个人面整个由人鱼合体而成，头顶有鱼鳍形装饰与似发髻的尖状物，双耳部位相对应地左右分置两条小鱼，人面嘴部外廓和鱼头重合，嘴巴左右两侧各分置勾画出一条变形鱼纹，好像是口内同时衔着两条大鱼。这种造型奇特的人鱼合体，在一定意义上表明在半坡先民日常生活中，鱼已经被充分神化，甚至可能是作为图腾来加以崇拜。与原始先民们的这种对鱼的尊崇相联系，我国传统文化也一脉相承地内含了类似尊崇鱼的内容。如利用"鱼"和"余"的谐音双关寄托丰衣足食的美好愿望。其他如我国第一部诗歌总集《诗经》，就以鱼比喻追求的爱恋对象，雁等禽鸟捕食鱼表示人们对爱恋对象的主动追求。现存与汉彩绘雁鱼铜灯同时代的汉乐府诗中，也收集有《江南》这类情歌。从表面上看，这首诗描绘的是在江南地区劳动者采莲劳作时的愉悦之境，但在深层意义上，它却通过"鱼戏莲叶间，鱼戏莲叶东，鱼戏莲叶西，鱼戏莲叶南，鱼戏莲叶北"[1] 等鱼戏水于莲叶之景传达了采莲时青年男女之间的调情求爱之情。

不仅如此，因鱼游于水中，水映千里，山水相逢，因而依水而行的鱼在我国传统文化中又被赋予了书信抑或信使的意象。《史记·陈涉世家》就记载陈胜在大泽乡起义时，为了取得同行戍卒支持，"乃丹书帛曰'陈胜王'，置人所罾鱼腹中。卒买鱼烹食，得鱼腹中书，固以怪之矣"[2]。汉乐府民歌《饮马长城窟行》也提到"客从远方来，遗我双鲤鱼。呼儿烹鲤鱼，中有尺素书。长跪读素书，书中竟何如？上言加餐食，下言长相忆。"[3]在这里，古人用来传书的信函就被雕琢成了鲤鱼的形状，一底一盖中间挖空藏书于腹中，鱼目开孔通绳封泥紧固密封，既便于传书时保存携带，又能有效保证所传书信内容的私密性。

---

① （宋）郭茂倩：《乐府诗集》，中华书局，1979，第 384 页。
② （汉）司马迁《史记》卷四十八，中华书局，1959，第 1950 页。
③ （宋）郭茂倩：《乐府诗集》，中华书局，1979，第 565 页。

雁，又称鸿，在我国传统文化中，也被寄予了丰富深厚的寓意。当人类历史进入父系氏族时代以后，新的生产方式的发展使妇女从事采集等生产劳动，妇女在人们生活中退居到次要地位，男子开始在劳动过程中扮演支配性的角色。这种社会地位的颠覆性改变使男子把自己的妻子儿女全部都留在了家中，实现妻子从夫居、子女从父居，血缘宗亲世系也由按母系划分改为按父系划分，并据此确定家庭财产、地位权利等的分配与继承。这就对家庭妇女提出了贞操方面的要求，相应地形成了社会对节操专一行为的肯定与推崇。而由于雁只要确定了配偶，一般都会终身配对，长久结合。因此，长期以来，雁都被深深地嵌入人们的婚事喜庆活动之中，通过"昏礼下达，纳采用雁"① 等形式聘问赞礼。同时，雁在飞行时，为了有效利用上升气流，节省体力，总是排列成一字长蛇形或人字形的雁阵，雁阵由有经验的头雁带领，老弱雁只居于雁阵中间，行动很有规律。这种"两骖雁行"②，飞则有序的行为被人们观察到以后得到了延伸与拓展，最后被观想成为尊卑序次之德，具有道德伦理规谏的意义。另外，雁翼展开面积较大，飞羽发达，因此它们的飞行能力都很强。这也使雁经常被指意为存于高远的青云之志或远大理想。如《史记》提到陈胜"与人佣耕"③ 时，面对众佣者"若为佣耕，何富贵也？"④ 的疑虑而"太息曰：'嗟乎！燕雀安知鸿鹄之志哉！'"⑤。除此以外，我国古代由于战乱、戍边、游历、人口迁徙流动等原因，常出现家庭离乱、游子难返等社会人伦问题。它们既使人痛苦难耐，也让人望远思亲，渴望了解亲人、家乡的境况。雁是大型候鸟，"孟春之月"⑥ "候雁北"⑦，"仲秋之月"⑧ "候雁来"⑨。它的无意识的南来北往行为就在这种情绪的依托下被人们有意识化，并与游子漂泊的思乡怀亲和羁旅伤感的情怀缠绕在一起。如《诗经·鸿雁》以"鸿雁于飞"⑩

---

① （汉）郑玄注，（唐）贾公彦疏：《十三经注疏·仪礼·士昏礼》，上海古籍出版社，2008。
② 程俊英、蒋见元：《诗经注析》，中华书局，1991，第 228 页。
③ （汉）司马迁《史记》卷四十八，中华书局，1959，第 1949 页。
④ （汉）司马迁《史记》卷四十八，中华书局，1959，第 1949 页。
⑤ （汉）司马迁《史记》卷四十八，中华书局，1959，第 1949 页。
⑥ （战国）吕不韦：《吕氏春秋》卷一·孟春，北京联合出版公司，2015。
⑦ （战国）吕不韦：《吕氏春秋》卷一·孟春，北京联合出版公司，2015。
⑧ （战国）吕不韦：《吕氏春秋》卷一·仲秋，北京联合出版公司，2015。
⑨ （战国）吕不韦：《吕氏春秋》卷一·仲秋，北京联合出版公司，2015。
⑩ 程俊英、蒋见元：《诗经注析》，中华书局，1991，第 521 页。

比兴，寄托了古人怀乡思亲的心绪；刘安的《淮南鸿烈》则借"燕雁代飞"，喻离人如雁燕在同一时节却各奔一方，永难相见。这种思乡怀亲的雁意象与雁南北迁徙的行为进一步融合发展，雁逐渐与人们传情达意的书信相关联，甚至直接被赋予了传书信使的内在含义。班固的《汉书》在《李广苏建传·苏建子苏武》中就专门记载了一则鸿雁传书的故事，说苏武出使匈奴后被扣留，多年后"昭帝即位。数年，匈奴与汉和亲。汉求武等，匈奴诡言武死。后汉使复至匈奴，常惠请其守者与俱，得夜见汉使，具自陈道。教使者谓单于，言天子射上林中，得雁，足有系帛书，言武等在某泽中"①。这使匈奴"单于视左右而惊"②，再也不敢诡言欺瞒，只得放苏武回归故乡。从此，雁传书信流传四方，鸿雁在中华传统文化中也成了信使的美称。

由此可知，汉彩绘雁鱼铜灯以雁、鱼架构造型并不是随意为之，而是在不影响实用性的条件下，匠心独具地将我国传统文化中长期积淀形成的雁、鱼相关意象与人们对和谐美好生活的追求巧妙地结合起来，创造性地进行加工的结果。它腹部中空的游鱼与张口衔鱼回首而立的鸿雁自然相接，给了人们多种追寻意象的组合。而作为这些意象得以支撑的青铜器，汉彩绘雁鱼铜灯其中的游鱼和鸿雁在此已经超越了本身意义的内涵，现在它们因其所寓之情而遗世独立，被提升到了在它们自身现实之上的"月上世界"或"云霄中的独立王国"，成了神圣地受到大众膜拜的尊崇对象。

当然，在这一过程中，毋庸置疑，与黄老道家思想相关，注重顺应自然也内在地推动了人们对鱼、雁等外在自然对象的尊崇。人道顺应天道，其合理性的重要依据在于天道和人道具有等级序秩之分。根据《道德经》的说法，虽然"域中有四大，而人居其一"③，但是"人法地，地法天"④，天、人在高下不同的等级位置。相对于人道，天道是人道"法"或顺应的对象，它高高在上，不神为神，不圣为圣，因而自然而然地被神圣化，必然以超然于人道之上而受到人们的遵从和崇拜。这就意味着，人们会因为

---

①　（清）王先谦：《汉书补注》，中华书局，1983，第 1137 页。
②　（清）王先谦：《汉书补注》，中华书局，1983，第 1137 页。
③　（春秋）老子：《道德经·第二十五章》，崇文书局，2015，第 54 页。
④　（春秋）老子：《道德经·第二十五章》，崇文书局，2015，第 54 页。

顺应自然而必然走向尊崇自然。在社会普遍尊崇自然的影响下,汉彩绘雁鱼铜灯构形的鱼和雁的寓意就不仅仅被局限于它们自身的外在形象,还穿透社会的现象界,与深层次的社会意识相契合,因而由形象化的、偶然性的表征提升为必然性的、本质性的精神追求。

在人类发展史上,自文艺复兴以来,人们高唱人性的赞歌,开始超越中世纪神性的光环去追求人自身利益的获取与欲求的满足。这种对人现实欲望的无条件肯定和崇尚在工业革命开始以后借助机器的力量把它们推进到了极致。物极必反,当初反对神性注重人自身的幸福,现在却向人的贪欲沦落。处于工业社会中的人们,为了自己的一己私利贪婪地掠夺自然资源与财富。这些毫无节制的破坏自然平衡的行为最后都遭到了大自然无情的报复。直到这时,人们才认识到自己并不是高高在上的自然的主人,只是生活在必然王国之中的“自然之子”,必须尊重自然规律的规约,否则就会因破坏自己与自然界之间的和谐关系而受到自然的惩罚。由此可见,汉彩绘雁鱼铜灯体现人们对雁、鱼自然物的尊崇,在以寓物寄情的方式表现人们对美好生活期待的同时,凸显了人们对人与自然相和谐的朴素的生态追求,因而自然而然地进入了生态构建的视域,本质上属于一种原生态的、尚难自觉的生态构建行为或方式。

第二节　讨论与总结:秦汉青铜日常生活用器的生态建构及其当代价值

从汉彩绘雁鱼铜灯来看,它主要以顺应自然、尊崇自然的方式进行生态建构,凸显自己素朴的生态追求。而纵观秦汉时代的四百余年,铸造的大量青铜日常生活用器尽管种类不一,形制多样,但从其生态建构方面来看,它们与汉彩绘雁鱼铜灯可能只是在具体制式上有差异,本质上都没有走出顺应自然、尊崇自然的构建视域。

在单纯尊崇自然方面,秦汉青铜日常生活用器主要通过三个方面来体现。一是通过青铜器上的纹饰,体现对自然界的尊崇。这些纹饰以浮雕和透雕为主,结构复杂,设计奇巧,刻画的对象如动物呈现出各种不同的姿态,包括伫立或伏卧状的牛、马等,抑或搏斗或撕咬形的双龙纠结、虎食绵羊、虎噬奔马、虎豹相斗、虎驼相斗、虎马相斗、鹰虎相斗、鹰袭击鹿、犬鹰相斗、犬马相斗、双马互斗等。其中有些青铜生活用器，甚至使用了非常复杂的图画纹饰。如故宫博物院收藏的一件汉代的仙人车骑纹镜，主题纹饰为我国古代神话中分管男女神仙名籍的东王公、西王母及其侍从，另有两辆四马车驾相随，整体形态生动，极其精细华美。世传东王公为先天阳气凝聚而成，西王母是先天阴气凝聚而成，而阴阳二气都是我国古代宇宙图式中构建世界的基础，因此汉仙人车骑纹镜雕饰虽然描绘的是东王公、西王母等，实则体现的还是当时人们对宇宙天地、自然对象的敬畏与崇拜。二是通过青铜器模拟的形态，表达对自然物的尊崇。较简单的有单一的牛形、兽形、鸟形、羊形、蛇形、龟形、兔形、鸭形、树形、雁足形等青铜生活用器。比较复杂的如汉力士骑龙托举博山炉。此炉高 23.9cm，宽 10.1cm，炉座为一上身赤裸的骑龙力士，右手托举炉体，左手压住龙颈，炉体为山峦起伏的博山，山顶伫立一鸟。相传秦始皇、汉武帝都曾派人到海上寻不老仙药，海上有三山，亦称博山，"此三神山者，诸仙人及不死之药在焉"①，因而"香炉象海中博山，下盘贮汤使润气蒸香，以象海之四环"②。三是纹饰、形体等多种元素的结合，寓意对自然界的尊崇。如汉代的鸟兽规矩纹镜，圆形的镜纹饰的外圆表示上天，中间的方形框表示大地；规矩纹 T 形、L 形、V 形等符号则是维系天地的框架，它们一起构成古人心中的宇宙图式。在这个宇宙图式中，固定方位的四神——青龙、白虎、朱雀、玄武，既是执掌大地四方的神灵，又代指上天的二十八宿。另外，汉代青铜镜上还多有铭文，其中与其生态建构相关的有"左龙右虎辟不祥，朱雀玄武顺阴阳"③，"尚方作竟真大巧，上有仙人不知老，渴饮玉泉饮食枣，浮游天下敖四海，寿如金石鸟园"④ 等。它们与青铜镜的其他关涉自然的元素一起，无声地传达着古人对自然对象的尊崇。

在单纯顺应自然方面，秦汉青铜日常生活用器主要以汉长信宫灯等为代表。该青铜灯器形为一略带稚气的宫女跽地左手执灯，右手的衣袖与手臂连成一体构成虹管灯罩，利用虹吸原理顺自然之势引灯烟进入中空的宫女身体，从而能有效保持室内的清洁。

① 郭军林：《中国青铜文化》，时事出版社，2009，第 180 页。
② 郭军林：《中国青铜文化》，时事出版社，2009，第 180 页。
③ 郭军林：《中国青铜文化》，时事出版社，2009，第 199 页。
④ 郭军林：《中国青铜文化》，时事出版社，2009，第 201 页。

在顺应自然和尊崇自然相结合方面，除了汉彩绘雁鱼铜灯以外，汉代的铜牛灯也属于此类。这种生活用器目前在江苏、湖南等地均有出土。如南京博物院收藏的错银铜牛灯，牛头有一弯管与灯座弯顶相连构成虹管，点灯时将灯烟导入盛有清水的牛腹，达到溶解烟尘，保持环境清洁的效果。

可见，以汉彩绘雁鱼铜灯等为代表的秦汉时期的青铜日常生活用器，其生态建构是多样性与统一性的结合。它们在构建细节上具有多样性的表征，而在内在实质上则具有顺应自然、尊崇自然的一致性和统一性。而正是在这种多样性与统一性不断扩展的过程中，秦汉青铜日常生活用器既体现了我国源远流长的传统生态思想对青铜文化的渗透和影响，同时也展现了秦汉先民们丰富的创造精神与无穷的智慧力量。

当今时代，我国正在"大力推进生态文明建设"[①]。观今宜鉴古，让秦汉青铜日常生活用器生态建构过程中的思想走进当代，与当下的现实对接具有重要意义。在理论上，一方面，它坚持顺应自然、尊崇自然，承认外在自然界的优先性，因而能被用作批判的武器，去批判当下极端的人类中心主义；另一方面，这种生态建构体式并不仅仅只是在纯粹的顺应自然、尊崇自然之中自我封闭循环，而是始终以直接或间接的形式在其天人关系的审视中解决诸如环境污染等人的问题，这意味着在它的视域中纯粹自然中心主义的退场。这样，我们就有可能由此彻底把握关于自我和他律辩证联系的本真判断，从此站到"建设美丽中国"[②]的理论高地。

在实践上，随着向现代化进军号角的吹响，"摸着石头过河"的实践使我国在创造世界东方社会主义建设奇迹的同时也"面对资源约束趋紧、环境污染严重、生态系统退化的严峻形势"[③]。对此，绵延两千多年的秦汉青铜日常生活用器的生态建构也给我们提供了走出困境的历史启迪。在它的观照下，我们当下进行现代化建设，既要以千千万万普通实践主体的需要

---

① 胡锦涛：《坚定不移沿着中国特色社会主义道路前进 为全面建成小康社会而奋斗》，人民出版社，2012，第 39 页。

② 胡锦涛：《坚定不移沿着中国特色社会主义道路前进 为全面建成小康社会而奋斗》，人民出版社，2012，第 39 页。

③ 胡锦涛：《坚定不移沿着中国特色社会主义道路前进 为全面建成小康社会而奋斗》，人民出版社，2012，第 39 页。

为立足点和归宿，充分发挥他们的主观能动性，更要注重对诸多实践客体的顺应与尊重，严格遵循客观规律来办事。"要更加自觉地珍爱自然，更加积极地保护生态"①，唯有如此，我们最终才能"走向社会主义生态文明的新时代"②，真正"实现中华民族永续发展"③。

<hr />

① 胡锦涛：《坚定不移沿着中国特色社会主义道路前进　为全面建成小康社会而奋斗》，人民出版社，2012，第41页。
② 《习近平谈治国理政》第1卷，外文出版社，2018，第208页。
③ 胡锦涛：《坚定不移沿着中国特色社会主义道路前进　为全面建成小康社会而奋斗》，人民出版社，2012，第39页。

第二章　从赵州桥管窥：隋唐石拱桥建造技术的生态性

关于我国桥梁的起源，可追溯到秦汉时期，秦汉时期的文献资料对桥梁已有零星记载。到隋唐时期达到鼎盛①。这一时期梁桥、索桥和浮桥的建造技术都有所突破，"石拱桥达到顶峰"②。它们样式灵活多变，单跨既有空腹与实腹之分，也有圆弧拱、半圆拱、椭圆拱等之别，多跨有诸如宝带桥这种联拱拱桥等。其中，隋文帝开皇中期（公元 591 年至 599 年）③ 由著名工匠李春设计建造的赵州桥，作为现存最早的单孔敞肩空腹圆弧石拱桥，融高度的科学性和完美的艺术性于一体，"成了划时代的绝唱"④ 的同时，也极为典型地体现了隋唐这一特定历史时代精湛的石拱桥建造技术中内含的丰富生态智慧。

第一节　赵州桥内在结构组合的和谐协调

在我国，传统文化中关于和谐的思想源远流长。最先，"和"与"谐"是作为单音词分开使用的，如成书于先秦时期的《尚书·舜典》就记载了金、石、土、革、丝、木、匏、竹这八类乐器奏出的"八音克谐，无相夺伦，神人以和"⑤。后来，"和"与"谐"这两个单音词被复合组织在一起，构成了复音词"和谐"，成为一个以矛盾对立面配合得适当和匀称为核心要

---

① 参见茅以升主编《中国古桥技术史》，北京出版社，1986，第 8 页；项海帆等：《中国桥梁史纲》，同济大学出版社，2009，第 5~6 页。
② 项海帆等：《中国桥梁史纲》，同济大学出版社，2009，第 44 页。
③ 赵州桥的确切建桥年代，各家意见不一，本文采用的观点参见冯才钧《赵州桥志》，人民交通出版社，2015，第 9 页。
④ 项海帆等：《中国桥梁史纲》，同济大学出版社，2009，第 6 页。
⑤ （先秦）《尚书》，天地出版社，2017，第 16 页。

义的哲学概念。

赵州桥在自身的内在结构组合方面，非常鲜明地表现出了这种与我国传统文化紧密相依的和谐智慧。

首先，"敞肩石拱"与拱桥受压的对立和谐。纵观桥梁发展史，桥可分为三类，即索桥、平桥和拱桥。从承重构件的主要受力情况来看，可分为索桥受拉、平桥受弯、拱桥受压。赵州桥作为拱桥的代表，不同于西方古罗马所建拱桥（在主拱与桥面之间都填满了砂石），西方拱桥都是较为笨重的实腹拱。赵州桥在拱的两肩部位挖去部分填肩石料，富有创造性地设计建造了并列的四个小拱，两边拱肩一边两个，形成了石拱桥建筑史上具有划时代意义的"敞肩拱"式桥型。这种"敞肩拱"结构，由于中空不填砾石，总共少用了将近 $180m^3$ 的建桥材料，使整个桥的自重减少了 15%，实际重量减轻了 600 多吨，非常有效地削弱了桥身对桥台和桥基的垂直压力以及水平推力。同时通过现代结构力学计算，赵州桥在单位对称竖向荷载作用下，拱肩部位负载弯矩基本为负弯矩，即受到的是向上的拉力，使其被迫上弯隆起。当仅一端不对称载重时，无负重的另一端拱券承受向上拉力更大，上弯隆起也更严重，这显然会破坏大桥的稳定。现在增开小拱，小拱的拱脚会由于主拱的隆起产生被动压力，而且相对于实肩填土，这种被动压力更集中、强劲与均衡，这在一定程度上非常有利于减少主拱的形变，增强主拱的抗压力。这两种作用与拱桥受压相呼应、相和谐，共同保证了赵州桥的坚固稳定，千年屹立。

其次，纵向并列砌筑与横向牵连的统一。从几何学上看，拱桥桥梁可分为纵横二向。赵州桥起拱时采用的是纵向并列砌筑拱弧。这种施工方式的优点是拱弓上每一道拱券各自独立、自成完整整孔，即使拱券长时间出现损坏也不至于彼此株连、相互影响，能对两侧桥台的不均匀沉降进行协调，提高桥梁的稳定性，在施工过程中还可以做到让每道拱券都可借偎旁倚，从而稳定裸拱，节省鹰架，简化工序。不过，纵向并列砌筑的方法也造成了各道拱肋间横向联系松散，影响大桥的牢固度。对此赵州桥在建造时，相对应地采取了 7 项横向牵连措施，即：①打造了两端带帽头的铁拉杆 9 根，横穿大拱背的有 5 根，小拱背 4 根；②预先制作了双银锭型的腰铁，将它两头的弯头敲打嵌入，扣住相邻的拱券石；③凿制了总计 6 块，单块长 1.8m，面向桥外的一端向下弯曲延伸大约 5dm 的钩石紧扣在桥拱的两端；

④在主拱券上交错覆盖了一层桥肩稍厚、拱顶薄的护拱石；⑤琢平磨细各块毗邻拱券石，并在接触面凿出精细的对斜纹以增加摩擦力；⑥在可能的范围内尽量加大拱券石的立体寸尺，石间缝隙用糯米石灰浆浇筑粘结；⑦从桥肩向上垒接的拱券石渐次由宽变窄，由此在拱的两侧产生向内的压力。这些措施有效抵消了赵州桥纵向并列起拱导致的大桥横向对称形变，使其纵横相互冲抵，在矛盾的对立统一中达到彼此之间的和谐。

最后，拱跨与拱厚的科学协调。赵州桥筑拱的大券石每块约重 2kg，即使按清式规定也应高在 2.5m，但出人意料的是赵州桥拱券石高度仅为 1.03m，还不到清式规定的一半。其实，现在试行的"公路桥涵规范"经引入现代计算技术，利用经验公式演算已经得出中、小跨度石拱桥拱厚/拱跨标准值在 0.018 到 0.025 之间波动，拱厚与拱跨比值处于这个区间的整个桥涵拱券的牢固性、稳定性最好。由此可知，赵州桥主拱跨度 37.2m，相对应它的拱厚与拱跨比值为 0.027，虽然略大于标准值的上限，但还是相当接近现代桥梁要求的尺寸，至于相较于其他古代石拱桥的拱厚/拱跨的比值，那更是突出了赵州桥建造者的非凡技艺及其与众不同、超人一等的对拱跨与拱厚关系的和谐处理。

第二节　赵州桥外在造形构意的天人合一

天人合一的思想，先秦老庄、孔子等就有提及，自汉东渐而来的佛学，对之也有相关阐述。其基本内涵是人的伦理、政治等社会现象从属于自然现象，与自然现象对应融通。与此相关，我国古代工匠们造物作器，也关注器形物状与自然相照应，天人统一。

具体到赵州桥，一方面从其总体轮廓看，赵州桥敞肩起拱，左右对称，巨身轻盈，曲卧在水上，形如苍龙、长虹、新月，甚至古人在不充分了解赵州桥具体建造的情况下，误以为桥下还有一段桥拱隐埋在河中与露出河水面的拱券相互结合构成一个整圆，因而誉为"玉环"。这些形象化的比喻，说明古人在修筑赵州桥时，一定对赵州桥的结构形式、构建比例进行了多因素的综合考虑，所谓苍龙、长虹等既是后来者对赵州桥的由衷赞叹，也何尝不是当时建造者有意"造化自然"，追求天人相应。

另一方面，从局部构型来看，赵州桥主拱圈顶部正中二分处被设计凿制成一个遍覆龙鳞，又似龙非龙如狮、头型略扁、突生一对犄角的蚣蝮兽首。据我国古代神话故事记载，龙生九子蒲牢、螭吻、狴犴、蚣蝮、赑屃、睚眦、饕餮、椒图、狻猊，蚣蝮居其一。它是龙王最喜之子，生来性情温顺，喜波好水，又兼嘴大肚阔，专事行云叶雨，吞吃水妖。因此一些古建筑物上常借其形来作排水口使用。赵州桥凿制蚣蝮首于拱顶，以此为引，把整个由人力构建的大桥观想成一头自然存在的镇水瑞兽，横卧水波荡漾的洨河，尤其是面对滔滔的洪水时，五拱流水齐泄，将滚滚洪峰一吸而空，在人力与自然伟力的意想转换中寄寓大桥能永避水害、屹立长存。

此外，在中国传统文化中，"《易》有太极，是生两仪，两仪生四象，四象生八卦"[1]。从本质上说，无论是太极及其所化育的两仪、四象、八卦，还是与星数相应的六丁六甲、二十八宿等自然神灵，它们无不是古人在生产力尚不发达、人的力量未充分发展的情况下对自然现象的朴素臆测，逻辑上具有与自然物一致的等价性，只不过是经过了人的意识加工过的自然物。李春建造赵州桥时，有意识地把这些传统思维"中介"过的自然与人造事功融合起来去设定赵州桥构件的数量，使之蕴涵鲜明的天人合一构想。如桥两端四个小拱寓意四象，六块钩石象征六丁六甲，九根铁拉杆意为九曜星君，二十八道拱券对应星空二十八宿，三十六根望柱比喻三十六天罡，一百零八块仰天石意指一百单八将。这样，赵州桥把拱券、铁拉杆等构件组合在一起，就意味着多路神仙各司其职、通力协作，分兵把守大桥，赵州桥当然就会固若金汤，千载不动。

至于赵州桥桥面两侧的栏杆，其栏板和望柱皆雕饰精美的图纹，古人以模仿自然的方式运思，借助自然生活中的动植物题材，融汇兼旧写实与浪漫手法，极为形象地体现了当时人们融通应和自然的寓意与追求。如诸多桥栏板用稻叶、粮食器具斗子作装饰，表现了人们期盼岁岁风雨调和，年年五谷丰登；或把遒劲盘长的竹节和佛教传入的"八宝"之一的宝珠巧妙地雕刻在一起，取意"竹报平安"；也有用元宝（银锭）和"八吉祥"中的莲花相结合题纹，喻示"财福两旺""平和如意"。特别值得一提的是有关蛟龙的龙雕，总计有 10 块浮雕蛟龙栏板雕龙 32 条，蟠龙望柱 12 根雕龙 24 条，形成一个刀法遒劲有力，线条流畅精细，风格豪放古朴的群龙图。

---

[1] 陈鼓应等：《周易今注今译》，商务印书馆，2005，第 627 页。

图中蛟龙随性而行，体式若飞若动，或独自游玩嬉戏，或两两相互缠绕，其势似在万顷重涛抑或如洗碧空中竞展自由。整个图案在神话天物与世俗造作的强烈交融对比之中寄托了古人托事工于自然，期望赵州桥与流水相洽一体，长存无疆。

第三节　桥、物关系处理的顺应自然

赵州桥在桥、物关系的技术处理上凸显了我国古代桥工匠人顺应自然的智慧。

其一，桥梁选址与其周围地理条件的顺应。在建桥过程中，确定桥梁的位置至关重要，否则既可能在河水的冲刷下，桥台由于基础底部被掏空而导致整个大桥倒塌，也可能因为凸岸淤积等致使原来河流改道，让费尽千辛万苦才建造起来的桥梁丧失使用功能。赵州桥在赵县境内，洨河河道多处弯曲不直且断面狭窄，因此河水难言平缓，一遇雨水，更是水流湍急，冲击力非常大。针对这种情况，李春在设计建造赵州桥时，详细勘察了洨河的水文流向和地貌地形，按照当地地势将桥址选在一段直行河道上，该河道逆流直行约在 1.5km 处开始转弯，往上相接的是一段长约 1.5km 的 S形转弯河道。通过这段 S 形河道的正反向迂回缓冲，以自然之势迫使洨河来水流速下降趋稳，减缓冲击力。而当河水继续向前进入直行河道到达赵州桥下，水流因豁然直泻无阻流速更加平缓，进一步减小了流水的冲击力。对此，明朝张居敬撰《重修大石桥记》云："河水上流波湍，至桥下则湛然渊停，风景自殊"。正是这种顺应自然形成的"自殊"的"风景"，有效避免了洨河河水对赵州桥桥台的过度冲刷，明显提高了赵州桥的安全系数。

其二，桥台选择对承接基础的顺应。鉴于赵州桥的自重和载荷，现代工程人士原猜测它的桥台是结构复杂、既长且大的后座形式，但是 1979 年5 月，北京建筑工程学院会同北京市勘察处进行大型钻探和人工探坑，发现赵州桥的桥台竟然是既浅又小的浅基础短桥台。它由上下 5 层长条石堆砌而成，平行桥面长 5.8m，横切桥面宽为 9.6m，基础厚度仅仅达到 1.549m。尤为震惊的是，这 5 层长条石无任何桩柱承靠，直接就被安置在河床的黏土层上。这使人疑惑不解：如此桥台，赵州桥何以千年屹立不倒？实际上，经过现代勘探，结果表明，赵州桥所在的洨河河床均为黏土或轻亚黏土，它由多种水合硅酸盐与一定量的碱土金属氧化物、碱金属氧化物及氧化铝组成，混有云母、长石、石英及碳酸盐、硫酸盐和硫化物等杂质，呈晶体或非晶体，细小颗粒常在胶体尺寸范围内，多呈片状，也有少数呈棒状、管状，经水湿润后可塑性强，结合力也比较大。黏土的这种化学特性与颗粒的组成决定了它和水混合后形成的泥团在外力作用下不仅不开裂，反而当外力散去，仍可以保持原有形状不变，这意味着黏土有较强的抗压性。通过查询《公路桥涵地基与基础设计规范》可知，赵州桥的黏土地基承载力基本容许值高达 360kPa，如果算上地基黏土长时间的预压，地基的承载力将会有进一步的提高。这与桥梁静载和活载计算得到的赵州桥桥台地基应力 $\sigma = 2369.3/6.4 \pm 93.4/6.83 = 356（393）$ kPa 的变化区间非常接近。至于抗滑安全系数，单纯计算桥台就达到了 0.7，计入台后土与地基土的弹性土抗力后其抗滑稳定性基本能得到平衡，加之桥台与两侧翼墙的密贴以及台后土的特殊夯实处理，完全能有效抵消桥上部拱券产生的巨大推力。这从 1955 年的修复工作中得到了很好的证明。当时维修人员专门对桥台进行了测量，并未发现基础有大的走动。另外，桥梁遇到极端自然灾害如震灾造成基础出现倾斜或者下沉，往往是由于砂基发生液化致使地基失效。但赵州桥天然地基并非砂层，地下水位深达 15m 以上，即使仅从河床算起，也不少于 7m，所以自赵州桥建成 1300 余年以来，历经有记载的较大地震尽管有十余次，不过都没有发生过地基震动液化现象。可见，赵州桥之所以没有采用人工地基，而是选择桥台直接砌筑在洨河河床天然底层上，这是李春等古代工匠立足实际做出的杰出性创造。它既考虑了桥台砌筑过程中减少施工工时、节约建筑用料的要求，也通过对自然条件的顺应，让对大桥牢固稳定至关重要的桥台与洨河"铜帮铁底"的地质构造巧妙地统一起来，以匪夷所思的精湛技艺创造出了二者之间"法合天然"的契合。

其三，桥拱建造对洨河水文的顺应。赵州桥所在的洨河，"每大雨时行，伏水迅发，建瓴而下，势不可遏"[1]。因此在此建桥，既要确保洪水泛滥之时桥不被水淹，仍能正常使用，也要想办法尽量加大桥孔的宣泄排洪能力，防止桥梁被冲毁和其上游河水壅塞成灾。在这一方面，赵州桥大胆

---

① 冯才钧：《赵州桥志》，人民交通出版社，2015，第 10 页。

创新，将桥拱设计成单跨敞肩形式，很好地顺应了汶河水流的水文。具体来说，一是遵从实际，顺应汶河水位确定桥拱净高。赵州桥主拱拱顶至拱脚距离（桥拱净高）7.23m，这不是随意为之，而是严格考察了汶河的洪水水位影响。因为当桥拱净高低于洪水水位时，泛滥的河水夹带漂浮物汹涌而下，在得不到及时宣泄的情况下会增加桥梁的横向推力，不利于桥梁的横向稳定，同时由于上流来水大于泄洪水量会进一步抬高桥上游一侧水位，不仅会加重上游水患，而且还可能使洪峰最终漫过桥面，淹没整个石拱桥。对此赵州桥建造工匠起拱时，充分考虑并有意识地顺应了汶河洪水水位的要求。他们在没有精确计算统计数据条件下，依据拱桥附近村庄的位置都经过了长期洪水的考验，遵从其地面高度确立拱下净高。这个高度恰好比普通洪水水位高大约2m，从而使赵州桥基本免除了水淹的威胁，有力地保障了其千年屹立。二是单跨与施工、行洪的契合。在古代，汶河作为重要的航运河道，长流不涸。在这种情况下，赵州桥如果选用多拱桥形，那么必然需要在汶河流水中水下施工筑基与建造桥墩。按照当时的技术条件，不仅关涉工程浩大，大费人力物力，还要解决诸如河水激流长期冲刷桥基、桥墩造成基脚洗空等一系列问题。并且，水中一旦设置桥墩，就肯定会阻滞水流，平时影响不大，遇到山洪暴发，势必增加桥梁上流的壅水，进而影响到拱桥的稳定与安全。现在赵州桥采用单跨桥拱、两端桥基的样式在汶河水线上起手动工，即使后续工作时需要开挖到河面水线以下，考虑到河床黏土极低的透水性，因而不可能遇到水下施工的难题。当然，由于不再需要直接在汶河流水中修筑桥墩，桥下河面坦荡无阻碍，所以也契合、顺应了有效行洪、宣泄壅水的要求。三是敞肩对泄洪的优化。赵州桥主拱净空达到了7.23m，一般洪水水位下不会淹至拱顶，但起于拱圈底脚的桥肩部分还是会经常受到洪水漫淹。此时拱桥如是实腹，两端桥肩就会像一堵墙一样壅塞住水流下行的通路，阻挡洪水及时宣泄。但是赵州桥在主拱上建起两列一共四个小拱，拱桥设计成敞肩空腹式结构。此时只要洪水漫上桥梁两肩，就完全可以经由四个小拱的拱洞继续下泄而不会被堵在上游壅塞不走。这说明相对于实腹桥肩，空腹敞肩式设计创造性地主动顺应了洪水自然下泄之势，优化了桥梁的行洪泄淤通道，提升了整个桥梁的稳固性。

第四节　人、桥友好的自觉追求

在我国传统建筑文化中，长期以来，人们或基于《周易》等诉诸"风水"，或立足实用引入意见，虽然凭据殊异，但都致力于人工造作和人、桥友好。赵州桥作为"中国传统石拱桥中技术最高"[①] 的杰作，在人、桥友好方面也达到了高度自觉的程度。

第一，大桥桥坡与人上桥通行的友好。在赵州桥之前，我国的拱桥多用半圆拱。这种拱桥的拱顶到两端拱脚连线的垂直高度亦即拱矢为一个整圆的半径。例如洛阳的旅人桥就是如此。它始建于西晋武帝泰始十年（274年），是中国有文字记载以来存世最早的石拱桥。整桥"悉用大石，下员（圆）以通水"[②]，因而拱券高耸陡曲，以致有画像砖描述：当行人车马在高悬的桥拱背上通行时，为了保障车上乘员和车下路人的安全，需要有三个大力士在前挽曳上桥车辆，下桥时这三个大力士则转到车后，用绳索紧紧牵制住车辆防止其借势急冲下滑伤人。与之不同，赵州桥根据实地需要，在传统半圆建拱做法基础上进行了极为大胆的创新，设计建造了独特的坦拱或割圆拱。它的桥拱不再采用半圆结构，而是割圆拱小于半圆的圆弧一段而用之，使赵州桥在单孔主跨达 37.02m 的情况下，矢跨比也达到了惊人的 1∶5.32，从而让桥坡（桥面高度和两岸高度形成的纵坡度）仅为 6.5%。在这种情况下，根据坡度为垂直高度与水平长度的比值，同时赵州桥拱跨为 37.02m，得出赵州桥桥面最高点与桥岸二者之间间距长达 18.01m，高度落差仅为微不足道的 1.2m。这样，一是人们步行、骑行或推车及驭畜驾车上桥时，不至于像翻山越岭那样吃力难走；二是一些重载而又重心较高的车辆爬半圆桥面陡坡时会倒退仰翻因而只能望桥兴叹，现在由于桥坡放缓，因此也可以无障碍正常通过；三是据《吕氏春秋》记载，男子超过 7 尺才能举行成年礼。秦汉时期 1 尺大概相当于现代的 23cm，这说明当时成年男子身高至少都在 1.61m 以上。又据《汉书》记载，汉宣帝时辅政重臣霍光身高 7 尺 3 寸，换算成现在的高度大约是 1.68m，当时这被认为不过是中等

---

① 茅以升：《中国古桥技术史》，北京出版社，1986，第 63 页。
② 纪昀、缪晋校：《四库全书荟要·史部》，乾隆四十三年（1778 年）。

身材。及至隋唐，根据历史文献和考古发掘的相互印证，那时成年男子的平均身高大约是 1.66m，女子稍矮，不过也有 1.56m 左右。由此可知，相对于赵州桥桥顶与桥岸的高差 1.2m，古人走上桥面缓坡通过拱桥的过程中，鉴于他们的身高高于 1.2m，人们的视线都不会受到任何遮挡，因此正常条件下一般多能对对侧通行人、车、畜情况大致分辨清楚，这样就能保证相互做出预判，进行及时避让，特别是在一方或双方骑马或者驾车快速迎面上桥时，这种无遮挡的视域可以大大降低两方发生意外碰撞的可能性。

第二，拱桥拱径和桥下人行船的友好。赵州桥所在的洨河，是隋代开凿的大运河的支流。它依靠运河水网运粮载物，其夏秋两季水盛时的航运甚至一直延续到新中国成立后还在进行。中国古代内陆运送粮食以及其他生活物资的船只，一般都为平底船，大小长约 12m，宽约 4m，高约 1.5m。因赵州桥拱跨 37.02m，不考虑水深船只大致一次可以并行而过四五艘，可以说是畅通无阻。至于拱高不足 8m 的限制，因为航行在运河上的船，"其推进方式主要有两种：一是撑篙；二是拉纤"①，所以无论采用撑篙还是拉纤形式，船只顺利通过大桥拱洞都不是问题。

由此可见，虽然赵州桥的拱高由于割圆建造方式的采用而有所限制，不过仍能充分保证日常水运的需要。这在表现了古人高超智慧的同时，也凸显了赵州桥与人行船的友好。

第三，桥梁受力结构与人车分道的友好。赵州桥采用纵向并列砌筑法起拱，整个桥拱被分为 28 道自成整孔体系的分拱券，因而使桥在受力结构上纵向连接牢固而横向连接薄弱。在这种情况下，如果桥面两侧受到重压，那么就可能瞬间加大桥拱向外的水平推力，一次两次在拱桥诸多横向锁固措施作用下各道拱券当然不会有任何问题，但天长日久，所受压力累积下来肯定会让桥梁两外侧桥拱逐渐外移，一旦超过其范围极限就会与桥主体相脱离最终崩落溃塌。因此，为了避免拱桥肋券外倾倒塌，延长赵州桥的使用寿命，必须尽量减轻它两边外侧拱券所承受的承载压力。

与此相联系，有关赵州桥一直流传着桥面有柴王爷推车辙轧的道印沟与张果老骑毛驴踩下的驴蹄印的朴素神话传说。1955 年政府全面修缮赵州桥时，人们终于揭开了这个神话传说中提及的车道印、驴蹄印的真相。当

---

① 席龙飞：《中国古代造船史》，武汉大学出版社，2015，第 163 页。

时经过仔细测量，修缮人员发现桥上车道印、驴蹄印的具体位置很有讲究，它们都被凿制在桥面东侧 1/3 处，这里恰好是赵州桥车道的外控线，表示凡有车辆上桥，一律应行驶在控制线内的桥面上，而行人过桥，则应避开车道，在车控线外桥的外侧步道上通过。这样人车分道，人走两边，重载的车辆都在桥中间行驶，就与大桥独特的受力结构友好相应，大大增强了赵州桥的耐久性。

第五节　讨论与小结：隋唐石拱桥建造技术的生态性及其启示

赵州桥甲于天下的"奇巧固护"，说明古人们在对科技智慧的探索过程中同时将其爱智的追求进一步向深层挖掘，由此物极最终及彼，辩证地实现了技术确定性与哲学的统一，凸显了古人在建造技术方面融入我国传统文化中的协调和谐、天人合一、顺应自然和环境友好思想的智慧。它们既体现了古人对人与自然关系的朴素本真认识与处理，也在当下人类借助机器工具不断与自然开战，以致造成了划时代的生态危机的严峻形势下，让人们看到了如何规避危机继续前进的方向，因而自然而然地进入了生态的"场域"。

而综观我国隋唐时期的石拱桥，它们都在赵州桥蕴含的协调和谐、天人合一、顺应自然、环境友好的生态性视域内，各有偏重地把这些朴素的生态追求融入自己独特的建造技术之中，展现出当时人们无穷的智慧和创造力。其中，在偏向单一取意，体现自己建造技术的生态意蕴方面，福建闽侯县鸿尾乡超乾村西侧的龙泉石拱桥比较有代表性。它成桥于唐景云六年，建造时顺自然之势，因所跨溪涧宽度制宜，取当地石质坚硬花岗长石整块凿成拱形，不设桥台，直接架搁在潺潺流水之上，由此溪拱两望，整个拱桥自然顺应周边环境与地理，浑然天成。

在多元统一，将多向度的生态追求融于建造技术方面，一是联拱石拱桥，"这一类型的杰出代表是始建于唐元和十二年的江苏苏州宝带桥"[1]。此桥因唐刺史王仲舒捐带助建而得名，总共 53 孔联拱起造，后经多次修缮。

---

[1]　茅以升：《中国古桥技术史》，北京出版社，1986，第 63 页。

据《张中丞树声碑记》载"重建诸桥，属元和者十三，又水窦二"①，这说明修缮中宝带桥的 13 孔与 2 个大孔是唐元和故物，整桥"还具有唐时旧制"②。由于该桥旧时主要为换舟之"挽道"，故没有沿袭"垂虹架空"的江南常规，而是采用联拱样式，其中 14、15、16 三孔较高，两旁各拱路面逐渐下降。这种一桥带水、高低联向的处理，既能通大小船只，又便于拉纤运输，不但对人、桥非常友好，而且顺应地理，顺接了诸湖经吴淞江入海的通路，免除了路堤被淴涌湍急的湖水冲决之祸。同时桥身修长轻盈，恰似"宝带卧波"，使人工造作的拱桥与周围自然山水相衬合一，和谐一体。此外，隋文帝开皇三年新建的长安灞桥，桥身现已经废毁，但在 1994 年考古人员发现了 11 座桥墩遗址。经现场清理分析，考古人员发现该桥为全长 400 米的联拱拱桥，约有 40～48 孔。青石衬底的桥墩顺应流水，整体呈两头尖的船状，分水尖顶石被设计雕刻成巨龙昂首的造型，二者一起起到了减缓流水冲刷的作用，这毋庸置疑体现了天人合一、协调和谐的寓意。二是实肩单拱石拱桥，尽管如苏州市阊门外以唐代诗人张继《枫桥夜泊》而闻名的枫桥等皆非旧物，但唐宗室画师李昭道所作的《曲江图》《湖亭游骑图》中皆绘有驼峰式石拱桥，因此现今以驼峰式拱桥存世的枫桥是很有可能与其唐时故物相仿。它驼峰样高耸的桥型体式似秋月，满足江南水乡人们行船过舟的需要，在貌合天然之中与当地风物协调一致，相互增辉。除驼峰式样之外，诸如唐时描绘日本僧人最澄至浙江天台山国清寺的《朝圣图》，画中清晰刻画了寺门口一座椭圆形石拱桥。另故宫博物院藏唐《龙舟竞渡图》，画面右下角两座湖亭之间也起造了一座半圆石拱桥。这些桥梁或顺应岗岚地理，如长虹卧波，或契合山水体式，似皓月升空，意在人天合一、桥景和谐。三是敞肩式石拱桥，除赵州桥外，始建于唐永泰年间一直留存至今的赵县永通桥也很有代表性。它除了规制略小以外，其与赵州桥相差无异的造型、结构几近完美地复现了赵州桥建造技术的生态性。并且，永通桥相比赵州桥矢跨比更小，桥面高度与两岸高度近乎水平，非常便于人员行走和车辆通行，因而在人、桥友好方面更具自己的特点。

---

① 茅以升：《中国古桥技术史》，北京出版社，1986，第 52 页。
② 茅以升：《中国古桥技术史》，北京出版社，1986，第 63 页。

第三章　生态地管窥：“百苗图”的农业

“百苗图”源自清嘉庆年间陈浩的《八十二种苗图并说》（原本已佚），是其一系列抄本的总称。它作为可以明确断代而又自成系统的贵州民族志典籍，出自原作者陈浩的亲身实地调查，所载资料准确可靠，同时图文并茂，信息非常丰富，因此是极为珍贵的历史民族志。“百苗图”诸抄本，虽然有一定的错讹、脱衍甚至相互抵牾，但是它们还是以大体一致的内容记载了贵州世居各民族的生活概貌，其中也体现了这些民族在农业上极具特点的生态思想。因为长期以来学界关于这方面的研究一直处于搁置状态，所以在党的十八大提出要大力推进生态文明建设的背景下，我们很有必要整理探赜这些传统生态资源，为我国生态文明建设提供借鉴。

第一节　尊重自然、顺应自然的种植业

种植业是农业的一个重要组成部分。在种植作物种类的选用方面，“百苗图”第四十八幅图“侗家苗”描述荔波县境内的“青瑶”“近水而居，善种棉花”[①]。这很值得人注意。这一地区位于副热带东亚大陆的季风区内，类型上属于亚热带高原季风湿润气候。受此影响，贵州省冷暖气流频繁交汇，因此年降水量很大，最高达到1300mm，并且降水在各个季节的分配也很不均匀，多达80%的雨水都集中在夏秋两季。而棉花是锦葵科棉属离瓣双子叶植物，最早出现在印度河流域文明地区，大约在南北朝时期传入我国，最初多在边疆种植，直到宋末元初才大量传入内地。该作物好光、喜热、忌渍、耐旱，一般在八月下旬到九月上旬进入吐絮期。毋庸置疑，贵州淫雨多阴特别是秋雨连绵的气候特征并不适宜棉花的栽培，因为这很容

---

①　刘锋：《百苗图疏证》，民族出版社，2004，第150页。

易导致棉花严重郁闭，受病原菌侵染而发生严重的烂铃问题。

不过，"青瑶"近水而居河谷。当附近潮湿空气涌上高山，从山上沿河谷向下吹时，常在河谷的迎风坡面成云致雨，而在背风坡面山麓地带形成干燥高温的气流，称作"焚风效应"。"青瑶"尊重棉花的生长习性，顺应自己所居地势，在他们的生息地专门选择河谷的"焚风"地带半干旱区域开荒垦地，由此趋利避害，使棉花种植得以实现并推广，其聪明才智令人惊叹。

"百苗图"第四十六幅图则提到了"箐苗"，他们属苗族黔中南支系西北亚支系的一个特定群体，长期栖身"在平远州属"[1]，定居于远离贵州中心地带的深山丛林，其落籍地山高路险，地势陡峭，难以蓄水。这一支苗民顺应环境，"只种山粮"[2]，也即仅种植玉米、洋芋、高粱、谷子、荞麦等喜干抗旱的农作物。其他如第七十幅图介绍的"鸦雀苗"等，也因"居山，种杂粮食之"[3]。

第四十幅图中的"八番苗"，是指布依族东北支系中由本民族土司统辖的属民。与"箐苗"等不同，"八番苗"都落籍定居在"坝子"上。"坝子"是当地对相对平坦的河漫滩、小型盆地、河谷阶地以及小型河谷冲积平原等的俗称，主要分布于河谷沿岸、山麓地带。"坝子"受地形限制，一般面积都不大，四周群山环绕，河流相连，灌溉便利。与此相联系，聚居在坝上的"八番苗"顺应自然环境的变化，不再"只种山粮"，而是"日出而耕，日入而织。获稻与秸储之"[4]，开始栽培种植喜水的水稻。

在农作物种植方式方面，"百苗图"第四十四幅图描绘了"克孟牯羊苗"的生活。他们属于苗族黔中南支系西北亚支系，他们"在广顺州金筑司，择悬崖凿窍而居，高者百仞"[5]。据考证，其定居地"广顺州金筑司"主要位于今天的贵州省麻山地区，因此他们又被称为麻山亚支系。从地形地貌上看，麻山地区位于濛江、盘江诸水系的分水岭，地形陡峭，沟谷纵横，地表支离破碎，适耕地逼仄不能成片，加之当地喀斯特地貌充分发育，

---

① 刘锋：《百苗图疏证》，民族出版社，2004，第39页。
② 刘锋：《百苗图疏证》，民族出版社，2004，第39页。
③ 刘锋：《百苗图疏证》，民族出版社，2004，第133页。
④ 刘锋：《百苗图疏证》，民族出版社，2004，第164页。
⑤ 刘锋：《百苗图疏证》，民族出版社，2004，第65页。

石漠化也比较严重，因而不仅地下密布溶洞暗河，地面也随处可见绝壁、石柱、石林，而且岩石裸露率高，岩层漏水性强，贮水能力低。一旦大雨骤至，则山洪泛滥，夹泥沙顺流而下，水土流失严重，导致该地大部分地区泥少土瘦。

面对恶劣的地理环境，"克孟牯羊苗"顺应自然，形成了自己独特的农作物种植方式。他们"耕者不用牛，用铁代犁，而不耘"[①]。确实，尽管长期以来，我国农业生产中用畜力拉犁耕地十分普遍，但这种耕种方式一是要求所耕种土地最好连片有一定面积，二是土壤疏松，土层较厚。否则，不仅浪费人力、畜力，也容易损坏农具。而"克孟牯羊苗""用铁代犁"，放弃牛耕转而采用锄耕，靠人力翻地种植的方式恰好克服了驱使畜力在山地耕种的局限，尽管其劳动艰辛，但有力地保障了自己的生活。这种勤劳坚毅的生产智慧在其他本地居民中也有体现。如"百苗图"第七十九幅图在介绍"尖顶苗"时，说他们生活"在贵阳府属"[②]，"夫妇耦耕并作"[③]，即耕种时用人力翻土，不用牛耕。

第二节　和谐共生的饲养业

除了种植业，"百苗图"关于"苗地"的饲养业的介绍也极富生态意蕴。在第四十三幅图中，"百苗图"记载了"阳洞罗汉苗"[④]。他们属于侗族南部支系中的一个特定群体，因为早年一直归"西山阳洞司"管辖治理，以属地为名，所以其对外称呼中带有"阳洞"二字。至于"罗汉"一词，主要在于侗族称呼"男了"时发音近似于汉语中"罗汉"二字的读音。又据明嘉靖《贵州通志》卷三《风俗》记载："西山阳洞司。苗人，去府几三百里，接连广西地界。苗有生熟及僮家之异。背服不常，皆以苗为姓，不属郡县。"由此可知，明清时期"西山阳洞司"辖地的少数民族居民包括瑶族、苗族与侗族。显然，如采单纯用表示属地的"阳洞"两字来称呼，并不能代表侗族，因此采用"罗汉"发音，

① 刘锋：《百苗图疏证》，民族出版社，2004，第65页。
② 刘锋：《百苗图疏证》，民族出版社，2004，第37页。
③ 刘锋：《百苗图疏证》，民族出版社，2004，第37页。
④ 刘锋：《百苗图疏证》，民族出版社，2004，第229页。

用其专属特殊音节与属地名相结合的方法，遂称当地侗族为"阳洞罗汉苗"。据"百苗图"记载，这一族群生活在"黎平府""阳洞"都柳江，其"养蚕织锦，常以香水沃发，力勤可爱，为苗蛮中特出者"①。黎平"阳洞"都柳江，明代称合江，因打见河、烂土河、马场河三条河汇合而得名，发源于黔南布依族苗族自治州独山县，横穿兴华、定威、八开、都江、古州、都什、八吉等地，最后流入从江县。两岸重峦叠嶂，气候温和，夏无酷暑，冬无严寒，更兼历来为黔桂两省水上交通的重要枢纽，据记载昔日古州码头日均停泊船只三百余艘，江上百舸争流，江边人头如蚁。"阳洞罗汉苗"世居于此，他们的农业活动除了自给以外，很注意参与市场，与商业和谐交融，共生发展。据"百苗图"记载"阳洞罗汉苗"日常穿着"长裤短裙"②。其中长裤仅有裤腿没有裤裆，并不是真正意义上的裤子，在功能上相当于绑腿；短裙是妇女们外出劳动时穿的便装，以不妨碍田间地头劳作。可见，"阳洞罗汉苗"在农业生产中"养蚕"多是为了商业贸易的需要。缘于地理环境限制，"阳洞罗汉苗"不可能生产出大量的粮食产品进行交换，故充分利用住地条件将自己的农业生产融入到商业中去。就都柳江下游气候来看，其比较适合养殖桑蚕。为此，"阳洞罗汉苗"有意识地饲养桑蚕，"养蚕织锦"使自己的农业生产与都柳江流域的商业环境和谐交融。通过养蚕和织锦手段来发展本地商业，同时以经商交易为动力支撑进一步促进地方养蚕业，二者相互得力，共同发展。

另外，"百苗图"第三十八幅图谈到了"佯僙"③，意谓实行刀耕火种的山地居民，主要指分布在今天黔南布依族苗族自治州平塘县境内的毛南族。他们当时居住"在都匀、黎平、石阡等府，施秉、龙泉、余庆、龙里等县"④，"挟戈揣狗"⑤，"计口而耕"⑥。

史载黔地因多山，重峦深谷，甚至村落市井间也时有虎迹。其"朱虎

① 刘锋：《百苗图疏证》，民族出版社，2004，第229页。
② 刘锋：《百苗图疏证》，民族出版社，2004，第229页。
③ 刘锋：《百苗图疏证》，民族出版社，2004，第244页。
④ 刘锋：《百苗图疏证》，民族出版社，2004，第244页。
⑤ 刘锋：《百苗图疏证》，民族出版社，2004，第245页。
⑥ 刘锋：《百苗图疏证》，民族出版社，2004，第245页。

最狞,尝于绥阳村落间,二日啮三十七人,捕之则咆哮入山"①,如明万历二十六年兴隆卫就发生了"虎食百余人"②的恶性虎患事件。这种情况无疑加大了"佯僙"居民的生活压力。他们由于自己独特的生产方式不得不经常出入深山密林,然而日渐猖獗的虎患却时时威胁着他们的生命安全,成了居民迫切解决的问题。为此,"佯僙""挟戈搃狗",豢养家犬,一是方便了他们"以渔猎为事"③的生产活动。由于猎犬的帮助,他们的劳动收入大大增加。二是在外穿山钻林劳作时,相伴随行的猎犬凭借灵敏的嗅觉也能预先发现虎患等危险,有效地保护了"佯僙"等山民的安全。因此,尽管"佯僙"一族为养狗消耗了他们为数不多的一部分生活资料,但是狗与人却相依相存,和谐地共处于一个共生系统中。

关于牛的饲养,"百苗图"更是有多处论及。居民们除利用牛力耕作以外,也将之用于食品、祭祀、资财交换等。如第十五幅图"白苗"篇记载,"祀祖之期,必择大牯牛以头角端正肥壮者饲之"④,"肥,则聚合各寨之牛斗于野,胜则为吉,即卜期屠之以祀"⑤。宰牛后,剩下的牛角牛皮等也都被充分利用。他们或在宴会中"以牛角饮之"(第五十七幅图"清江黑苗"篇)⑥,或"穿皮鞋"⑦(第二十幅图"西苗"篇)载歌载舞"祭白虎"⑧庆祝秋收。由此可见,苗族饲养家牛,一方面为牛提供稳定的生养繁衍之处;另一方面也能使自己御使牛力、宰牛为食等。人牛和谐共处于一个共生系统。

第三节 与自然相适应的农业支撑用具

在与农业相关的支撑用具方面,"百苗图"第四十幅图"八番苗"篇记载了,"刳木临流作臼,由自推而春之,名碓塘,临食,掊取稻把入臼春

---

① (清)张潮:《昭代丛书·戊集续编》第50卷,上海古籍出版社,1990。
② (清)鄂尔泰等:《贵州通志》卷一·地理类,巴蜀书社,2006。
③ 刘锋:《百苗图疏证》,民族出版社,2004,第245页。
④ 刘锋:《百苗图疏证》,民族出版社,2004,第6页。
⑤ 刘锋:《百苗图疏证》,民族出版社,2004,第6页。
⑥ 刘锋:《百苗图疏证》,民族出版社,2004,第190页。
⑦ 刘锋:《百苗图疏证》,民族出版社,2004,第54页。
⑧ 刘锋:《百苗图疏证》,民族出版社,2004,第54页。

之，供炊"①。这种介绍很形象地阐述了"八番苗"在农业支撑用具上与自然相适应的特点。长期以来，"八番苗"世居坝上，坝子水源丰富，山溪常年流淌，间或山水浩大，移石拔树，卷土扬沙。他们根据周边自然界的水力能"浮石毁堤"的特点，寻找灵感，并结合汉族使用水碓的经验，设计出了"八番苗"轻便灵巧的"碓塘"。不同于汉族水碓，其碓塘是"临食"时随时"取稻把入臼舂之""供炊"。

在第十二幅图中，"百苗图"描绘了苗族川黔滇支系中"大头龙家"的生活，介绍他们"男女皆勤力耕作"②，其中"男子戴竹笠，妇女穿土色衣"③。关于"大头龙家"使用"竹笠"这种从事野外农业生产的辅助用具，大体有两个原因：其一，"大头龙家"世居的贵州地区地处云贵高原，尽管一年之中阴雨天居多，但一旦天气晴好，则是烈日当空，紫外线照射量很大，如果人长时间劳作暴晒，很容易灼伤皮肤，情况严重时甚至发生中暑病倒；其二，竹者，《说文解字》认为其为"冬生艸也"④，现代将其划分为禾本科竹属植物，茎多节，中空，性凉。另外，从力学上看，竹子的纤维密度小弹性好，尤其是强度高，相对强度是钢材的三至四倍，且具有较高的抗压强度和抗拉强度。同时竹子截面环形，内弯面受压、外弯面受拉，因而抗弯刚度也十分突出。因此，"大头龙家"利用竹子的上述特征编竹为笠，以遮挡高原上强烈的阳光。这种做法既适应了竹材自身的特点，也体现了"大头龙家"等苗民在劳动中合理地利用自然资源以适应当地气候条件的智慧。

关于"西溪苗"的介绍，"百苗图"第七十三幅图描述了他们居住"在天柱县"⑤，"以青布缠腿"⑥。历史上，关于"西溪苗"的记载比较久远，大约公元七世纪成书的《隋书·地理志》中就涉及了这一支系。进入宋代以后，宋廷通过溪洞建制将侗族纳入藩兵守边，所以对与侗族杂居的"西溪苗"明确规定，沿坝子边缘山路向上挖三锹为界，山下为侗族定居区，

① 刘锋：《百苗图疏证》，民族出版社，2004，第164页。
② 刘锋：《百苗图疏证》，民族出版社，2004，第332页。
③ 刘锋：《百苗图疏证》，民族出版社，2004，第332页。
④ 王贵元：《说文解字校笺》，学林出版社，2002，第186页。
⑤ 刘锋：《百苗图疏证》，民族出版社，2004，第105页。
⑥ 刘锋：《百苗图疏证》，民族出版社，2004，第105页。

山上为"西溪苗"定居区。因此，"西溪苗"生息地多山高林密，荆棘遍布，更兼地湿路潮，蚊蝇蚂蟥丛生。这就给"西溪苗"日常农业生产劳动带来了很大的不便。平时稍不留意，皮肤裸露之处就可能或被荆棘划伤，或被蚂蟥等叮咬。为克服这种困难，更好地适应环境，"西溪苗"外出"种山"生产时，一般都使用绑腿这种用具将膝以下裸露部分紧紧绑扎起来，一方面上山下岭非常轻便，另一方面也有效地保护了自己的身体，凸显了他们创造性的生产智慧和与自然环境相适应的能动力量。

第四章　生态地耕种：贵州侗族传统稻作

在贵州境内，侗族是一个人数众多的世居少数民族，主要分布在玉屏、天柱、锦屏、黎平、从江、榕江等县，秦汉时称为"苍梧蛮"，隋唐、宋、元时期称为"僚""仡伶""洞蛮"等，明代中期以后，改称为"洞人"①。长期以来，在与贵州地理环境相适应的过程中，侗族形成了以农耕为主的生产方式，尤其擅长种植水稻。其传统稻作文化不仅源远流长，而且内含极为丰富的生态意蕴。

第一节　贵州侗族传统稻作农田开垦、灌溉及品种选育中的顺应自然倾向

贵州境内山高谷深，溪峒密布，侗族长年在相对闭塞的溪峒之间选址结寨，依山傍水而居，其周边环境因地势落差而形成了滩地、坡地、岗地等不同的地理类型。为此侗族人开垦农田时，顺应自然地理的形势，因地制宜将落籍定居地四周的山冲、溪畔、矮坡、河谷按等高线水平分割成大小不等的稻田。塌陷的边坡用筑垒、驳岸的方法加固抬升，过高的坎地则视其面积大小、土壤岩石构成等要么整体开挖移除，要么保留不动而让稻田顺其势拉伸成块，最终形成独具特色的塝上田、冲头田、平坝田等。

至于引水灌溉方面，平坝田因为地处谷底漫坡，紧邻河流山溪，所以一般顺其附近水流地势在水下构筑暗坝抬高水田，以与筑好的过水沟、水塘等自然对接，水流经短暂储留后再进入稻田。同时，稻田入水口附近也大都留有由"清塘草""灯芯草""辣蓼草"等喜水浅杂草形成的"浅草带"。这样，一是可以通过水下暗坝分流河谷溪涧过多的来水，既能在平时

① 刘锋：《百苗图疏证》，民族出版社，2004，第185页。

合理调节稻田的水量，也有效防止了暴雨骤至、山洪泛滥等特殊时期洪水对稻田的冲击；二是能够使较冷的山溪泉水在过水沟、水塘等中转引水设施中得到适度的增温以满足水稻对水温的最低要求，避免其直接进入稻田影响水稻的正常生长发育；三是利用稻田入水口的"浅草带"进一步减缓水势，减小水流的冲击，以保肥固土，增温增产。对于地势较高不便用自流水灌溉的塝上田、冲头田，贵州侗族人主要采用两种方式解决其灌溉问题。其一是顺其附近水源来向架设水枧、水车，利用人力引河水、山溪水进行人工浇灌。其二如果塝上田、冲头田离水源较远，不方便架设人工引水设备，则依田地形地势将处在高线附近的农田改建成储水、蓄水的塘坝。塘坝数量多少视农田数量而定，农田少时仅修筑一个塘坝，农田多时多个塘坝上下相连，颇为壮观。平时塘坝收集雨水储备待用，农事起时开闸放水浇灌农田。

在水稻品种选育上，贵州侗族人也很好地做到了顺应自然。他们落籍定居的河谷溪峒相比较周围的高山峻岭在地势上都比较低，加之林木高耸，水草丰茂，因此普遍日照不足。这使贵州侗族地区的稻田大部分为阴浸田、烂泥田、冷水田和锈水田。这种稻田水温大多偏低，淤泥质地密实，蓄氧率不高，透气性较差，因而一般南方常见的黏稻在此大都不能良好地生长发育，极端的情况下甚至绝收。同时，与靠山近林、遮阴少阳等相关，普通的黏稻稻田病虫害、鸟兽侵扰的危害也比较大，特别是纹枯病、颈稻瘟病（俗称"鬼掐颈"）等严重影响稻作收成的病害更是多发易发。对此，贵州侗族人经过千百年的经验积累，顺应农田特点，广植糯稻。据《黔南识略》记载，黔地"洞人""男勤耕作，种糯榖"[1]，地方糯稻栽培品种仅黎平、从江、榕江等县就多达436个。依据土壤肥力、秧期的不同，白广糯、大穗糯、金钗糯、红广糯等"其秧及三旬不择田而栽"[2]；鸡爪糯、黄丝糯、黑芒糯、早黄糯、三可寸、秃头糯等"其及三旬必肥田可栽"[3]；而冷水糯、红米糯、迟黄糯等"其及四旬虽瘠田可栽"[4]。这些糯稻品种大多株高、颈实、叶多而壮，根系尤为发达，在遮阳的林木区与背光方向的阴

---

① （清）爱必达：《黔南识略·卷十二》。
② （清）俞渭等：《黎平府志·农桑》。
③ （清）俞渭等：《黎平府志·农桑》。
④ （清）俞渭等：《黎平府志·农桑》。

山湿地都能生长良好，加之抗逆性强、不恋青、不倒伏、抗病害，因此无论是在土层瘠薄的塝上田、冲头田，还是泥水淤积、土壤肥力不易吸收的平坝田中都能生长良好，较少发生病害，即使平时少管理、不施肥，产量也不低。另外，广种在山冲、阴山地、冷水地的糯稻品种绝大多数都有芒，且以特长芒居多，色深锐利，鸟雀、老鼠、野猪等啃食谷物时常因扎口而影响下咽，因此在一定程度上也有效降低了鸟兽害的发生。

第二节　贵州侗族传统稻作种植、收贮中的和谐共生现象

　　"稻豆兼种""鱼稻共生"既是贵州侗族传统农业生产的一大特色，也极为鲜明地凸显了这一民族稻作文化中和谐共生的生态意蕴。其中"稻豆兼种"主要体现在稻作种植过程中。贵州侗族世居地区山高石多，因此开垦田地时移出的石块一般都用来垒田埂，平时耕田时也将在稻田里碰到的石块堆到田埂上进行加固。这样既变废为宝，充分利用了资源，也就地取材，节省了大量人力物力。不足之处是石块堆砌的田埂空隙比较大，不利于稻田的蓄水灌溉与施肥保肥。为了解决这个问题，贵州侗族人将稻田里淤软的烂泥挖到田埂上，再在农历四月初按照一尺左右的株距点播黄豆，中途在黄豆苗长到五六寸长短时再捞出部分稻田淤积肥泥对豆苗进行培蔸追肥，九月与水稻一起收割。在这种种植模式中，田埂、田泥解决了黄豆的种植空间、肥料供应问题。而由于黄豆根系扎根水稻田埂，在很大程度上固化了田埂淤泥，填充了石块间的空隙，因此也有效解决了稻田保水保肥的问题。同时，因为黄豆植株几乎与水稻等高，所以也不会出现水稻、黄豆相互遮挡阳光等新问题。由此稻豆相得益彰，互补共生。

　　"鱼稻共生"主要体现在水稻种植环节。贵州侗族的阴浸田、烂泥田、冷水田、锈水田一般常有地下山泉渗出，除了造成不易放水晒田以控制水稻无效分蘖外，在泉水出水口附近还易形成泥脚极深的烂泥坑。这种泥坑不仅土温低冷，不适宜水稻正常生长发育，而且其中淤积的腐殖质也因为常年隔氧而分解缓慢，不仅不能给水稻提供足够养分，还时时散出甲烷等有毒气体，影响禾苗根部呼吸。针对稻田的这种状况，贵州侗族人在进行稻作生产时通常采用兼行稻田养鱼的方式。据《史记·货殖列传》记载，

早在两汉时期"饭稻羹鱼"①就是百越族群农耕文化思想。而清代《黎平府志》也记载，黔地侗人在"清明节后，鲤生卵附水草，取出别盆浅水中，置于树下漏阳暴之，三五日即出子，谓之鱼花，田肥池肥者，一年内可重至四五两"②。这说明贵州侗族稻田养鱼历史悠久。其具体做法是将稻田烂泥坑掏空做成鱼窝积水放入鲤鱼、鲫鱼、草鱼等杂食性、草食性鱼类，再顺着鱼窝在稻田中纵横交错开出若干深浅不一的鱼道供鱼大范围活动，其出、入水口大都搁置带刺的荆棘、杉枝，有时也插上特制的竹帘，以防鱼外逃。至于挖出的淤泥杂土，基本上也不远移，而是就近堆积在农田中，待农耕时利用犁、耙等农具打平铺在水稻田里，由此抬高了田基。稻田养鱼可以充分利用田间溜水道等及时有效排水晒田育稻增产，平时稻田水满时鱼也可以顺鱼道四散田间啃食害虫、杂草，既减少了稻田虫害、草害，也为鱼提供了足够的活动空间，便于鱼类的发育生长，而一旦遇到天旱等特殊情况，由于鱼窝下接山泉，清水常来，不易干涸，水质也难于腐化变坏，因而又能为鱼提供一个良好的过渡庇护场所，有利于稻田放养鱼类的存活与持续养殖。

有意思的是，贵州侗族"鱼稻共生"和谐协调的稻作方式还体现在水稻的收贮环节。贵州侗族世居落籍定居地，四周森林茂密，植被繁盛，因此稻作生产出的稻谷在收贮过程中不仅要面对猖獗的鼠害，而且有遭受火灾的隐患。为此，贵州侗族人在寨中或村寨周围就地形地势广筑塘坝，塘水中放养青、草、鲢、鳙、鲤等经济鱼类，水上采用高架的形式搭建大小不一的禾仓，仓中存放稻米，既防鼠，又防火。同时，因为禾仓的高架与仓体一起又为鱼类提供了遮阴、栖留的场所，加之日常搬运稻谷及打扫禾仓时弃置到水塘中的残糠剩谷、飞蛾线虫等也不时给鱼提供饵料，所以在贵州侗族村寨，塘鱼的放养与水稻的收贮二者互为依赖，和谐共生于一个由水塘和禾仓构成的人造小环境之中。

第三节　贵州侗族传统稻作饮食中的均衡协调追求

贵州侗族传统稻作以糯稻为主，因此他们的主食一般都是糯米。一方

---

① （汉）司马迁：《史记·货殖列传》。
② （清）俞渭等：《黎平府志·物产》。

面，"无糯不成侗"。在贵州侗家，日常每餐都少不了糯米饭、糯米粥，节庆日则会另外添加特色糯米制品。如春节有糍粑、扁米、阴米和炒糯米粉；"二月二"祭桥，用糯米做成坨坨粑拌腊肉吃；"三月三"吃糯米甜藤粑，兼饮以阴米为主料的打油茶；"四月八"吃黑糯米饭（将乌稔树叶捣碎泡水后浸米蒸熟即成）；"五月初五"端午节吃粽子（用粽树叶裹糯米）；"六月六"尝新节尝新米，吃刚出穗的香禾糯；"七月十五"过鬼节，杀鸭，吃糯米丸子；"九月九"重阳节吃新糯米糍粑，饮糯米制作的重阳酒；"十一月初四""吃冬"，蒸食禾仓冬贮的糯米。另外，侗族人凡老人寿诞、立房竖屋、添丁生子、男婚女嫁等红事喜事，内外亲戚一般都会备上糯米作为珍贵礼品赠予办事主家贺喜。主家款待客人也离不开糯米，吃的是糯米饭，饮的是糯米做的苦酒、甜酒、烧酒，客人临走时，主人还会捏一包糯米饭赠给客人路上做干粮。未婚青年男女交往接触，如果女方用糯米饭款待男方，则说明女方中意男方，可以像糯米饭一样捏成团。另一方面，贵州侗族人虽然主食糯米，但由于他们住地相对逼仄，适种水田地方不多，特别是糯稻产量相对黏稻通常也偏低，因此在饮食文化上他们并不是单一的糯食结构，而是强调食物来源多样化。除了传统糯米外，贵州侗族人还在"山坡硗确之地"①，广植豆类、薯类、苞谷、小米、小麦、燕麦、洋芋、高粱、荞麦等，以作日用补充之需。这样，主食杂粮两者均衡协调，共同满足了贵州侗族人日常生活的食物需要。

关于糯米的性质特点，明代《本草纲目》载："糯米黏滞难化，小儿、病人最宜忌之"②，清代《本经逢原》也指出："糯米，若作糕饼，性难运化，病人莫食"③。不过，贵州侗族人顿顿饭离不开糯米，为此他们的饮食口味都"嗜酸"。其俗谚云："三天不吃酸，走路打蹿蹿。"具体到每家每户，腌鱼坛、醋水坛、酸水坛、酸菜缸、腌菜坛等用具都必不可少，制作的腌酸食品也种类多样，素食类有酸白菜、酸萝头、酸豆角、酸豆豉、酸腐乳、酸洋姜等，荤菜类的有腌酸的鸡、鸭、鱼、鹅、猪、牛肉及各种野味肉等。这些酸性食品存放时间长、开坛即可食用，极大地方便了当地侗

---

① （清）爱必达：《黔南识略·卷一》。

② （明）李时珍：《本草纲目》。

③ （清）张璐：《本经逢原》。

族人的生活，而且在食用后，其中的酸性成分能协助胃酸消化黏滞的糯米，因而又可以有效解决糯食"性难运化"的问题。由此可见，贵州侗族人的"嗜酸"现象并不是单纯的饮食偏好，而是千百年来积淀形成的与他们"喜糯"的习性相协调的一种饮食智慧，内含了其独具特色的均衡协调生态追求。

第五章　生态地吟唱：西南余氏蒙古族的"盟誓诗"

在我国西南地区，数百年来以大杂居、小聚居的形式生活着一支特殊且重要的蒙古族——西南余氏蒙古族。据 2010 年第六次全国人口普查统计，西南地区蒙古族人口 11.5 万人，仅贵州一省就达 5.6 万人。历史上，余氏蒙古族在正史中少有记载，诸多旧方志也误称其为汉人，但几百年来他们却通过自己极富生态意蕴的"盟誓诗"等顽强地传承着家族的历史，坚守着自身的民族认同，形成了我国民族发展史上的一个奇特现象。毋庸置疑，探赜其"盟誓诗"中的生态思想，既有助于进一步深化对这一支蒙古族的认识，也可以为当下我国正大力推进的生态文明建设提供借鉴。

第一节　桥边插柳，顺应自然的生态思想

据 2003 年重修的《奇渥温·铁改余氏蒙古族谱》记载，西南余氏之祖，大元之先，本胡地，蒙古人也，与女真国为邻，居北辽，其远祖奇渥温胡人也。当明太祖朱元璋派徐达、常遇春北伐，元顺帝弃京北撤朔漠时，余氏宗族为避满门抄斩之祸，匿名西道，一行人匆匆来到四川泸州的凤锦桥边，因为人多难以一路相随，于是联诗盟誓作证，四散各方。其"盟誓诗"曰：本是元朝帝王家，红巾赶散入西涯。泸阳岸上分携手，凤锦桥边插柳桠。否泰是天皆由命，悲伤思我又思他。余字并无三两姓，一家分作千万家。十人誓愿归何处，梦里云游浪卷沙。后来贫富须相认，千朵桃花共树芽[①]。在这一诗中，西南余氏蒙古族人记述了其先祖分手四散时在蜀地

---

① 参见王友富、余丽伟《生存需求与族属变更：黄金家族后裔之汉代现象》，《青海民族研究》2015 年第 3 期。

泸州凤锦桥边"插柳桠"以表示相互留念，因"柳"意喻"留"也。其实在汉文化中，早在《诗经》中就用"昔我往矣，杨柳依依"①来表达惜别之情。到了隋唐、两宋时期折柳送别暗寓殷勤挽留之风更盛。如隋代无名氏的《送别诗》："杨柳青青著地垂，杨花漫漫搅天飞。柳条折尽花飞尽，借问行人归不归？"②而唐代裴说专门写了《杨柳枝》："高拂危楼低拂尘，灞桥攀折一何频。思量却是无情树，不解迎人只送人。"③

从生态上看，类似《送别诗》中的"柳条折尽"等行为实际上是毁树毁林，破坏生态。而西南余氏蒙古族先人"桥边插柳"寓"留"则完全不同。东汉许慎的《说文解字》解析"柳"字时指出其即"小杨也。从木，卯声"④。柳为高大落叶乔木，性喜温暖湿润气候与潮湿深厚的酸性或中性土壤，较耐寒冷，特耐水湿环境，根系发达，萌芽能力较强，除可用种子繁殖外，一般主要采用扦插的方法进行繁殖。由此可见，"盟誓诗"记载的西南余氏蒙古族先祖桥边"插柳桠"的做法首先顺应了柳树的生长习性。"桥，水梁也"⑤，有水不能渡才建桥。长桥卧波，所以桥边一般都与水汽相接，环境湿润，非常适合喜水耐湿的柳树生长。在此插柳，可以大大提高柳树的成活率，利于其生长成林。其次顺应了自然规律，很好地发挥了柳树自身生长特点的优势与价值。修桥筑路，对河道和堤岸的人工扰动很大，这在一定程度上会破坏原有土层与岩石的结构，使桥边附近岸坡变得松散易垮。平时天旱少雨尚无大碍，一旦暴雨骤至，山洪频发，就有崩塌的危险。而柳树根系发达，是护堤固堤的优良树种。因此插柳桥边，不仅没有破坏生态，反而因势利导，恰好能够有效利用柳树的生长特点，固岸护桥，维护生态平衡。最后，也顺应了柳树的主要繁殖形式。余氏蒙古族先人"插柳桠"实际上类似于今天的扦插繁殖方法，而这正是柳树的主要繁殖形式。无论他们当时是有意还是无心，客观上都不是在毁坏林木，而是在植树造林。有意思的是，余氏先祖"插柳桠"的这种行为还影响到了这一支蒙古族的后裔子孙。如现在落籍居住于贵州大方县、思南县和石阡县等地

---

①　《诗经·小雅·采薇》。

②　贺新辉：《古诗鉴赏辞典》，中国妇女出版社，2004，第209页。

③　佚名：《全唐诗》，河北人民出版社，1997，第1138页。

④　（汉）许慎：《说文解字》，崔枢华、何宗慧标点注音，北京师范大学出版社，2000，第227页。

⑤　（汉）许慎：《说文解字》，崔枢华、何宗慧标点注音，北京师范大学出版社，2000，第88页。

的余氏蒙古族人，与世代宣讲传习"盟誓诗"相关，他们长期以来喜欢在塘边水角随手插柳栽杨，既表示不忘祖宗，不忘祖训，也用其来护塘护坡，保护和美化环境。

第二节　人树一体，天人合一的生态思维

在介绍"千万家"本族子弟原是"一家分作"而来时，余氏蒙古族的"盟誓诗"用"千朵桃花共树芽"进行了形象化的说明。这并非偶然。一方面，在蒙古族部落中，很早就流传着他们的始祖来源于树木或在树木中孕育而生的传说。例如巴图尔·乌巴什·图们所著《四卫拉特史》中记载，远古时候杜尔伯特荒无人烟的戈壁滩上有阿密内、图门内二人居住。阿密内养育了10个儿子，他们都是准噶尔汗承担赋役的属民，图门内生养的4个儿子则是杜尔伯特的属民。后来他们的子孙繁衍壮大，在外狩猎的过程中，发现森林里的一棵大树下躺着一个婴儿，树上有一形如漏管状树杈，尖尖的漏管口流着香甜树汁，一滴一滴地滴入婴儿的口中。在场众人为之惊异，并把婴儿抱了回来，取名为"绰罗斯"（蒙古族语义为漏管形状的树枝），敬称为"天之外甥"。当他长大成人后，被推为部落的首领，其子孙为诺颜后代，抚养他的人一直是其属民，一起共同生息繁衍形成了今天的准噶尔部族①。另一方面，在汉文化中，从原始氏族社会开始，人们就已经形成了生命轮回、灵魂不灭的观念，而这种认识又常常以树木为载体进行传达。《尚书·逸篇》载曰："太社唯松，东社唯柏，南社唯梓，西社唯栗，北社唯槐。"② 这表明古人把树木看作神灵降临、凭依的"主"，是神灵借以存世的躯壳或象征。为此，古代人一旦离世，其葬处必有树，并有特殊的礼制规定，不能僭越，即"天子坟高三仞，树以松；诸侯半之，树以柏"③。举行祭祀时，"虞主用桑，练主用栗"④，桑木做的虞祭神主牌位一般不题任何文字，练祭使用的栗木牌位则刻有谥号，祭后藏于宗庙，便于以后长年奉祀。西南余氏既属蒙古族，又久居南方封地湖北麻城，毋庸讳言，汉、

---

① 参见巴岱等《卫拉特历史文献》，内蒙古文化出版社，1985，第185~186页。
② 班固：《白虎通》，中华书局，1985，第42~43页。
③ 孙毅：《古微书（三）》，中华书局，1983，第343~344页。
④ 《公羊传·文公二年》。

蒙古族两个民族人树相依的文化也深刻地影响到了这一族群，所以他们在"盟誓诗"中才认为人、树本为一体。犹如桃树生发的枝芽万万千千，它们都无不是桃树一树所发，本身枝连气接，因此，余氏蒙古族凤锦桥边四散各方虽然从"一家"分作"千万家"，但是这"千万家"的子孙后代却都血脉相依，既同源又共根。

　　西南余氏蒙古族"盟誓诗"这种人树一体的思想本质上体现的是一种具体化了的天人合一思维方式。树木森林，意指自然，"天地者，万物之父母也"①。人树或人天之间并非绝对处于矛盾对立之中而是由生成关系决定了它们的合一与平等。从生态文化的视角来看，人统治自然的人类中心主义必然要被扬弃与超越，现实地进行历史活动的人们也应当克服自己对自然的贪婪，进而在自我延续中用天人合一、人与自然和谐的基本价值取向去观察周围事物，解释社会生活，处理环境问题，以实现最大限度的平等正义。可见，"盟誓诗"尽管直接传载的是西南余氏蒙古族先祖的悲欢离合，但以朴素的形式跃迁进入了生态文化的视域，表征了天人统一、万物平权的生态追求。

第三节　贫富相认，和谐共生的生态追求

　　在"盟誓诗"中，西南余氏蒙古族要求自己的子辈"后来贫富须相认"。而关于贫富，老子认为："天之道，损有余而补不足"，因此，只有顺应天道，"高者抑之，下者举之；有余者损之，不足者补之"②，达到"富能夺，贫能予，乃可以为天下"③。但在现实生活中，人们似乎早已忘记了"天道"，反而以独断的方式代之建立了自己的法则——"人道"。相对于"天道"，"人之道，则不然，损不足以奉有余"④，这对富人有利而使贫者濒于"民不畏死"的绝境，这使一心想过宁静平和生活的老子十分焦虑不解："孰能有余以奉天下？"⑤。确实，如果一个社会财富畸形集中，始终有

---

　　①　《庄子·达生》。
　　②　《老子·第七十七章》。
　　③　《管子·轻重》。
　　④　《老子·第七十七章》。
　　⑤　《老子·第七十七章》。

大量绝对贫困人口存在，其经济发展肯定会受到严重制约，最终必将导致这个社会起伏动荡，即至贫者白骨露野，富者丧失天下。对此，孔子曰："均无贫，和无寡，安无倾"①，意为只有公平合理地分配财富，无贫无寡，才能安稳无倾、社会稳定。表现在思想伦理态度上，孔子的这种观点就是贫富无高下，贫不恨富，富不贱贫，亦即西南余氏蒙古族"盟誓诗"提到的"贫富须相认"，实现贫与富普遍的共荣共生。

在人类文明发展史上，人们在生产活动中提升自己改造自然能力的同时，也使其向自然索取财富的规模和程度不断扩大与增加。并且，伴随着科学技术的迅速发展与广泛应用，人们改造自然的能力也得到了前所未有的提升。这就造成了人与自然关系的日益紧张，引发了划时代的生态危机。人们由此发现，自己并不是所谓宇宙的精华，并不是高高在上的主人，而是世界的一个普通的组成部分，与其他一起共生于这个世界。所以，要使人与自然之间的矛盾真正得到解决，走出划时代的环境困境，人们必须生态地生活，坚持与其他物种、与自然界和谐地共生。

因此，余氏蒙古族"盟誓诗"中的"贫富须相认"既是一种血缘与人伦方面的关怀，同时也是一种生态向度的共生性追求。正是在这种追求的影响下，数百年来，余氏蒙古族人一直尊老爱幼、扶亲帮疏、爱家爱国，展现出了良好的精神风貌。

---

① 《论语·季氏》。

第三篇

生态文明建设的西方文化之鉴

第一章　跨越：从生态马克思主义生态危机理论到资本逻辑

第一节　生态马克思主义的生态危机论

一　资本主义制度及其生产方式是生态危机的根源

生态马克思主义是当代西方马克思主义重要的新兴流派之一，其主要代表人物有安德烈·高兹（Andre Gorz）、詹姆斯·奥康纳（James O'Connor）、本·阿格尔（Ben Agger）、约翰·贝拉米·福斯特（John Bellamy Foster）等。他们认为，资本主义生产方式具有历史进步性，但由于其生产目的是追求利润最大化，这就决定了这种生产方式必然把自然置于对立面，把它当成掠夺和获取财富的对象，为生态危机的暴发埋下了祸根。高兹指出，在资本主义生产方式下，追求利润就是生产的唯一动机，而这必然引起生态环境的破坏。因为在利润动机驱使下，资本主义生产首要关注的是花最少的成本生产出最大的交换价值，他们关心生产成本而非生态平衡，毕竟生态环境的破坏不会计入生产成本，也不会增加企业的经济负担。同时，在资本主义制度下，生产也即破坏，只要开动机器进行生产，就与生态系统的破坏联系在一起了。

威廉·莱斯（Leiss William）和阿格尔认为，资本主义为了维护本阶级统治的合法性，就会采取不断扩大生产的方式，并通过不断刺激人们的消费需求来推动生产的正常运转。在自由竞争使得平均利润率趋于下降的情况下，资本家为了保证生产利润，加大科学技术开发力度，扩大对自然资源的利用程度，从而引发自然资源短缺，并最终导致生态危机。

戴维·佩珀（David Pepper）也主张从资本主义制度本身去寻找生态危机

的根源。他认为生态危机的根源并不是对自然的控制，而是资本主义追求利润最大化的这一"特殊的"生产方式。资本主义的生产方式不仅造成了资本家与工人之间的剥削与被剥削，也造成了资本主义对自然的剥削，所谓的"'绿色'资本主义不过是一种不可实现的梦想和一个自欺欺人的骗局"[1]。

福斯特的分析从资本主义生产方式的特点入手，提出资本主义生产方式具有追求利润最大化、注重短期回报、严重依赖能源和资本技术等特点，这种生产方式的本性决定了它不可能按生态原则来对待自然和组织生产，最终会突破生态环境所能承受的极限，引发生态危机。

生态马克思主义从不同视角对资本主义生产方式与生态危机内在的联系进行了论述，同时也进一步揭示了要从根源上解决生态危机，就要根除资本主义制度及其生产方式，构建一种人与自然和谐共存的生态社会主义社会。

二　全球性生态危机归结于资本主义生产方式的全球化扩张

对于生态危机的全球性问题，生态马克思主义则把它归结于资本主义的生产方式及其全球化的扩张。他们认为，在资本主义制度背景下，资本主义国家借助经济和科技优势，把高污染、高能耗、劳动密集型工业转移到广大发展中国家，大肆掠夺发展中国家的能源和资源，甚至直接将各种污染物和废弃产品输送到这些国家，从而转移国内生态矛盾，使生态不公正扩展到了全球。因而，西方发达国家对发展中国家生态环境资源的掠夺和剥削，是造成发展中国家和地区生态危机的重要原因之一。

福斯特在《脆弱的星球》中提出，西方发达国家在 20 世纪对全球的资源掠夺、污染输出、能源战争等方面呈现出合法化、制度化、手段多样化诸特点，并用大量事实证明生态帝国主义损害了社会和环境公正，造成了全球生态恶化。

佩珀认为随着经济全球化的快速发展，发达国家为了追求利润最大化，维系本国现有的经济规模和生活水平，就会借助其雄厚的经济实力和技术优势，尽可能地剥削和抢占不发达国家和地区的资源，并竭力宣扬资本主义消费模式，使全球的生态环境为他们的经济发展继续买单。佩珀指出：

---

[1] 〔美〕阿尔温·托夫勒：《第三次浪潮》，朱志焱等译，生活·读书·新知三联书店，1983，第 95 页。

"西方资本主义国家采取残酷手段对不发达国家进行疯狂的掠夺，以此来维持和改善本国的生态环境，使其成为全世界羡慕的对象。由此我们不难看出，资本主义的生产方式正是当今世界存在的环境不公平产生的根本原因。"①

奥康纳则用"不平衡发展"和"联合的发展"的概念来说明生态帝国主义的产生及其对生态危机的影响，指出当代世界的不平衡发展、联合发展和各种不同形式的污染、资源的枯竭有着莫大的关联。在奥康纳的代表作《自然的理由》中，他指出全球气候变暖、生物多样性的减少及臭氧层的消失，酸雨、海洋污染、森林毁坏、能源及矿藏的减少、土地流失等生态变化，都是因近两个世纪或者更长的时期以来工业资本主义（以及前资本主义）经济的快速增长导致的②。

第二节　生态马克思主义生态危机论的局限

生态马克思主义对全球性生态危机根源的阐释，为我们全面地深刻认识当前全球性生态危机问题提供了可选择的理论资源。笔者认为，把全球生态危机看作是资本主义生产方式及其全球化的结果，有几个值得思考的问题。

首先，把全球生态危机看作是资本主义生产方式全球化的必然结果，不可避免地存在生态危机根源论"一元化"的局限。面对生态危机给人类带来的严重威胁和危害，各国学者曾从不同的角度探讨了生态危机产生的根源。如罗马俱乐部出版的震惊世界并畅销全球的著作《增长的极限》（1972），就把经济增长和人口激增归结为生态危机产生的根源；美国前副总统阿尔·戈尔在《濒临失衡的地球》（1992）中把生态危机归结为人口爆炸、科学技术革命，以及人类关于人与自然关系的思维方式的改变等；法兰克福学派则认为启蒙运动以来西方社会对科学理性的张扬，使科技异化为控制自然的工具，从而导致资本主义生态危机的产生。这些有关生态危

---

① 〔美〕戴维·佩珀：《生态社会主义：从深生态学到社会正义》，刘颖译，山东大学出版社，2012，第95页。

② 〔美〕詹姆斯·奥康纳：《自然的理由——生态学马克思主义研究》，唐正东等译，南京大学出版社，2003，第292页。

机理论的探讨角度多种多样，得出的结论也仁者见仁、智者见智，他们又相互补充，不断丰富了生态危机理论体系，并为解决现实中的生态问题提供了理论指导。显然，生态马克思主义从制度维度出发，把全球生态危机看作是资本主义生产方式全球性扩张的结果，是对生态危机理论的一个有益补充，不能全面地反映生态危机的实质。

其次，把全球生态危机归结为资本主义生产方式全球化，过度夸大了资本主义生产方式对其他意识形态国家的输出，忽视了不同意识形态国家在生产方式上的自主选择。

最后，把全球生态危机归咎于资本主义制度及其生产方式，还可能导致各国对自身生态问题的忽视，把生态危机的责任推卸给资本主义国家，从而无法真正地肩负起化解本国生态危机的历史使命。纵观人类社会的发展史，自然环境破坏的加剧，几乎是和资本主义国家机器大工业的发展进程同步的，可以说资本主义国家是生态危机的始作俑者。但是，生态危机的化解需要全人类打破国家界限和民族界限来共同应对。因为地球是全人类赖以生存和发展的共同家园，是全人类赖以生存和发展的共同体，生态环境问题归根结底是一个跨越国界，超越民族、文化和宗教信仰及社会制度的全球性问题，任何一个国家不管它有多强大，在全球性的生态危机中都难以独自解决其中任何一个问题，也不可能在生态危机中独善其身。这就决定了生态危机的化解，既需要生活在地球生物圈的不同国家的不同民族，从全人类生存与发展的共同利益出发，在全球性生态问题的挑战面前携手合作，在平等的原则上共同设计和筹划出整体的、战略性的生态危机解决方案，并通过深度合作使这些方案付诸行动并取得实效；又需要不同的国家、民族切实地担负起本国、本地区的生态重建责任，努力实现人与自然的和谐，为全球生态危机的化解和良好生态环境的重建贡献各自的力量。

第三节 资本逻辑对生态马克思主义生态危机论的跨越

生态危机是全球性的危机，把资本主义生产方式及其全球扩张看作是全球生态危机的根源，对于解释不同意识形态的国家的生态危机产生的原因存在一些明显的局限。笔者认为，资本逻辑可以实现对生态马克思主义生态危机根源论的跨越。

第一，资本的逐利本性势必导致生态环境破坏。众所周知，资本是带来剩余价值的价值。资本的本性就在于驱使资本家们将更多的剩余价值重新投入到新的生产活动之中，以赚取更多的利润，从而实现自身价值的最大限度增殖。马克思曾经指出，"资本只有一种生活本能，这就是增殖自身，获取剩余价值"①。可以说，资本从来到人世间的那一刻起，它的本性就驱使它不择手段地吮吸活劳动从而维持自身的存在和增殖。显然在资本的逻辑里，整个自然界只具有经济意义上的价值，是资本家无偿的不费分文的自然力，除此之外没有别的其他价值。资本最大限度地追逐剩余价值的逻辑动机，使得对作为生产资料的自然资源的需求不断突破自然界所能承载的限度，其最终结果就是气候变暖、森林锐减、土地沙化、生物多样性减少、矿藏资源日益枯竭、水体和固体废物污染等环境问题的不断加剧。由此观之，资本逻辑的存在和横行，才使自然界遭到各种各样的破坏，使生态危机成为人类不可避免的命运。

第二，资本作为生产要素与社会制度没有必然的本质联系。从资本产生的历史来看，它不是资本主义生产关系特有的范畴，社会主义的生产关系也有资本范畴。"把资本范畴当作资本主义的特有范畴，就必然会把'资本'当作社会主义的异己力量，否认'资本'范畴在社会主义商品经济中的地位和作用。"② 在新中国成立之后相当长的一个时期里，整个社会认为资本与压迫、剥削、资本家、资本主义社会制度等概念高度相关。直到改革开放以后，我们对资本的概念才有了新的认识和理解。1993年党的十四届三中全会通过了《中共中央关于建立社会主义市场经济体制若干问题的决定》，出现了最早作为社会主义的"资本"范畴。事实上，在我国改革开放40多年的历程中，资本发挥着重要的作用，如通过诚实劳动、合法经营的方式实现资本的积累，或通过外资引进，加速了由资本原始积累向资本积累发展的进程等，从而激活了市场中的各种生产要素流动，促进了生产力的发展。

第三，资本逻辑可以解释不同意识形态国家生态危机产生的根源。在现代国家，资本作为重要的生产要素，对经济发展有着不可忽视的作用。但是，资本只要投入和运用，就必然会创造价值和积累财富。相应地，由

---

① 《马克思恩格斯全集》第23卷，人民出版社，1972，第260页。

② 李为民：《资本范畴与社会主义相悖吗?》，《江汉论坛》1987年第10期。

资本主导的经济发展对自然资源的占有和消耗就成为不可避免的客观现实，资本追逐剩余价值的本性也不可避免地在经济活动中展现得一览无余。对不同意识形态的国家，无论是生产资料公有制还是非公有制的生产，都会在生产过程中产生剩余价值。而从经济体制层面来看，只要市场经济表现出商品的生产和商品交换，为卖而买的资本运动就必然发生。放眼全球，种种生态环境的破坏，并非只有资本主义国家才有，社会主义国家也同样存在①。由此看来，资本逻辑是不同意识形态国家所共有的，它不仅解释了资本主义国家生态危机的根源，也解释了非资本主义国家生态危机的根源。因此，资本逻辑是全球生态危机的根源，是对生态马克思主义生态危机理论的超越和升华。

第四节　结语

总体而言，与一般的绿色主义者或环保主义者将全球性生态危机归因于工业化、科学技术、人的自私品性、基督教观念或其他传统观念不同，生态马克思主义主张透过人与自然的表面冲突，从社会制度的角度去探寻生态危机的根源，由此抓住了当代资本主义生态危机的本质，为我们全面了解资本主义制度，深刻认识资本主义生态危机提供了新的理论视角。

然而，由于生态马克思主义以资本主义制度为首要的批判目标，线性地、单向度地把全球生态危机看作是资本主义生产方式全球扩张的结果，不可避免地存在一定的理论片面性和局限性。相反，资本的逻辑很好地解释了全球不同意识形态国家生态危机产生的根源。在全球化的时代，资本的运用不再局限于资本主义社会，而是遍布全球各个角落。可以说，只要有资本的地方，生态环境的厄运就开始了。那么，为了保护人类世代共同的家园，当今人类又能否立即告别资本逻辑，创造一个没有资本的世界呢？显然这是不切实际的。对此，陈学明教授在《资本逻辑与生态危机》一文中借用罗骞的话，"资本并不是我们说取消就能够取消掉的，只要它的历史

---

① 胡锦涛：《坚定不移沿着中国特色社会主义道路前进　为全面建成小康社会而奋斗》，人民出版社，2012，第39页。

使命尚未完成，只要它给人类带来的'文明化趋势'的功能尚存，那么就不可能人为地把它取消掉"①。这里的资本的"文明化趋势"即为它促进生产力发展的能力。在这种情况下，人类"一个正确的选择就是在限制和发挥资本逻辑之间保持合理的张力"②。

今天的中国依然需要利用资本，而且资本在当今中国还有其存在的合理性。我们需要确立的是在资本的利用和限制之间保持平衡，以此实现生态环境保护与生产力发展之间的平衡。当然，要真正实现社会主义生态文明，仅仅对资本的逻辑进行限制是不够的，最终还得超越资本。"只有到了人类真正超越资本之时，才是生态文明真正建成之日。"③

---

① 陈学明：《资本逻辑与生态危机》，《中国社会科学》2012 年第 11 期。
② 陈学明：《资本逻辑与生态危机》，《中国社会科学》2012 年第 11 期。
③ 陈学明：《资本逻辑与生态危机》，《中国社会科学》2012 年第 11 期。

第二章　危机与救赎：政治现代化的进路

在世界政治现代化的进程中，人们通过自己的政治实践不懈地追求社会与自身的进步已经取得了辉煌的成就，但同时众多在场者也出乎意料地发现他们似乎打开了一个"潘多拉魔盒"，诸如个性缺失、贪污腐败、恐怖主义、暴力抗法、地区冲突、社会动荡等问题层出不穷以致政治现代化运动陷入了严重的危机。由于当今中国正在为全面建设社会主义现代化国家而奋斗，为此很有必要研究这种危机及其有效规约的路径，以便为当下我国实现现代化提供经验借鉴。

第一节　政治现代化的目的与过程的悖论

政治现代化涉及"权威的合理化、结构的分离和政治参与的扩大等"[①]三个维度，其最基本的方面就是要使全社会性的社团得以参政，并且还需形成诸如政党一类的政治机构来组织这种参政，以便使参政人民能超越孤立的家庭、宗族、部落、村社和城镇范围。当今时代政治现代化通过它的内容规划或任务提出，向人们展现了一种希冀、一种显而易见的目的也即使社会具有更强的稳定性。

然而，政治现代化凸显出的这种目的在其走向现实的道路上却与它的实现过程产生了冲突。具体而言，第一，政治现代化要追求"权威的合理化"[②]，必然要以单一的、世俗的、全国性的政治权威来取代传统的、宗教的、家庭的和种族的等各种各样的政治权威。这一变化的发生，就意味着当下的

---

① 〔美〕亨廷顿：《变化社会中的政治秩序》，王冠华等译，生活·读书·新知三联书店，1989，第87页。

② 〔美〕亨廷顿：《变化社会中的政治秩序》，王冠华等译，生活·读书·新知三联书店，1989，第87页。

政府不再像先前那样被独断定义为自然或上帝的产物，现在的政府只是采取世俗的形式，在理性思考的引导下，以合理化社会中人合理行动的产物身份在场。它作为一个明确来源于人的最高权威，"对现存法律的服从优先于履行其它任何责任"①，并且，在它的"灵光"庇护下抑或含义范围内，民族国家对外主权不受他国的干扰，中央政府对内主权不被地方或区域性权力左右，因而它表征着国家的独立、自由和完整，并将国家的权力集中或积聚在举国公认的全国性立法机关手里。第二，政治现代化要"分离社会结构"② 改造传统社会，就必须扬弃长期经验存在的传统去重新划分新的政治职能并设法创建专业化的结构来执行这些职能。于是，先前浑浊不清并无严格分化的诸如军事、法律、科学、行政等具有特殊功能的领域开始从政治领域分离出来，"设立有自主权的、专业化的但却是政治的下属机构来执行这些领域里的任务"③。这些分工明确、层级分明的各级各类行政机构使政治结构变得更加细致、更加复杂并具有更加严明的纪律。因而在"游戏规则"要求选贤任能、摈弃阿谀奉承的规约下，庸碌之辈无进身之阶，进入或活跃在这个领域里的"各个成员的官位和权力的分配更多的是根据他们的工作实绩"④。这在撕裂传统的政治秩序的同时也将人们引入了一个陌生的秩序中，面对似乎总在与自己作对的"条条框框"，传统方式的既得利益者为了让社会按照传统运行继而保护自己的固有利益会拼命地抵触这种政治结构的改造，造成社会动荡。第三，像集权国家那样，广泛的"政治参与"⑤ 可以加强政府对人民的控制，或者像许多民主国家那样，这种参政可以加强人民对政府的控制，所以政治现代化也意味着提高社会上所有集团的参政程度。但是在传统国家里，广大社会成员一般既无实际权利也未形成参与这项事务的习惯，因此，扩大公民参与政府事务的权利可能会使这些传统

---

① 〔美〕亨廷顿：《变化社会中的政治秩序》，王冠华等译，生活·读书·新知三联书店，1989，第 126 页。
② 〔美〕亨廷顿：《变化社会中的政治秩序》，王冠华等译，生活·读书·新知三联书店，1989，第 97 页。
③ 〔美〕亨廷顿：《变化社会中的政治秩序》，王冠华等译，生活·读书·新知三联书店，1989，第 27 页。
④ 〔美〕亨廷顿：《变化社会中的政治秩序》，王冠华等译，生活·读书·新知三联书店，1989，第 29 页。
⑤ 〔美〕亨廷顿：《变化社会中的政治秩序》，王冠华等译，生活·读书·新知三联书店，1989，第 87 页。

国家的公民缘于经验的不足而将原先传统协调的平衡打破。第四，从文明发展史来看，政治现代化凸显出的诸如权威的合理化、结构的分离和政治参与的扩大等进步从来就不是一蹴而就的。虽然自文艺复兴以降，人们在自己朦胧的意识当中就开始了追逐这些进步，但是即使最先发动工业革命的英国，其走到现代化高地的正式历程从 1640 年算起一直延续到 1832 年也共耗费了 192 年。第二个实行现代化的美国，从 1776 年开始到 1865 年用了将近 90 年时间。于拿破仑时代即 1799 年到 1815 年进入这一阶段的总共 13 个国家，平均所费时间与英美相比有所缩短，不过也消耗了长达 73 年。因此，实现现代化需要经历一个较长期的过程。但是在现实生活中不论是亚洲、非洲或拉丁美洲国家的现代化进程似乎都进展过快，其速度远远超过了早期实现现代化的国家，社会动员、民族融合、经济发展、社会福利、中央集权、"政治参与"①等都在同一时间发生而不是依次而至。所谓先行实现现代化的国家给后来实现现代化的国家所起的示范作用，不过就是先让他们充满希冀，接着就使他们感到无比失落。在极度失望情绪的笼罩下，国家的政治演变使"种族和阶级冲突不断加剧；骚动和暴乱事件层出不穷；军事政变接二连三；反复无常、个人说了算的领导人物主宰一切，他们常常推行灾难性的社会和经济政策；内阁部长和公职人员肆无忌惮地腐化；公民的权利和自由遭受恣意侵犯；政府效率和公务水平日益下降；城市政治集团纷纷离异，立法机关和法庭失去权威，各种政党四分五裂，有时甚至彻底解体"②。

由此可见，当下政治现代化的目的与其实现过程二者之间存在一个悖论：政治现代化追求稳定，但其现代化进程中的变革却引起政治动乱，从而带来了不稳定。

第二节　政治现代化中个性与理性的矛盾

政治现代化过程中"权威的合理化、结构的分离和政治参与的扩大"③

---

① 〔美〕亨廷顿：《变化社会中的政治秩序》，王冠华等译，生活·读书·新知三联书店，1989，第 87 页。
② 〔美〕亨廷顿：《变化社会中的政治秩序》，王冠华等译，生活·读书·新知三联书店，1989，第 3 页。
③ 〔美〕亨廷顿：《变化社会中的政治秩序》，王冠华等译，生活·读书·新知三联书店，1989，第 87 页。

无一不与人类对理性的追求糅合在一起。纵观人类发展史，早在古代希腊，以柏拉图、亚里士多德等为代表的先驱们就已经在探讨以范畴论、概念论为表征的理性。不过，这种朴素的观念性理性仅仅只是人类在自己的"童年时代"迸发出的天才想象，其本身还远未触及真正的现代化理性。随着文艺复兴的兴起与深化，思想家们高高举起了被中世纪畸形扩张的神性遮蔽的理性旗帜。他们崇拜理性，以理性取代神性，极力推崇诸如牛顿的经典力学等理论，认为它们是理性主义探索的最高成果与典范。为此，理性在他们的全部操作中成了裁决一切的唯一权威，理性主义的思维方法也成了主宰所有学术研究的最基本方法，"一切被冠以'科学'的学科都必须以理性的原则为基础"①。伴随着这种理性主义思维方式的不断扩展，以精密工具测算、充分证据推测为论证前提的人类学，以权力结构合理化为目的寻求各级各类权力相互均衡制约的政治学，以定量化、数学化的手段研究交易市场运行奇妙变化过程的经济学，以数理分析、推演逻辑关系为特点的现代逻辑学，以心理实验、样本考察方式研究人的内在意识与外在行为的心理学等一系列新兴学科应运而生。到了启蒙时代及以后，投身于启蒙运动的思想家及其后学所追求的目标是把理性的方法进一步延伸至社会领域。他们尤其看重工具理性以及与之相依附在一起的实证的方式，认为自然科学可信的唯一基础是这样一种思想，即决定宇宙万物的普遍法则是必然的和不变的，不管人们是否认识它们。因此，把这种自然可行的思维方法贯彻到人们生活的各个角落就被断定为合乎流行的真知灼见和这个时代的诸多探索者的共同追求。而为了完成这个伟业，在习惯深思熟虑的康德根据牛顿物理学的范式对物理学和数学何以可能进行质疑之后，齐美尔又在这一领域进一步推进、扩展了前辈们的研究，提出了讨论社会生活的科学何以可能的问题。对此，恩格斯评价说："他们不承认任何外界的权威，不管这种权威是什么样的。宗教、自然观、社会、国家制度，一切都受到了最无情的批判；一切都必须在理性的法庭面前为自己的存在作辩护或者放弃存在的权利，思维着的知性成了衡量一切的唯一尺度"②。政治权威的合理化要求人们用理性贯注自己的头脑，使"对局部之偏爱不会影响对整

---

① 刘卓红等：《和谐理性何以可能》，《华南师范大学学报》（社会科学版）2012 年第 4 期。
② 《马克思恩格斯选集》第 3 卷，人民出版社，2012，第 803 页。

体的爱……爱自己的小团体、小天地，实乃世人爱天下大公之要则（或谓胚芽）"①，也即人们对传统中的家庭、村寨、部落、宗族、阶级等和自己有切身利益对象的忠诚不仅从属于，而且融化在对居于国家层面上的政治权威的忠诚之中。而政治结构的分离则表明在传统社会里在理性的引导下那些原始的、低效率的没有职能专门化的统治机构的主权被分割，权力被分立，其起初捆绑在一起的各种功能则被分散到众多不同的机构之中。例如在发达社会里，立法、行政、司法和军事机构发展成为相互从属但又半自主的部门，它们以不同形式对行使主权的政治实体君主或者国会负责。至于政治参与的扩大，在选举层次上，则意味着理性在宰制社会。这种宰制性使选举国家权力机关的权力从贵族逐步扩大到新兴的有产者进而到一般的城市市民和乡下农夫，因而这种趋向其实就是争取主权在民或者人民当家做主的民主化进程。在这个进程中，传统统治寡头和君主的特权逐渐受到限制乃至终止，议会或者相当于议会的新的权力实体走向统治地位，最终代表全体国民行使他们的意志。

不过，在政治现代化主张的理性太阳冉冉升起的同时，处于变革政治中的人们也不得不接受它的另一产物——整个社会人的去个性化。本来，人作为万物的灵长，是理性与个性相统一的存在。但是，人们在对政治变革附着的理性的追求和向外对合理政治秩序攫取的过程中，却经常被动地放逐，导致自己摇曳多姿的显现自我的特性被剥夺。当滚滚向前的政治变革在推动人们无休止地由传统社会向现代秩序进取和开掘的同时，人们也忘却了对自身生存和发展意义的探寻。政治合理性的强大的征服力量使人变成它征服和奴役的对象，人在强大的政治理性力量面前似乎已成为无足轻重的存在物。所有人都被整合到依据政治理性原则建立起来的政治现代化体系中，变成了一体化政治活动中微不足道的"螺丝钉"，失去了受自我支配的能动性，其活动变成一个专门的固定动作的机械重复。他们恐惧、犹豫、冷漠，耗掉了以个别人在场的生命和青春的激情，破坏了作为具体人生存的从容与和谐。特别是二战后，工业文明进一步在世人面前展示它的诱人魅力，政治现代化张扬的理性，使一切社会政治活动都似乎是被预

---

① 〔美〕亨廷顿：《变化社会中的政治秩序》，王冠华等译，生活·读书·新知三联书店，1989，第28页。

先规定好的，都被某种不可预知的程序所控制。人变成了政治的工具，变成了政治合理性的附属物。另外，无孔不入的权利意识也危害着人的精神健康，生活的唯一目的似乎就是向上爬，以为凭借优良的政治管控权力就可以换来一切，包括个人追求的各有特点的幸福。他们只关心政治诸构成部分的变革，只关心政治操控能力和统一性，无视人的人性化生存，导致人们在政治活动中变成了政治动物，只知道机械地用物的关系来衡量人的关系，从而让他们因此失去了个性，失去了作为人的丰富性和完整性。

第三节　政治现代化危机的救赎——追求共产主义的最高理想

当今人类虽然早已进入了 21 世纪，但是刚过去的那 100 年仍然以战争、和平、发展为主题被载入史册。如果撇开战争与和平，那么各国追逐现代化的发展历程自然就成了逝去的 20 世纪最富有历史意义的世界现象。当然，缘于政治现代化目的与过程冲突的悖论及其膨胀的理性对人个性的侵犯，这种政治领域中的变革并非充满诗情画意。亨廷顿就通过统计分析伊拉克、马来西亚、塞浦路斯、日本等国家的暴力冲突情况论证了"纯正的传统社会虽然愚昧、贫穷，但却是稳定的，到了二十世纪中叶，所有传统社会都变成了过渡性社会或处于现代化之中的社会，正是这种遍及世界的现代化进程，促使暴力在全球范围内蔓延"[①]。因此，如何有效克服政治现代化带来的不稳定，重新规划其关涉的理性与个性之间的张力就成了所有正在进行现代化政治改革的国家必须解决的极其重要的问题。

具体到中国，当今时代，蓬勃发展的社会经济虽然创造了世界东方社会主义建设的奇迹，但同时必须看到"我们工作中还存在许多不足，前进道路上还有不少困难和问题"[②]。诸如"发展中不平衡、不协调、不可持续问题依然突出，科技创新能力不强，产业结构不合理，农业基础依然薄弱，资源环境约束加剧，制约科学发展的体制机制障碍较多，深化改革开放和

---

① 〔美〕亨廷顿：《变化社会中的政治秩序》，王冠华等译，生活·读书·新知三联书店，1989，第 38 页。

② 胡锦涛：《坚定不移沿着中国特色社会主义道路前进 为全面建成小康社会而奋斗》，人民出版社，2012，第 5 页。

转变经济发展方式任务艰巨；城乡区域发展差距和居民收入分配差距依然较大；社会矛盾明显增多，教育、就业、社会保障、医疗、住房、生态环境、食品药品安全、安全生产、社会治安、执法司法等关系群众切身利益的问题较多，部分群众生活比较困难；一些领域存在道德失范、诚信缺失现象；一些干部领导科学发展能力不强，一些基层党组织软弱涣散，少数党员干部理想信念动摇、宗旨意识淡薄，形式主义、官僚主义问题突出，奢侈浪费现象严重；一些领域消极腐败现象易发多发，反腐败斗争形势依然严峻"[1]。对此胡锦涛同志提出，"全面建成小康社会，加快推进社会主义现代化，实现中华民族伟大复兴，必须坚定不移走中国特色社会主义道路"[2]。这就说明，当下我国在建设小康社会的过程中要有效克服缘于政治现代化过程本身而产生的一系列问题，坚定不移地走中国特色社会主义的道路。具体原因如下。一方面中国特色社会主义道路注重中国特色，这使它推动的政治现代化改革能从中国当下的现实情况出发，既能分析当前我国面临的国际环境，也能具体了解目前国内各方面的诉求，因此，最终它必然能吸取先发各国兴衰成败的经验教训，并依据中国国情不断调整、修正、完善自己的各项方针政策以有效消解政治现代化面临的危机。另一方面，中国特色社会主义道路以共产主义为自己未来发展的方向。它在走向政治现代化的过程中能始终让广大人民群众的根本利益保持一致。在这种相一致的根本利益的制约下，各个社会阶层、政党甚至企业、公司等之间尽管不可能完全避免矛盾，不过，诸如此类的矛盾并不是你死我活的对抗性的矛盾，而是人民内部矛盾，因此只要采取认真负责的态度，用正确合理的方式及时进行疏导，它们并不会被完全激化失控，引起整个社会的动荡不安。共产主义社会中单个人的发展是所有人发展的前提，所有人的发展同时也是单个人发展的前提，因此以共产主义为自己最崇高理想的中国特色社会主义推进政治现代化也绝不可能窄化人的个性，而只会尽力促使人的个性发展，唯有如此，所有的人才可能得到发展，才有可能最终由必然王国走进自由王国。

---

[1] 胡锦涛：《坚定不移沿着中国特色社会主义道路前进 为全面建成小康社会而奋斗》，人民出版社，2012，第5页。

[2] 胡锦涛：《坚定不移沿着中国特色社会主义道路前进 为全面建成小康社会而奋斗》，人民出版社，2012，第10页。

第三章　西方文化产业化之殇及其扭转

在前文化产业化时期，文化虽然来源于现实但又超越现实因而其必然会跃迁到"现实之上"呈现出对自然的追求，而当代西方文化走向产业化却阉割了文化追求崇高的向度使其表征为畸形的单面存在。这样，在当下我国提出要"推动文化事业和文化产业发展"①的背景下，探讨文化产业化与文化追求崇高的关系就成了一个非常有意思的问题。

第一节　文化的崇高追求走进"乌托邦"：当代西方文化产业单面化之殇

文化产业这一术语最初出现在霍克海默（M. Max Horkheimer）和阿道尔诺（Theodor Wiesengrund Adorno）合著的《启蒙辩证法》一书之中，英语为 *Culture Industry*，可以译为"文化工业"，也可以译为"文化产业"。按照联合国教科文组织的定义，它是按照工业标准，生产、再生产、储存以及分配文化产品和服务的一系列活动。在当代西方，随着经济全球化和新科技革命浪潮的进一步深入发展，各发达国家先后颁布了一系列旨在支持和推动文化产业发展的文化经济政策，同时建立了比较完备的文化法律、规章体系，促使这些国家的文化产业不断向前发展。然而，正是在不断发展的赞歌中，当代西方的文化产业丧失了否定性、批判性和超越性的向度而陷入单面化，单面化主要体现在以下三个方面。

第一，当代西方文化产业生产者的单面化。当代西方世界，文化产业中的劳动者利用现代科技带来的诸如电脑合成、激光照排等成果，在他们

① 习近平：《决胜全面建成小康社会 夺取新时代中国特色社会主义伟大胜利》，人民出版社，2017，第43页。

的生产过程中非常轻松地创造着前所未有的物质财富。然而，表面轻松、安逸的工作却不能消解他们内心的焦虑。因为社会活动的固定化，使他们生产出来的产品并不受他们自己控制，反而聚合为一种统治他们自己的物质力量。在这种物质力量的作用下，他们其实没有真正的自由，只是蜷缩在自己特殊的活动范围内，不知所措地观察着他们生活于其中的社会。在这个他们完全不能预知的社会中，他们的一切活动似乎是被预先规定好的，不依赖于他们自己的意志和行为。所有的人也都失去了个性，失去了作为人的丰富性和完整性。为此，他们虽然心不甘，情不愿，但也不得不接受自己时时刻刻都在被不可名状的外在强力所控制的事实。

事实上，这些被外在强力统治的文化产业中的生产者已经不是身心统一的人，而仅仅是受异己力量任意摆布的木偶，不再既保有物质方面的需要，又保有精神方面的需要。人的被外在强力的物化使他们只关注物质需求的满足，而不由自主地忽视了精神需求的满足。这种物质世界对精神世界的吞噬使得生产者们的精神世界飘逝了，从而给人带来了精神上的困境，而这就意味着人的单面化。单面化的文化产业中的人们每天只追求生理满足，在对物质的迷恋中，精神上出现了衰颓和倒退。这使他们不可能存在或早就丧失了对社会的批判精神，只知道一味认同现实，当然也不会去追求更有品质的生活，甚至没有能力去想象更好的生活。

第二，当代西方文化产业生产过程的单面化。当代西方社会，文化产业的生产过程表面上是独立的生产过程，但实际上早已与整个晚近的资本主义社会大生产过程一体化了，失去了独立的地位。它"飘"在"江湖"，身不由己地在高度发达的技术的作用下，与其他产业在生产过程中盲目地相互碰撞、相互激荡，最后都被资本主义生产方式这部大机器当作原材料揉搓、扭曲成一体化的资本主义大生产。在这个一体化的大生产过程中，文化产业的生产过程没有单独的发言权，也彻底随波放逐，丧失了任何想单独发言的冲动。因此，它总是逆来顺受，自动地放弃了自己的否定性的维度而仅仅只剩下肯定性一面。

第三，当代西方文化产业产品的单面化。在西方社会，文化既然被产业化，就意味着完全遵循资本的逻辑，信奉金钱的法则，所以这个产业生产出来的产品必然要以所得利润最大化为唯一和最终的追求目标。为了这个目标的顺利实现，这些产品可以"不顾一切"，可以"没有任何原则"。如果"戏说"能够吸引更多的眼球，挣得大把钞票，那么众多的文化产品肯定会毫不犹豫地去"乱弹"历史；假如追寻惊险是聚光灯下的"贵族"，它们又会马上去编造丛林探险，甚至臆造人类与根本就不存在的"异形"搏斗。当亲情、友情或荣誉等成了获取利润的绊脚石，它们立刻会六亲不认或弃光荣如敝屣；在真理、真相与金钱崇拜相冲突时，它们也会毫无顾忌地去混淆视听、颠倒黑白。这样，经济利益最大化的唯一性就清除了西方文化产业生产出来的产品的对立性因素和超越性因素，使它们屈从于当代工业社会的"俗化"现实。现在，异化作品被纳入了这个社会，并被作为对占优势的事态进行粉饰和心理分析的部分知识而流传。如此，虽然"经典著作已离开阴森的堂庙而获得了再生，人民也因此而获得了更多的教益。的确，它们作为经典著作获得了再生，但它们是改变了其本来面目才得以再生"①。实际上，"当代文学中那些歹徒、明星、荡妇、民族英雄、垮掉的一代、实业界巨头，都不再想象另一种生活方式，而只是想象同一生活方式的不同类型或畸形"②。这一切都说明曾经传达理想的"文化产品"现在已经不再能够提供与现实根本不同的抉择，不再具有同现实有根本区别的另一向度。

毋庸置疑，当代西方文化走向产业化，也就表明这个社会中的文化当下是以文化产业的形式存在着。因此西方世界文化产业的单面化实质上就是其文化的单面化。这样，曾经一直追求"遗世独立"的文化就因为丧失了否定性、批判性和超越性的单面化再也不能也不会否定现实，从而与其相疏远、相脱离，而这种疏远化的特征正是文化能够超越现实走向"现实之上"的关键所在。为此，在当代西方社会，文化走向产业化就意味着文化对崇高的追求成了一种"乌托邦"。

第二节　扭转：新时期中国文化产业化与文化追求崇高的统一性整合

在党的十九大报告中，习近平同志指出："文化是一个国家、一个民族

---

① 〔美〕赫伯特·马尔库塞：《单向度的人——发达工业社会意识形态研究》，刘继译，上海译文出版社，1989，第59页。

② 〔美〕赫伯特·马尔库塞：《单向度的人——发达工业社会意识形态研究》，刘继译，上海译文出版社，1989，第3页。

的灵魂。文化兴国运兴，文化强民族强。没有高度的文化自信，没有文化的繁荣兴盛，就没有中华民族伟大复兴。"① 为此，我国兴起了文化建设的新高潮，特别提出要推动文化产业发展。与西方文化产业化不同，目前我国文化产业化具有两个鲜明的特点。

其一，我国文化产业化发展肩负着必须大力发展和解放文化生产力的重任。这是因为在社会主义建设新时期，方兴未艾的全球化浪潮正在将一切异在的他者因素皆同化为全球因子，所有的地方性事件和地方性现象也在全球化的巨大场域中被粉碎，转向成为世界性事件和现象，使人们的交往范围迅速向全球纵深扩展，从而推动了社会生产力以前所未有的速度向前发展。而目前，虽说我国经济、政治和文化建设一日千里，人民的生活水平得到了极大的提升，综合国力也迅速走到了世界的前列，不过，从发展阶段来看，因为"我国正处于并将长期处于社会主义初级阶段，现在达到的小康还是低水平的、不全面的、发展很不平衡的小康"②，"实现工业化和现代化还有很长的路要走"③，所以现在我国还是发展中国家。这意味着尽管我国作为一个发展中国家可以凭借被许多政治学家、经济学家所论证和展示的后发优势追逐现代化，实现一系列跳跃，在短时期内走完发达国家以前所走过的漫漫征途，然而，可能性并不就是现实性，面对全球化的生存世界中最为活跃、流动的人解决自我与外界矛盾的物质力量的不断扩展，大力发展生产力就显现出极端的紧迫性，否则，无情的全球化的巨浪就会把我们远远地抛在身后，使我们成为时代的被放逐者。这决定了新时期在较低的生产力水平上起步的中国文化产业界必须大力发展和解放本领域的生产力——文化生产力，尽快使先进文化作为一个重要驱动要素渗透到劳动者、劳动对象和劳动资料中去，从而带动整个社会的"生产力比资本主义发展得更快一些、更高一些"④。

其二，我国文化产业化发展的方向是"为人民服务、为社会主义服

---

① 习近平：《决胜全面建成小康社会 夺取新时代中国特色社会主义伟大胜利》，人民出版社，2017，第40~41页。
② 《江泽民文选》第3卷，人民出版社，2006，第542页。
③ 《江泽民文选》第3卷，人民出版社，2006，第542页。
④ 《邓小平文选》第3卷，人民出版社，1993，第63页。

务"①。当今我国倡导文化产业化，整个过程都坚持"以邓小平理论和'三个代表'重要思想为指导，深入贯彻落实科学发展观"②；"弘扬主旋律，提倡多样化，积极宣传爱国主义、集体主义、社会主义思想，坚决抵制拜金主义、享乐主义、极端个人主义思想，积极倡导先进文化，努力改造落后文化，坚决抵制腐朽文化"③；"坚持追求真理、反对谬误，歌颂美善，反对丑恶，崇尚科学、反对愚昧，坚持创新、反对守旧"④。由此可知，我国推进文化产业化是"为人民服务、为社会主义服务的"⑤。

毋庸置疑，中国文化在走向产业化的过程中呈现出来的这两个特点不是一种外在的导向与被导向的关系，而是一种缘于内在的相互依赖性而生成的"二位一体"结构。也就是说，"发展和解放文化生产力"和"为人民服务、为社会主义服务"是同一个对象在当下中国文化产业里最深层的两个相互依赖、不可缺失的方面，它们分别从各自的向度支撑着中国文化产业的存在。一方面，"发展和解放文化生产力"是我国文化产业在物质生产力方面存在的依据。这是因为，"根据我们自己的经验，讲社会主义，首先就要使生产力发展，这是主要的。……只有这样，才能表明社会主义的优越性。……社会主义经济政策对不对，归根到底要看生产力是否发展，人民收入是否增加。……这是压倒一切的标准"⑥。所以，新时期我们推进文化产业化这种行动对不对，归根到底也要看文化生产力是否发展，是否得到了解放。假如文化被产业化后不但没有发展和解放文化生产力，反而使文化生产力进一步受到了束缚，就说明我们在文化领域搞产业化不对，文化产业当然也就没有存在的必要。相反，如果随着文化产业化的推进，文化生产力呈现出勃勃生机，不断地由低水平向高水平跃进，那么就证明目前我国实行文化产业化的经济决策是正确的，文化产业在中国也就有了存

① 胡锦涛：《坚定不移沿着中国特色社会主义道路前进 为全面建成小康社会而奋斗》，人民出版社，2012，第30页。
② 《〈文化产业振兴规划〉全文发布》，2009年9月26日，见http：//www.gov.cn/jrzg/2009-09/26/content_ 1427394. htm。
③ 《江泽民文选》第3卷，人民出版社，2006，第403页。
④ 《江泽民文选》第3卷，人民出版社，2006，第403页。
⑤ 胡锦涛：《坚定不移沿着中国特色社会主义道路前进 为全面建成小康社会而奋斗》，人民出版社，2012，第30页。
⑥ 《邓小平文选》第2卷，人民出版社，1994，第314页。

在的依据。另一方面，"为人民服务、为社会主义服务"① 是中国文化产业在精神价值方面存在的根据。在"中国要坚持社会主义制度，要发展社会主义经济，要实现四个现代化，没有理想是不行的，没有纪律也是不行的"②。这种"理想""纪律"，在新时期中国文化产业化中的集中体现就是我们搞文化产业化要"为人民服务、为社会主义服务"③。放弃了"为人民服务、为社会主义服务"④ 的追求，我们既不能坚持社会主义制度，发展社会主义经济，实现四个现代化，也肯定建设不了中国特色社会主义的文化产业。

正是这种内在的相互依赖性，当下中国的文化尽管开始走向产业化，开始关注利润的获得，但是并没有以获得利润最大化为唯一和最终的追求目标，并没有为了这个目标的顺利实现，可以"不顾一切"，可以"没有任何原则"。始终处于它的最核心的"为人民服务、为社会主义服务"⑤ 的内在追求使它继续保持着对自己否定性、批判性的张扬，因而一直呈现出勃勃的生机和超越的主动性。同时，随着文化产业化的进一步向深层次和多方位发展，我国文化生产力也将不断得到质的提升，进而在这种持续发展的文化生产力的基础上本身就是批判和超越的中国特色的文化也能日渐增强自己的创造性和超越性，从而使之也必然以"现有"为阶梯而不断向"现有之上"跃迁，这即说明在中国特色社会主义的向度上文化走向产业化与其追求崇高得到了统一性的整合。

第三节　文化产业化与文化追求崇高的完全和谐

目前，我国在文化领域根据现有的文化生产力水平深化文化体制改革，

---

① 胡锦涛：《坚定不移沿着中国特色社会主义道路前进 为全面建成小康社会而奋斗》，人民出版社，2012，第30页。
② 《邓小平文选》第3卷，人民出版社，1993，第123页。
③ 胡锦涛：《坚定不移沿着中国特色社会主义道路前进 为全面建成小康社会而奋斗》，人民出版社，2012，第30页。
④ 胡锦涛：《坚定不移沿着中国特色社会主义道路前进 为全面建成小康社会而奋斗》，人民出版社，2012，第30页。
⑤ 胡锦涛：《坚定不移沿着中国特色社会主义道路前进 为全面建成小康社会而奋斗》，人民出版社，2012，第30页。

发展文化产业，鼓励文化创新，营造有利于出精品、出人才、出效益的环境的这一举措已经使文化产业在我国多数领域实现了超常增长，成为国民经济发展中最为亮眼的领域，由此也随之极大地增强了我国文化的发展活力，解放和发展了我国的文化生产力。因此，随着这一举措的进一步深入贯彻实施，我国的文化生产力将会达到马克思所指出的社会主义高级阶段即共产主义社会所需要的"巨大增长和高度发展"[1]。到了那时，因为整个社会文化生产力已经高度发展，所以文化产业作为一种分工再也不是自发的而是出于人们的自觉或自愿。这样，一方面，文化产业获得了更多的内涵或特点。现在它对人来说早已经超越了那种驱使着人的异己的、与他对立的力量而成为人能自由地驾驭着的力量。为此人们就有可能在这个领域内外随自己的心愿安排自己的事业，他们可以今天干这事，明天干那事，上午生产文化，下午娱乐休闲，傍晚从事畜牧，总之文化产业不再像一座围城一样给其生产者圈定一个特殊的活动范围而让他们的活动固定化，此时它更多的是以人能自如驾驭的"工具"在场给众多劳动者提供一种选择、一个机会、一类劳动场域使他们能自由地劳动，从而全方位地发展自己的本质力量。另一方面，文化产业也扬弃了自己对经济利益的追逐。在社会主义社会发展的高级阶段，每一个人的发展都是其他人发展的条件，而强调个人私利只会阻碍他人发展，同时也阻碍了自身发展，所以文化产业生产文化产品不是由于文化产品本身能够给这个产业或某个人带来经济利益，而是因为生产文化产品的活动本身是人的第一需要，人需要在劳动中发挥自己的力量。这两个方面表征了共产主义社会文化产业已经彻底消除了异化，此时它一边以人们自由"劳动场"的身份归栖于"世俗"的生活之中而日益走向日常生活化，一边越来越日常生活化，被它依附或表征的文化能够在人们自由、自觉的日常劳作中扬弃自我、超越现实，也即更加自觉地去追寻崇高。由此可见，在共产主义社会，文化产业化与文化追求崇高达到了完全的和谐。

---

[1] 《马克思恩格斯选集》第 1 卷，人民出版社，1995，第 86 页。

第四章 内涵与质疑：马尔库塞意识形态批判理论

马尔库塞是法兰克福学派的重要代表，法兰克福学派以"社会批判理论"著称于世。20世纪以来，西方发达工业社会的人们面临着自身出现的种种困境，因为科学技术的发展给人们带来的并不是更高水平的自由和解放，不是人们的主体性和自觉意识的增强，与之相反，发达工业社会中的科技理性奴役着现代人，使现代人迷失在自我构建的藩篱里。马尔库塞深刻意识到现代人所面临的问题已经不仅仅是由于劳动产品的异化而引发的政治经济困境，更多的是表现为科技、意识形态中自由自觉意识的丧失。马尔库塞的意识形态批判理论是全面而又积极的，它为我们深化对现代资本主义社会的认识提供了丰富的思想资料和社会资料，但由于马尔库塞对资本主义的批判理论是在否认阶级斗争理论、剩余价值理论下进行的，因而是非现实、非科学的。

第一节 意识形态批判理论的主要内容

马尔库塞认为由于科学技术革命，人们的生活福利大大提高了，物质的贫穷也得到大大改善，但充裕的物质生活的背后蕴藏着人的精神上的巨大痛苦和不安，人们还受着多方面的控制。大体上来说，主要包括以下几个方面。

第一，物质上的满足变成了精神上的牢笼。在资本主义社会，物质上的福利使每个人得到了很好的享受。但是，"如果工人与其老板享受同一电视节目，光顾同一类娱乐场所，如果打字员和她的雇主的女儿一样有时尚的打扮，如果黑人也拥有一部凯迪拉克汽车，如果他们都读同一种报纸，那么，这种同化并不表明阶级的消失，而是表明那种有利于维持现存制度需要和满足被共同分享的程度"①。本来人民群众因为经济上的贫穷，他们在精神上能够自由地表达对现实的不满。现在由于这种物质享受使他们丧失了反抗精神，即与现存制度一体化而没有了精神上的自由。因而显而易见的结果是：人的价值观、理想、感情的灵性都已被社会流行的模式所规范。

第二，在生产生活的领域意识形态产生劳动异化。马尔库塞把马克思的"劳动解放"论和弗洛伊德的"异化"论结合起来，认为真正意义的劳动是"大规模的发泄爱欲冲动"，是劳动者以自身为目的，自觉自愿肯定自己的活动。一方面，在现代资本主义社会中，随着劳动机械化、自动化程度的提高，人在劳动中越来越失去了自己的自主性和创造性。人在劳动中只是从事一些单调而无聊的、翻来覆去的动作，人是作为一部机器的零件、一种工具在起作用，这种劳动并不能满足劳动者自身的冲动和需求，相反，它使劳动者肉体受到损伤，精神遭到摧残。另一方面，劳动越来越成为手段而不是目的，劳动不是需要得到满足而只是满足劳动以外的其他各种需要的手段。人们被各种各样的物质欲望所推动，他们在劳动中，唯一想到的是如何获得小汽车、电视机等物质财富。所以，这种劳动当然不是消遣，而只是干活。这种只是作为手段的劳动是不属于自己的，是外在的劳动，不是劳动者的自我活动，这种劳动的结果是劳动者自身的丧失。

第三，在资本主义意识形态的作用下，工人已成为产品的奴隶。在现代资本主义社会中，生产力高度发展，物质财富极大丰富，工人被强迫去消费劳动产品，工人成了消费产品的奴隶，在马尔库塞看来，生产的发展"超出生物学水平的人类需求的强度、满足乃至特性，总是预先决定的，获得或放弃，享受或破坏，拥有或拒绝某种东西的能力，是否能当作一种需求，取决于占统治地位的社会制度"②，"最流行的需求包括，按照广告来放松、娱乐、行动和消费，爱或恨别人所爱或恨的东西，这些都是虚假的需

---

① 〔美〕赫伯特·马尔库塞：《单向度的人——发达工业社会意识形态研究》，刘继译，上海译文出版社，1989，第8页。

② 〔美〕赫伯特·马尔库塞：《单向度的人——发达工业社会意识形态研究》，刘继译，上海译文出版社，1989，第6页。

求"①。可见，工人同产品的关系是一种强制性的消费关系，不是产品为了满足人的需要而生产，而是人为了使产品得到消费而存在。人拜倒在物面前，把物作为自己的灵魂，忘却、失去了自己的灵魂，这种强制性消费所带来的是人与物之间关系的颠倒，人的本质的异化，不是人控制产品，而是产品奴役人。

第四，意识形态把否定思维变成肯定思维，理性被畸形化，成为科技理性。理性本应该具有批判和否定意识，而且本身是指导人们为实现自由的一种价值判断，但在当今资本主义社会，批判理性已向科技理性过渡。科技理性要求客观、中立，但它的中立性具有非人性的倾向性：它只关心实用的目的及最终的结果，对价值本身漠不关心，而且把一切都变成可以测量，可以计算，可以控制的东西，连人的思想也不例外。这样社会中的人以一种量化的形式被组织起来了，一切现实都通过数学去进行定量化，导致现实与目的、真与善、科学与伦理的分离。

第五，发达工业社会是"攻击性社会"。按照弗洛伊德学说，爱欲与死欲是本能冲动的两个部分，二者是此长彼消的关系。在爱欲被压抑的情况下，人们依靠发泄"攻击本能"来得到满足。攻击对象首先是他人，由此产生紧张的人际关系，使得生存竞争普遍化、永存化，使人产生恐惧感、孤独感、自卑感，甚至导致人精神崩溃而自杀，酿成"生存危机"。攻击的对象还包括自然界，开发自然的目的已不是满足必要的物质需要，而是通过过度开发自然、破坏自然，使自然成为商品化的自然界、被污染的自然界、军事化的自然界。其结果是生存环境和爱欲发泄环境的萎缩，造成"生态危机"。

第六，发达资本主义社会的工人阶级已不再是社会革命的主体。马尔库塞认为，由于生产力的高度发展和科学技术的进步，工人阶级已失去了过去作为革命主体的作用。因为工人阶级已经同资产阶级融合了，他们不再反抗现行的制度和资产阶级了，他们已由社会革命的动力变成社会的凝聚力。今天作为革命主体的是工人阶级以外的亚阶层，是由流浪汉、局外人、少数民族、失业者组成，只有这些人才能毫无顾忌地手无寸铁走上街

---

① 〔美〕赫伯特·马尔库塞：《单向度的人——发达工业社会意识形态研究》，刘继译，上海译文出版社，1989，第6页。

头，不惧暴力与死亡，表现出彻底的革命精神。正是有这些"无希望"的人，我们才被赋予了希望。最后，在论及如何寻找和造就革命主体时，马尔库塞主张通过艺术，进行"审美革命"，从人的生物本性的结构入手来改造人，唤醒人们对被压抑状态的认识，激励人们反抗。但这样的设想不过是毫无现实性的乌托邦。

总之，通过马尔库塞对社会意识形态的批判，我们认识到：高度的物质文明只是现代资本主义社会的一极，处于另一极的则是极度的精神堕落，在优裕的物质生活后面蕴藏着人们精神上的巨大痛苦和不安；现代资本主义社会对人的控制方式已发生很大的变化，控制的重点正从政治、经济领域转向思想文化领域；现代资本主义社会成了一个新兴的极权社会，即现代资本主义社会的矛盾正呈多元化、整体化趋势。

第二节 马尔库塞意识形态批判理论的不足

通过上文分析可以看出，马尔库塞的意识形态批判理论是全面而又积极的，但由于他对资本主义社会的批判是在否认阶级斗争理论、剩余价值理论的前提下进行的，因而是非现实的、非科学的。他对现代资本主义社会的批判，从表面上看来似乎很激进，但实质上似是而非、牵强附会。

第一，他把人的物质生活与精神生活完全对立起来是错误的。他提出"生产力的发展＝物质财富的丰富＝精神生活的痛苦"这样一个公式，公开号召人们放弃舒适的物质生活环境，去追求所谓的"精神生活的愉快"，这更加荒谬。实际上，在现代西方社会中人的精神痛苦绝不是由生产力、物质财富本身造成的，而是由这一制度对其歪曲应用所造成的，在不同的社会制度下，人们完全有可能使生产力、物质财富不是阻碍而是促进人们在精神上获得愉悦。况且，如果离开了人的精神上的满足，单纯的物质财富，也不可能从精神上获得快乐。马克思主义者认为物质生活资料的满足是人的精神生活满足的基础。

第二，他在批判以美国为典型的资本主义社会时，没有看到资本主义社会的阶级本质。战后资本主义的发展，带来了工人生活水平的提高、社会福利的改善，但这是以资本家榨取了更多的剩余价值为前提，并没有改变工人阶级被雇佣、受剥削的地位，工人阶级同资产阶级的矛盾仍然存在。

由于资本主义社会生产力和生产关系之间的矛盾，这种阶级的对立是不会消失的，因而不能说工人阶级已成为消极的力量，不再是革命的动力。马尔库塞以这种资本主义社会情况的改变得出阶级斗争消失的结论显然站不住脚。他虽然批判了资本主义社会，但这样批判的社会理论却把人们引向悲观的立场，找不到革命的动力和方向。他对一些小资产阶级的造反运动，没有进行阶级分析而一味地认为他们作为革命力量也是不恰当的，当然，我们也注意到马尔库塞在《反革命与造反》中指出了这次运动的过激因素，而且也注意到他设想以学生为催化剂，促使工人斗争的思想。但总的来说，他对资本主义社会的批判缺少对阶级的分析。

第三，马尔库塞没有正确指出一条消除现代资本主义社会中压抑、摧残人性的现实道路。他的理论基础是人性，他所说的人的解放是人的生物学上的生理解放。由于对造成人性异化根源的误解，所以他不主张通过改革资本主义所有制来求得人的解放，他说道："提高生产力和取消生产资料私有制未必导致走向社会主义——它不会必然打碎统治的锁链，打碎人们属以劳动的锁链"①。他提出以"心理结构""本能结构"为核心的"总体革命"，倡导进行文化大拒绝，拒绝资本主义的意识形态，真正改变病态的本能结构，认为只要"创造条件把性欲、生活本能从破坏本能的优势中解放出来"②，就可以"使自由、和平和幸福的现实可能性转化为现实"③。从这里出发，他提出了"爱欲解放论"，肯定今天为生活而斗争，为爱欲而斗争，就是一种政治斗争。

第四，他以先验论作为他的社会理论的认识方法。他认为实践的基础是理性，这是对理论与实践问题和革命动力问题的极大歪曲。实践与革命不是从虚无缥缈的思维中来，它们是现实的发展，而理性与理论则是现实的反映。马尔库塞用先验论去说明人的活动，将本能冲动的克服与超越自我的矛盾作为人的发展的动力，好像人类的发展是通过克服和改造本能冲动而得以前进的，而且在发达的工业社会就完全可以让本能发展。这完全是一种歪曲人类社会发展的错误理论。

---

① 〔美〕赫伯特·马尔库塞：《老模式已经不再适用了》，《西柏林报纸杂志》（德文版）1979年第3期。

② 〔美〕赫伯特·马尔库塞：《当代工业社会的攻击性》，任荣等译，《哲学译丛》1978年第6期。

③ 〔美〕赫伯特·马尔库塞：《当代工业社会的攻击性》，任荣等译，《哲学译丛》1978年第6期。

第五，他没有揭示出现代资本主义社会中人性异化的最终根源。他把现代资本主义社会中人性日益异化的根源归结为高度发展的科学技术和兴旺发达的"文化工业"。他揭示了物对人的统治，但不愿再向前跨一步，通过分析物对人的统治，进而揭示人对人的统治。他把资本的奴隶变成了科学技术、文化的奴隶，把对资本主义生产关系的批判变成了对科学技术、文化的批判，把对吃人的资本主义制度的讨伐变成了对人类所创造的物质和精神文明的讨伐。

第六，他不可能描绘出能够替代压抑人性的现代资本主义社会的理想的未来图景。马尔库塞对现代资本主义社会压抑、摧残人性表示深恶痛绝，但他没有描绘出人性得以解放的理想社会的未来图景，没有找到能鼓舞人们斗志的振奋人心的奋斗目标。他缅怀资本主义初期甚至中世纪那种虚构的田园牧歌式的精神宁静，以及人和自然的和谐关系，这实际上主张人类重新回到前资本主义社会。他追随"回到自然"的浪漫主义，主张复古倒退。但当他意识到人类不可能因为在历史的发展中承受了牺牲而把历史车轮倒转，否定科学技术、文化、物质文明时，又从复古主义走向悲观主义，以绝望和恐惧的心情看待现代资本主义社会的发展，认为人类只能眼睁睁地看着自己受着文化的折磨。他批判了资本主义社会，可最终因找不到出路而陷入悲观失望的境地。

总之，马尔库塞的意识形态批判理论有时用语含混，缺乏充分事实，喜欢运用革命的辞藻，而又怀疑革命的行动。他和法兰克福学派其他的成员一样，基本上都是历史唯心主义者和悲观主义者。由于离开了历史唯物主义和辩证唯物主义，马尔库塞对资本主义制度进行的批判必然是肤浅的，对资本主义危机性质和根源的认识是错误的。

第五章　渊源、内容和价值：单向度理论三维向度

马尔库塞是美国法兰克福学派最激进的哲学家之一，他在代表作《单向度的人——发达工业社会意识形态研究》中首先提出"单向度"这个术语。马尔库塞认为，现代科学技术的发展使得技术理性已经贯穿于资本主义社会结构的各个方面，开始形成了新的统治形式，现代资本主义社会已经异化成单向度的社会，人已经沦落为单向度的人。因此我们必须把价值和艺术整合到科学技术当中，通过意识革命和本能革命来改变社会与人的单向度性。

第一节　单向度理论的思想来源

马尔库塞早年师从存在主义创始人海德格尔，海德格尔的存在主义和本体论奠定了马尔库塞单向度理论的哲学走向，存在主义思想中的非理性主义、人道主义成为马尔库塞理解人的本质、批判资本主义社会的理论出发点，由此引领马尔库塞高度关注人的实存状态及其解放。二战爆发后，随着技术理性广泛渗透于社会生活的各个领域，面对西方社会人们所普遍面临的文化困境和工业社会危机等残酷的现实，马尔库塞逐渐不满足于海德格尔存在主义的那种脱离现实、逃避责任的一面，转而研究弗洛伊德主义，吸收弗洛伊德的人性理论以及心理分析的方法，把他的精神分析理论嫁接到马克思关于人的解放学说上去，试图用弗洛伊德主义对马克思主义做出新的诠释，通过文化革命、心理本能革命来还原人的本性，实现人的自由与解放。

马克思的《1844年经济学哲学手稿》的发表给马尔库塞带来新的思想震撼，他认为马克思主义不仅是一种人本主义、一种社会批判理论，也是

一种反抗和变革现实的实践，他说，"洞察对象化，也就洞察人的历史和社会的状况，揭示这种状况的历史条件，并因而实现这种实践力量和具体形式，这种洞察便由此成了革命的杠杆"[1]。马尔库塞虽然承认马克思早期的人本主义理论和社会批判思想日益显示出旺盛的生命力，但是同时又觉得马克思的社会革命理论在经济、政治领域进行暴力反抗方面存在诸多不足和缺陷，需要用卢卡奇的物化思想和总体性理论来丰富和发展。所以，马尔库塞认为应该对资本主义现代工业的经济统治、政治统治、文化意识形态进行总体的"绝对拒绝"，而恢复单面人的否定性的最好形式是进行"文化大拒绝"。

马尔库塞社会批判理论的另一重要来源是韦伯的理性观。韦伯在批判现代资本主义社会的种种不合理现象时，通过借鉴黑格尔的理性观，提出了工具合理性与价值合理性概念。韦伯认为，工具合理性是以目的为趋向，看重的是所选行为能否作为达到目的的有效手段。价值合理性是以价值为趋向，看重的是所选行为本身的至高无上价值。在资本主义社会理性化内在逻辑演进中，技术理性已经成为工具的合理性和价值的非理性。马尔库塞在改造和发展韦伯理性观的基础上，总结出现代资本主义社会的技术理性已经使人由主体沦为客体、由目的堕落为手段，从而出现了单向度的政治、单向度的文化、单向度的人。

第二节　单向度理论的主要内容

一　单向度理论的异化思想

马尔库塞在《单向度的人——发达工业社会意识形态研究》一书中对马克思的异化劳动理论从黑格尔哲学角度重新做了解释，他从黑格尔的抽象人的本质出发，把马克思的异化劳动归结为人的本质的异化。马尔库塞主要从单向度的人、单向度的政治、单向度的思想文化来分析晚期资本主义的异化现象。

在马尔库塞看来，一个健全的人，应该是一个兼具肯定意识与否定意

---

[1]　复旦大学哲学系现代西方哲学研究室：《西方学者论〈1844年经济学哲学手稿〉》，复旦大学出版社，1983，第128页。

识的双向度的人。但在科学技术迅速发展的发达工业社会，物质需要的极大满足导致人们本来应具有的批判社会的意识已经完全丧失，成为一个专注认同社会现实的单向度的人。马尔库塞认为，发达工业社会已经成为一个新型极权主义社会。社会财富的增多、工人消费能力的提高，使工人阶级和资产阶级出现了同化的趋势，工人阶级与资产阶级之间的主要矛盾已不复存在。在文化领域，马尔库塞通过对"肯定文化"、"大众文化"和"操作性语言"进行猛烈批判，揭露发达工业社会意识形态造成人的物化、异化现象。马尔库塞说："形而上学的向度，即形式上真正的合理思想的领域，成了不合理的和非科学的。理性在自身现实化的基础上抵制着超越。"①在充斥异化现象的资本主义社会，异化使资本主义社会制度似乎具有了无可指责的永恒合理性。与马克思认为资本主义生产方式是异化产生的根源的思想不同，马尔库塞认为异化根源于人的本质；马克思始终把异化界定在劳动关系和经济关系中，马尔库塞认为异化不是经济关系的异化，而是意识形态上层建筑的异化；马克思认为消除异化的根源在于消灭私有制，马尔库塞认为必须靠艺术来克服异化。马尔库塞指出，"这样意味着艺术的 Aufhebung（扬弃）。审美事物和真实事物的隔离状态将告结束，事务和美、剥削和娱乐的商业性联合状态也将告结束"②。马尔库塞的这些观点恰好与马克思相反。"马克思认为，异化是技术社会、现代市民社会的普遍现象和特点，异化同特定的市民社会生产关系不可分离。马尔库塞的异化完全不是经济关系的异化，而仅仅是一种抽象的哲学异化。经济关系的异化是一定经济关系的产物，哲学异化在马尔库塞那里仅仅是一种分析工具。因而，马尔库塞虽然使用了异化概念，而他的异化与马克思对异化的科学规定是大相径庭的。"③

二 技术理性统治与"虚假意识"

马尔库塞认为，现代科学技术并非价值中立，技术理性的合理性、应用性与操作性在给社会带来极大进步的同时，也变成了在当今时代发挥重

---

① 〔美〕赫伯特·马尔库塞：《单向度的人——发达工业社会意识形态研究》，张峰等译，重庆出版社，1988，第 4 页。

② 〔美〕赫伯特·马尔库塞：《新的感受力，现代美学析疑》，绿原译，文化艺术出版社，1987，第 54 页。

③ 谭培文：《马克思主义的利益理论》，人民出版社，2002，第 371 页。

要作用的一种新统治形式，一种新的文化样态，在为现存社会的合理性辩护中，它成为脱离群众的、使资本主义暴行合法化的新意识形态。由于科学技术放弃了价值中立，所以科学技术也就走上了异化，即人所创造和发展的科学技术摆脱了主体的控制，反过来奴役、控制、束缚主体自身。马尔库塞认为，"理性的主导性价值取向从否定向肯定的转变是技术理性异化的主要原因"[①]。因而要扬弃科学技术的异化，就必须"把价值和艺术整合到科学与技术之中，作为科学和技术的内在要素，实现技术理性、科学理性同价值理性、艺术理性的统一"[②]。这有悖于马克思主义的科学技术中立思想。马克思主义认为，科学技术是人类改造自然的手段或工具，作为生产力，是"一本打开了的关于人的本质力量的书"[③]，是"最高意义的革命力量"[④]。

　　"虚假意识"这个概念，马克思在《费尔巴哈》的序言中做过阐述，马克思说："人们迄今总是为自己造出关于自己本身、关于自己是何物或应当成为何物的种种虚假的观念。他们按照自己关于神、关于模范人等观念来建立自己的关系。"[⑤] 马克思所指的"虚假意识"，是指那些脱离现实的感性实践活动、脱离利益基础的臆造出来的非真实意识。马尔库塞的"虚假意识"，是指受现代市场广告等文化的误导而产生的丧失了否定、批判维度的，自觉与资本主义意识形态相一致的顺从、肯定的意识。"虚假意识"何以产生的呢？马尔库塞认为，因为经济决定论已经过时，经济对思想的基础性作用在工业社会已经失效，思想自由业已成为舆论自由的反面。他说："经济自由将意味着摆脱经济——摆脱经济力量和关系的控制，摆脱日常的生存斗争，摆脱谋生状况，政治自由将意味着个人从他们无力控制的政治中解放出来。同样，思想自由将意味着恢复现在被大众传播和灌输手段所同化的个人思想，清除'舆论'连同他的制造者。"[⑥] 为了满足"虚假意识"需要，现代工业社会成功地培育了"虚假的需求"，制造出"额外压

①　衣俊卿等：《20世纪的新马克思主义》，中央编译出版社，2001，第252页。
②　衣俊卿等：《20世纪的新马克思主义》，中央编译出版社，2001，第253页。
③　《马克思恩格斯全集》第42卷，人民出版社，1979，第127页。
④　《马克思恩格斯全集》第19卷，人民出版社，1963，第372页。
⑤　《马克思恩格斯全集》第3卷，人民出版社，2002，第15页。
⑥　〔美〕赫伯特·马尔库塞：《单向度的人——发达工业社会意识形态研究》，张峰等译，重庆出版社，1988，第5页。

抑"。何谓"虚假的需求"？马尔库塞指出："最流行的需求包括，按照广告来放松、娱乐、行动和消费，爱或恨别人所爱或恨的东西，这些都是虚假的需求。"① 这些需求是为了特定的社会利益而从外部强加在个人身上的需要，具有一种社会的内容和功能，这种内容和功能是由个人控制不了的外部力量决定的；这些需求的发展和满足是受外界支配的。在"虚假的需求"的支配下，工人和产品的关系变成了一种强制性的消费关系，在强制性的消费中，人们完全处于一种受自己创造出来的产品支配，没有自主和自由的状态。但是这种"虚假的需求"使人产生一种错觉，以为自己获得了与统治阶级一样的物质需求，从而使他们忘记了自己被异化的处境，抛弃了不幸的感觉，丧失了对现实的否定、批判精神，自觉把整个社会的需求当作自己的需求，把整个社会的利益和命运与自己的利益和命运密切联系在一起，进而成为资本主义制度有效运转的辅助力量。马尔库塞说："思想的独立、自主和政治反对权，在一个日渐能通过组织需要的满足方式来满足个人需要的社会里，正被剥夺它们基本的批判功能。这样的社会可以正当地要求人们接受它的原则和政策，并把对立降低到在维持现状的范围内讨论和赞助可供选择的政策上。"②

三 总体性革命与人的解放

马尔库塞认为马克思的无产阶级革命观已经不适合现代资本主义社会，他认为革命的目的、手段和主体都发生了变化。马克思认为，人类的解放只有在现实的世界中通过消灭私有制和社会分工才能真正地实现。革命的领域主要在经济领域、政治领域，革命的手段主要是暴力革命，推翻一切剥削阶级的统治，革命的主体是无产阶级，革命的目标是建立一个人可以自由全面发展的共产主义社会。马尔库塞则主张进行总体革命，反对、拒绝资本主义社会中的一切。所谓总体革命，就是不但要进行政权革命、经济革命，还要进行文化革命、人的本能结构的革命、自然观上的革命，其核心是本能结构的革命。

---

① 〔美〕赫伯特·马尔库塞：《单向度的人——发达工业社会意识形态研究》，张峰等译，重庆出版社，1988，第6页。
② 〔美〕赫伯特·马尔库塞：《单向度的人——发达工业社会意识形态研究》，张峰等译，重庆出版社，1988，第4页。

在革命的手段和目标上，马尔库塞认为必须进行"文化大拒绝"，依靠审美和艺术来解放自然、解放美学、排除心理压抑，改变压抑人的社会，建立非压抑性的文明。马尔库塞说："资本主义的实际情形其特点不仅仅表现为经济和政治上的危机，而且也表现为人的本质遭受巨大的灾难。这种见解认为，只是在经济上或政治上进行改革，从一开始就注定要失败，并且主张，必须无条件地通过总体革命来彻底改变现状。"① 在革命主体问题上，马尔库塞认为，在现实生活中，只有那些认识到自身受到压抑，具有强烈批判理性的人，才能成为革命的主体。在"一体化"的发达工业社会，政府职能的渗透无处不在，国家与社会已经融为一体，社会管理走向隐性化，再加之生活条件的改善、劳动强度的降低，导致工人阶级头脑中萦绕的是单向度的思想意识，丧失了无产阶级的革命意识，因而工人阶级无法再充当社会革命的主体力量，不再是资本主义制度的掘墓人。革命的主体是由第三世界的被压迫者、"新左派"和青年知识分子组成。只有这些人才能不惧暴力和死亡，表现出彻底的革命精神，给人类的解放赋予希望。这些人之所以能成为革命的坚定主体，因为他们游离于民主进程之外，没有完全被技术理性、大众文化压抑和奴役，能够比较清醒地认识到当代资本主义的非人现实，表现出强烈的革命渴望。

第三节　单向度理论的当代价值

马尔库塞的单向度理论以一种独特的眼光对西方发达工业社会存在的问题进行了审视和批判，从一种崭新的角度对马克思主义进行解读，单向度理论虽然带有明显的阶级局限性和历史局限性，但对于我们今天全面地理解、发展马克思主义具有一定的启发作用，对马克思主义中国化具有借鉴意义。

第一，单向度理论为我们全面深刻洞察现代资本主义社会，丰富、发展马克思主义提供了宝贵的思想材料。始终秉承批判思维的单向度理论从一种新颖的视角解读马克思主义，这无疑有助于我们全面深刻认识现代工

① 复旦大学哲学系现代西方哲学研究室编译《西方学者论〈1844年经济学哲学手稿〉》，复旦大学出版社，1983，第122页。

业社会奴役人的新现象。二战后，西方发达国家出现了空前的歌舞升平景象，阶级矛盾渐趋缓和，许多人开始为资本主义社会歌功颂德，质疑社会主义的前途。在这种背景下，马尔库塞突破常人的惯性思维，以敏锐的眼光，独到的见解，分析、揭露了西方发达工业社会的异化、技术理性、"虚假意识"和大众文化等现象，指出了革命的新路径。单向度理论充实、发展了法兰克福学派批判理论的内容，扩大了法兰克福学派批判理论的社会影响力，它为我们今天重新审视资本主义社会提供了独特的崭新思路，为我们发展马克思主义提供了丰富的理论材料，为马克思主义中国化提供了一定的借鉴作用。同时，单向度理论的局限性也从反面启示我们应准确地理解马克思主义的理论品质、基本立场和基本方法，不能教条式地抓住马克思主义的个别词语或句子不放，防止走上反马克思主义的教条主义或本本主义。

第二，单向度理论为树立人文主义的科技发展观提供了借鉴。马尔库塞的单向度理论阐述了科学技术在发达工业社会中对于提高生产力水平、丰富人们的物质需求有显著作用，揭露、批判了科技理性渗透于社会生活的各个方面从而奴役人的种种现象，体现出来一种浓厚的人文主义关怀。科学技术具有二重性，它既能给人类带来极大的利益，也会给人类带来巨大的灾难。在我国社会主义市场经济背景下，科技理性正在使社会生活中的价值理性不断削弱、工具理性不断增强，所以必须树立人文主义的科技观，在全面建设社会主义现代化国家新征程中尽量减少科学技术的负面效应，挖掘和彰显其中的人文价值。一方面，我们应该高度重视科学技术第一生产力作用，实施科教兴国战略，大力解放和发展社会主义生产力；另一方面，要警惕科学技术可能带来的负面效应，以人文精神为导向，把科学技术的工具理性限制在合理的范围之内，以实现人—社会—自然的和谐发展，促进人与社会的全面进步。

第三，单向度理论为发展社会主义先进文化带来了重大启示。马尔库塞对西方发达工业社会的大众文化进行了无情的批判，对大众文化的商品化、平面化、流俗化特性进行了深刻的揭露，对大众文化只关注交换价值、忽视审美价值进行了严厉的抨击。马尔库塞的大众文化批判虽然有夸大、过激的成分，但他的这一批判应引起我们对发展社会主义先进文化的深思。随着我国社会主义市场经济的建立和发展，我国文化艺术走向市场化、平面化、大众化、商品化已经成为有目共睹的事实。经济全球化正在改变我国传统伦理范式，培养一种新的现代价值理念。有些大众文化产品只顾商业利润，忽视审美价值和人文熏陶，沦落为满足暂时欲望、激起本能亢奋的庸俗商品，蜕变为金钱的奴仆，极大地冲击着社会主义先进文化的引领功能和主导地位。我们应透过马尔库塞对大众文化的批判，清醒地意识到大众文化在丰富人们精神生活的同时，也具有先天的缺陷和弊端。因此，我国必须与时俱进，大力加强社会主义先进文化建设，用生动的社会主义建设实践提升先进文化的高尚品格与厚重韵味，用社会主义核心价值观引领各种社会思潮，增强先进文化的吸引力、感染力与导向功能。

第四，单向度理论对我国全面建设社会主义现代化国家具有一定的指导意义。马尔库塞通过对单向度的发达工业社会和单向度的人的披露，提出了"生产力的发展＝物质财富的丰富＝精神生活的痛苦"的这样一个公式，指出要实现人—自然—社会的全面和谐发展，而且该发展应该表现出一种强烈的人本主义精神，彰显人的人文价值与终极关怀。这要求我们应该认识到我国社会在一定范围仍存在马尔库塞所说的异化现象，在全面建设社会主义现代化国家新征程中，既要深化经济改革、大力发展生产力，用更多更好的物质利益惠及人民群众，又要扎实推进社会主义精神文明建设、政治文明建设，健全社会主义民主与法制，努力给予群众以更多的人文关怀，提高他们的精神生活质量和幸福指数，呵护他们的心理健康。

第六章　对照与评价：马克思主义利益理论和"单向度的人"

马尔库塞以"人的单面性"为基本内核，以"爱欲解放"为归宿，揭露了隐蔽在文明背后的爱欲的压抑、人性的扭曲、劳动的异化、"虚假的需求"、"一体化"等社会病态现象，并在此基础上提出进行"文化大拒绝"，并借助审美和艺术来改变现实、解放爱欲的思想。但通过与马克思主义利益理论的对照，我们可以看到马尔库塞阐发的"单向度的人"从根本上来说不是走近而是远离了马克思主义。

第一节　马克思主义利益理论与"单向度的人"对照

一　"单向度的人"与异化

马尔库塞在《单向度的人》一书中对异化做了较多的阐述，人的异化观可以说是人学思想的主要内容，马尔库塞的异化观来源于马克思的异化劳动理论却又虚化和歪曲了其本真含义。马克思对异化概念使用最多的阶段在1843年夏到1844年底，尤其是在《1844年经济学哲学手稿》中，详尽阐述了异化劳动的四个表现：一是劳动者和他的劳动产品相异化。马克思认为，劳动是人的本质力量，劳动产品应是人的本质力量的体现。但在资本主义社会，工人生产的财富越多，他的产品的数量和力量就越大，他就越贫穷，劳动的实现反倒使工人失去了现实性，劳动产品作为独立的力量奴役了工人，"工人对自己的劳动产品的关系就是对一个异己的对象的关系"[①]。二是劳动者和他的劳动活动相异化。工人在劳动中失去了自由和尊

---

① 徐斌：《制度建设与人的自由全面发展》，人民出版社，2012，第119页。

严，他们"在自己的劳动中不是肯定自己，而是否定自己，不是感到幸福而是感到不幸，不是自由地发挥自己的体力和智力，而是使自己的肉体受折磨、精神遭摧残"①。三是劳动者同他的类本质相异化。在资本主义条件下，由于劳动的异化，人的自觉、自由的活动被沦为手段。四是劳动中人与人的关系相异化。这是劳动者同自己的劳动产品、劳动活动和人的类本质相异化的必然结果。当人同自身相对立的时候，他必然要同他人相对立。在资本主义社会，不仅工人被异化，而且工人和资产阶级的雇佣关系也是一种异化的关系。

马尔库塞"单向度的人"，从某种视角看，可以说是对马克思的异化理论的诠释。在马尔库塞看来，人应该既有肯定意识，又有否定意识，既有认同社会的一面，又有批判社会的一面，也就是说一个健全的人应该是双向度的。但在发达工业社会，由于科学技术的飞速发展和社会物质财富的极大丰富，人们的物质利益得到了空前的满足，人们本来应该具有的批判现代社会的意识和能力已经完全丧失，成为一个顺从一切的只有一个向度的单面人。在马克思看来，物化、异化只是资本主义社会商品交换活动带来的经济的异化，始终把异化界定在劳动关系和经济关系中，认为经济异化是其他一切异化的根源，其他异化都只不过是经济异化的反映，离开了经济关系的异化，文化异化、意识的异化都失去了其现实基础，成为无本之木。但我们透过马尔库塞"单向度的人"理论，不难发现，马尔库塞的异化不是经济关系的异化，而是意识形态上层建筑的异化。他认为异化是文化的本质，文化本身具有异化的因素，既包含肯定方面又包含否定方面的异化是事物本身所具有的特点，在前工业文明社会，否定社会，即是事物的异化。但在技术社会，否定性方面成为肯定性的东西，异化从而失去了它的特点。马尔库塞的"这一观点恰好与马克思的异化相反。马克思认为，异化是技术社会、现代市民社会的普遍现象和特点，异化同特定的市民社会生产关系不可分离。马尔库塞的异化完全不是经济关系的异化，而仅仅是一种抽象的哲学异化。经济关系的异化是一定经济关系的产物，哲学异化在马尔库塞那里仅仅是一种分析工具。因而，马尔库塞虽然使用了

---

① 谭培文：《马克思主义的利益理论》，人民出版社，2002，第270页。

异化概念，而他的异化与马克思对异化的科学规定是大相径庭的"①。

二 技术理性统治与"虚假意识"

按照马克思主义的利益理论，科学和技术在某种意义上主要具有工具和手段的特征，就共同的生存关系而言，科学技术具有中性或中立的特征。马克思主义承认科学技术的经济效益和社会功能，认为科学技术作为第一生产力，给人类带来了巨大的物质利益，是"一本打开了的关于人的本质力量的书"②，是推动历史滚滚向前的有力杠杆，是"最高意义的革命力量"③，科学技术带来产业革命，产业革命推动社会变革。科学技术并非一种消极的统治人的异己力量。科学技术的社会功能和政治效益必须与具体的社会制度联系起来考察，科学技术成为统治工具，是与资本主义的使用方式紧密相连的。但马尔库塞认为，现代科学技术的发展正在改变这种观念。不仅科学技术在其发展过程中正在取得越来越多的独立性和自主性，而且科学技术的本质精神，包括技术理性已逐渐渗透到社会生活的各个方面，形成新的统治形式，资本主义的进步法则寓于这样一个公式：技术进步＝社会财富的增长（即国民生产总值的增长）＝奴役的扩展。

马尔库塞认为，在发达工业社会，意识形态也不是真实反映社会的意识形态，而是一种"虚假意识"。其实，就"虚假意识"这个概念而言，马克思在《费尔巴哈》的序言中已有论述，马克思说："人们迄今总是为自己造出关于自己本身、关于自己是何物或应当成为何物的种种虚假的观念。他们按照自己关于神、关于模范人等观念来建立自己的关系"④。可见，马克思所指的"虚假意识"，是指那些脱离人们感性活动、脱离实践、脱离现实利益，单凭自己的主观愿望构建的非真实的意识。再回头看马尔库塞的"虚假意识"，它是指受现代市场广告等文化的误导而产生的顺从、肯定、接受意识，丧失了否定、拒绝意识。马尔库塞并进一步认为经济决定政治，利益决定思想，理论只在前工业文明社会发生作用，现在已经过时。马尔库塞说："经济自由将意味着摆脱经济——摆脱经济力量和关系的控制，摆

---

① 谭培文：《马克思主义的利益理论》人民出版社，2002，第371页。
② 《马克思恩格斯全集》第42卷，人民出版社，1979，第127页。
③ 《马克思恩格斯全集》第19卷，人民出版社，1963，第372页。
④ 《马克思恩格斯全集》第3卷，人民出版社，2002，第15页。

脱日常的生存斗争，摆脱谋生状况，政治自由将意味着个人从他们无力控制的政治中解放出来。同样，思想自由将意味着恢复现在被大众传播和灌输手段所同化的个人思想，清除'舆论'连同他的制造者。"① 可见，马尔库塞的"虚假意识"、经济自由、政治自由、思想自由都是没有一定经济基础的意识和自由，是一种与经济利益相脱离的、独立自在的决定性力量，这样一来，经济的决定作用已不复存在，利益的基础作用也束之高阁。殊不知，在现代资本主义社会，资产阶级的经济利益照样决定其意识形态，资产阶级的意识形态以其特有的方式表现出对其社会各个方面的影响力、渗透力和作用力，竭力去维护资产阶级的经济利益。

与"虚假意识"相对应，现代资本主义极权社会成功地培育了一种"虚假的需求"，制造出一种"额外压抑"。马尔库塞指出："最流行的需求包括，按照广告来放松、娱乐、行动和消费，爱或恨别人所爱或恨的东西，这些都是虚假的需求。"② 工人和产品的关系已不是马克思所讲的占有与非占有的关系，而是一种强制性的消费关系，工人受消费品的压抑，没有任何选择的自由，在强制性的消费中完全处于一种被奴役的地位，受自己创造出的产品支配。并且这种"虚假的需求"引诱人们无限制地去追求不能给人带来幸福的消费，把既有物质需要又有精神需要的人变成完全受物质欲望支配的单面人，使人产生一种错觉，以为既定的现实是一切可行的社会中最好的社会，从而把社会的需求当作自己的需求，把自己的利益和命运与整个社会的利益和命运密切联系在一起，自觉、主动地帮助资本主义制度实现有效运转。

三　总体性革命与人的解放

马克思认为，任何一种解放都是把人的世界和人的关系还给人自己，也就是说，人能够自主地掌握人的世界和人的关系，能够发挥人自身的、确立人之为人的各种本质力量，去自由活动。人的解放是一个历史过程，人的全面发展不是自然而然地实现的，只有在现实的世界中并使用现实的手段才能实现真正的解放。革命的途径主要是通过暴力手段，推翻私有制，

① 〔美〕赫伯特·马尔库塞：《单向度的人——发达工业社会意识形态研究》，张峰等译，重庆出版社，1988，第5页。

② 〔美〕赫伯特·马尔库塞：《单向度的人——发达工业社会意识形态研究》，张峰等译，重庆出版社，1988，第6页。

消灭资本主义生产关系。革命的主体是无产阶级。革命的目标是建立一个人的自由全面发展的共产主义社会。

而马尔库塞认为，发达工业社会是一个"一体化"的社会，由于科技革命和国家的干预，政府的职能已经渗透到一切领域，经济基础和上层建筑的划分不再有效，社会和国家达成了一体化。由于物质利益的满足，和工人条件和待遇的改善，工人阶级已顺应当今社会的"美好生活"，他们已经由社会的否定力量转化为肯定力量，个人与社会达成了一体化。虽然当代资本主义国家仍然存在剥削现象，但贫困化有了新的含义，工人阶级不再是物质利益上的贫困，而是精神和文化的贫穷。马克思的剩余价值理论也已过时，因为"技术的变化趋于废除作为个别生产工具，作为'独立单位'的机器，这种变化似乎一笔勾销了马克思的'资本有机构成'概念和关于剩余价值的理论"①。与此相对应，资本主义社会的阶级社会和阶级结构都发生了变化，马克思的工人阶级成了一个神话的概念，工人阶级不再是资本主义制度的掘墓人。革命的主体是由黑人、白人流浪汉和其他阶层的被剥削者、失业者所组成的"新左派"。只有这些人才能无所顾忌地手无寸铁地走上街头，不惧暴力和死亡，表现出彻底的革命精神，正是这些"无希望"的人，我们才被赋予了希望。

马尔库塞把人的压抑分为基本压抑和额外压抑，并认为在当今物质财富极大丰富的社会，现代人的压抑主要是额外压抑，只有推翻受"操作原则"支配的、维护现代工业社会统治秩序的"统治利益"，人们才能从根本上消除这种压抑，才能实现真正的爱欲解放。人的解放就是人的本质的解放，其实质是爱欲的解放。爱欲解放的关键是消除异化劳动，实现劳动爱欲化。其途径则是进行以人的心理结构、本能结构革命为核心的总体性革命，进行"文化大拒绝"，借助审美和艺术来消灭压抑性的文明制度，建立一个崭新的非压抑性的文明社会。

第二节　简单的评价

第一，利益概念是历史唯物主义的基本概念。马克思的利益主要是指

① 〔美〕赫伯特·马尔库塞：《单向度的人——发达工业社会意识形态研究》，张峰等译，重庆出版社，1988，第26页。

物质利益，是一种客观实在，是由对象化劳动创造的物质生活条件，它是上层建筑的基础，并非指西方"interest"蕴涵的主观愿望与需要。但马尔库塞从抽象的人性论出发，认为理性是实践的基础，思想决定利益，这明显与马克思坚持从利益出发来考察人的行为和动机的观点相背离，抛弃了马克思主义的唯物史观。马尔库塞还歪曲理解和运用马克思的异化劳动理论，将人的异化根源归结为生命本能与现实原则的冲突，从生物学意义上谈人的异化。他否定马克思主义的剩余价值理论在当今社会的适用性，无视现代资本主义社会生产剩余价值的目的始终没有改变的这一事实，仅仅从生产剩余价值发生的一些新变化这个表面看问题，用现代工业技术的变化一笔勾销了马克思剩余价值理论。

第二，马尔库塞用精神分析学说作为依据，背离了生产力和生产关系之间的矛盾运动是社会发展的根本动力这一原理，否认了不同利益集团之间的矛盾对社会前进所起的第一推动作用，他把快乐原则和现实原则的对立，把社会生产的压抑和本能欲望的矛盾，当作资本主义社会的基本矛盾，看作社会发展的根本动力，这种撇开人的社会性去理解人的观点，无疑是错误的。他不能正确找到解放人的切实可行的道路，也无法科学描绘未来社会的发展前景。因为随着现代科学技术的发展，资本的有机构成虽然发生了变化，但只是生产剩余价值的形式发生了改变，现代生产力的社会性质和生产资料私有制这个固有的根本矛盾丝毫没有改变。资本主义社会各种矛盾的对立根源仍然在于劳动和资本、工人和资本家在社会生产中根本利益的对立。故而只有通过无产阶级革命，消灭资本主义私有制，我们才能从根本上解决资本主义社会的各种利益矛盾，推动社会更快、更好的向前发展。

第三，马尔库塞把人的物质利益与精神生活完全对立起来是错误的。他提出"生产力的发展＝物质财富的丰富＝精神生活的痛苦"这样一个公式，公开号召人们放弃舒适的物质生活环境，去追求所谓的"精神生活的愉快"，这更加荒谬。实际上，在现代西方社会中，人的精神痛苦绝不是由生产力、物质财富本身造成的，而是由这一制度对其歪曲应用造成的。在不同的社会制度下，人们完全有可能使生产力、物质财富促进而不是阻碍人们在精神上获得愉悦，况且，如果离开了人的精神上的满足，单纯的物质财富也不可能使人从精神上获得快乐。马克思主义者认为物质生活资料的满足是人的精神生活满足的基础，精神生活的愉快能创造更多的物质财富。

第七章　批判性反思：工具理性与价值理性的关系逻辑

人类的发展史就是一部实践史。在现代工业社会，人们通过实践不懈地追求社会与自身的进步并取得了辉煌的成就，然而同时也出乎意料地打开了"潘多拉魔盒"，出现了严重的异化效应，以及诸如环境污染、生态恶化、资源匮乏、战争与地区冲突、恐怖主义、新疾病、人的精神缺失价值虚无等一系列问题。这些问题在表现规模和严重程度上对人类而言是史无前例的，这也是人们有目共睹并能深刻感受到的。综观这些问题，它们的共同点正如有的学者所说那样，"第一，具有全球性、全人类性，在世界范围普遍存在且关系到整个人类利益；第二，影响或决定人类发展命运的重大问题；第三，如果不能妥善解决这些问题，其后果非常严重，它会影响甚至摧毁人类社会"①。

人类生存困境自有文明以来就一直是困扰人类的重要问题，早期主要是物质财富的不足导致物质欲求不能获得满足，以及自然界的天灾给人带来精神困惑和恐惧；工业文明以来，主要是人类为占有更多的物，统治更多的人，求得更大的名，不惜拼命地盘剥自然，互相倾轧，结果人们不仅破坏了生态平衡，加剧了社会矛盾，而且使自己成为金钱、技术、权力的俘虏，陷入异化的可悲境地。对当代人类而言，物质不足的问题已不再是危及人类的根本大患，他们面临的是更深层的生存困境和生存危机。他们一直努力地通过自己的实践活动来克服生存困境，追求文化优化和生命优化，追求真善美，追求自由，但在回头反思时却发现自己的生存境遇并不理想：一方面享受着自己所创造的巨大成果，另一方面也不得不吞咽着自己实践活动所带来的异化效应苦果。但不管怎

---

① 苏智良：《当代人类社会问题》，上海教育出版社，2001，第 1 页。

样，人类社会仍将携带着以往全部文明成果和异化苦果继续运行下去。新的世纪里，现实问题的严峻性促使我们每个有责任感的人都应去理性地思考这一关乎人们生存的深层次的问题，反思人的实践应当以什么样的文化理念为"范导"，使人们的实践活动合乎人性、合乎理想的发展。因为"任何实践都是某种文化的实践，或者说是一定文化指导下的实践，文化不仅贯穿人们社会实践活动的始终，而且指导和规定着人们实践的价值和意义"①。故从一定意义上来说，人是文化的人，人的观念即文化理念主导着人们实践活动的趋向。

当代人类所遭遇的生存困境其实就是由历史上人们的不合理实践，特别是近代以来人们对于越来越先进和强大的科技手段的不当应用所导致的，是长期以来人们不合理的实践所导致的人与自然、人与社会、人与自身关系异化的表现。而直接导致当代各种严峻的现实问题的不合理的实践，则又根源于以往人们所奉行的文化理念即理性观念的片面性、不健全性。可以说，不从根本上反省和检讨指导人们实践的理性观念的片面性和不健全性的问题，就无法从根本上解决和克服当代人类所面临的生存困境，人的生存和发展就难以为继。

人是理性的存在物，理性作为人类把握世界的一种方式，由工具理性和价值理性两个维度构成（需要指出的是，本书对工具理性与科技理性、价值理性与人文精神是在同等意义上使用的）。应该说，在对以往指导人们实践活动的理性观念做深刻反省和检讨的必要性问题上，国内外学术界、思想界已达成了普遍共识。但是，人们在对人的理性观念特别是"工具理性"的反省和检讨中，一直存在着两种截然相反的态度，即全盘肯定和全盘否定，然而这样的结果仍然是理性的一维化——以其中一维的工具理性或价值理性取代二者的有机统一体。我们认为这两种态度都是不可取的，正确的态度应当是对以往的理性观念进行批判性"扬弃"，即建设性的反思。本书正是立足于此，来探讨怎样建构契合的"工具理性"与"价值理性"并以此二维统一体来指导人类的实践活动，使人类的生存发展良性、可持续地进行下去。

---

① 邹文广：《人类文化的流变与整合》，吉林人民出版社，1998，第16页。

第一节　当代人类面临的生存困境

在现代工业社会中，工具理性的膨胀导致价值理性的萎缩，人日益被物化，成了工具化、零件化、技术化的人，人类社会遭受着来自大自然和人自身的各种污染，生命群体陷入了前所未有的困惑、紧张、焦虑、不安和抑郁之中。马丁·海德格尔（Martin Heidegger）在《关于人道主义的书信》中说："无家可归状态成了世界的命运"。他认为，"此在"的基本结构是忧虑。人是一个在世界中生存着的、时时忧虑着的生物；人操心地与他周围的世界打交道，烦心地与他人打交道，只有死亡才能唤起人对自己的真正存在的可能性的注意。人类生存陷入更深层次的困境，这是当代人沉思的主题。

一　人类生存的本真状态

人类作为一种特殊的存在，他的存在先于本质。人的本质是在人的实践活动中不断获得的，而人的活动过程也就是人的本质充实和展示的过程。人的实践活动是在三个维度中展开的，而人的本质充实和展示的过程就是人生存的过程，因此人的生存也是朝着三个维度展开的。人生存的三个维度就是人与自然的关系、人与社会的关系以及人与自身的关系。这是因为人类首先是在改造自然的过程中获得自己的现实存在的，而人与自然关系的展开又是在一定的社会关系中进行的。不管是人与自然关系的处理还是人与社会之间关系的构建都离不开人与自身关系的设立。这三个维度构成了人生存的真实内涵，这三个维度是紧密联系的，构成一个统一体。人生存的本真状态，就是人生存的三个维度都处于平衡状态，换言之，人与自然是统一体，人是自然属性与社会属性的统一体，人是身心的统一体。

（一）从人与自然关系的维度看，人生存的本真状态为人与自然是辩证统一体

一方面，人的生存离不开自然界。自然界是"人的精神的无机界"和"人的无机的身体"。人与自然界的共生、互动关系以承认自然界的优先地

位为前提。人是一种自然存在，是自然界的一部分，无论是其精神生活还是物质生活都离不开自然界：人必须依靠自然界才能生活，人的肉体需要自然界的供给；人是有意识的类存在，人的意识对象恰恰是自然界；自然界是人的实践对象。在此意义上，人与自然是直接同一的，自然是无机的人，人是有机的自然，人对自然有着深刻的依赖性。另一方面，尽管人不能脱离自然而存在，但人又不是消极地顺应自然，人的每一次活动都打破了人与自然之间的天然和谐，为自然打上了人类的烙印，使自然由"纯自然"变成"人化自然"。人与自然之间的天然和谐被打破之后，人变成了无家可归的流浪者。于是，凭借自己的思想、理性和需要，人类必须建立一个新家，即重构人与自然界的关系。正如艾瑞克·弗洛姆（Erich Fromm）所说："人的进化建立在这样一个事实的基础上：他失去了原来的家——自然，再也不能返回，再也不能重新成为动物了。他只有一条路可走：从他自然的家完全超脱出来，去寻找一个新家——一个他创造的家。他把世界变成了一个人类世界，使自己真正成了人。靠这种方法，他创造出了一个新家。"① 建造一个新家，就是要求我们重建人与自然之间的一种新的和谐关系。

当然，人与自然之间的和谐是辩证统一的。但我们既不能把二者统一于自然，也不能把二者统一于人。人与自然的统一应当是你中有我，我中有你的辩证统一关系。人是自然化的人，自然是人化的自然。任何把二者截然分割或简单同一的做法和认识都是片面和错误的。二者和谐的基础是平等，而不是一方受制于另一方。人不应成为自然的奴隶，自然也不能以人类为绝对中心。人与自然的生存权利是同样重要和合理的，均应受到保护和尊重。

（二）从人与社会关系的维度来看，人生存的本真状态为人是自然属性与社会属性的统一体，这由人的两种存在状态决定

人既是自然的存在物，但从本质上说又是社会的存在物。作为自然的存在物，人必然有其自然属性，也正由于人是自然的存在物，在人的生存中才不可避免地存在着各种各样的自然因素，如本能、血缘关系、天然情

---

① 〔美〕弗洛姆：《健全的社会》，孙恺详译，贵州人民出版社，1994，第19页。

感等。而本能就是指未经过后天学习天生就有的性能。人的本能涉及人诸多非理性的生理欲望和需求，如性欲、食欲等。这种非理性的性能是人与动物共有的。然而，人与动物有着本质区别。人不仅凭借自己的劳动能够从动物王国中升华出来，而且能凭借自己的对象化活动不断地建构自己的内在本质和外在世界。因此，人才能成为超自然的存在物，即社会的存在物，而作为社会存在物的人必然就有其社会属性。"人的本质不是单个人所固有的抽象物，在其现实性上，它是一切社会关系的总和。"①

因此，人应当是自然属性与社会属性的统一体。一方面，人作为自然界长期发展的产物，是自然界中的一员；另一方面，人并不完全属于自然界，他同时生活在人类独有的社会圈中。社会性对于人类来说，和自然性一样，是人之所以成为人的根据。没有自然性的人会变成虚无缥缈的神仙鬼怪，没有社会性的人则将退化为动物。正是自然性和社会性的统一才使人成为现实的人。

（三）从人与自身关系的维度来看，人生存的本真状态为人是身心的统一体

人是身心的统一体是指人是身体与心灵的统一体，人是物质与精神的统一体。就是说，人不仅是物质的，也是精神的；人的身体属于物质，人的心灵属于精神。正如奈斯比特所说，"人不仅是物质，不仅是信息，我们有精神、有灵魂、有思想、有爱——既有形，复无形"②。

人不仅有物质方面的基础需要，还应有精神方面的崇高需要。单向度地重视物质的生存，就会放纵人的私欲，造成物质的浪费，作为工具理性的外在形式，科学技术也随之成为"帮凶"。精神方面的生存可以提升人的品味和修养。为了人的身心健康，实现全面发展，人就应当保持物质需要与精神需要的平衡。人生活在自然和社会的双重维度中。人的躯体是自然界长期发展的产物，它必须与自然界进行物质与能量的交换才能维持其继续存在；人的心灵不仅是自然的产物，而且从一开始，它就带有至关重要的社会性。近代哲学对人与自然关系的割裂，归根结底就是对人自身即对

---

① 〔德〕马克思：《1844年经济学哲学手稿》，刘丕坤译，人民出版社，1979，第76页。

② 〔美〕约翰·奈斯比特等：《高科技·高思维》，尹萍等译，新华出版社，2000，第194页。

人的身体与心灵、物质性与精神性的割裂①。人的确是由物质的肉体和精神的心灵两部分构成的，但绝非这两个部分的机械组合。人的肉体与精神密切联系、相互作用，离开或夸大任何一方的作用，人都不再是完整的现实的人。正如离开精神指导的躯体则堕落为行尸走肉一样，离开了肉体的精神则变成了虚无缥缈的幽灵。人之所以为人，正是由于肉体的各个部分之间和精神的各个部分之间以及肉体与精神之间的相互作用、有机结合。

总之，人是自然存在、社会存在、精神存在的统一体。因此，人的生存应当维持其三个维度的平衡：人类生存与自然生存的平衡、个人生存与他人生存的平衡、人的物质生存与精神生存的平衡。

二 当代人类生存困境的实质

人类运用实践能力创造了前所未有的物质财富和精神文明，但人类在享受成果的同时却不得不面对许多问题，诸如环境污染、生态恶化、资源匮乏、战争冲突、恐怖主义、新疾病、人的精神缺失价值虚无等。这些问题的累积，反过来为社会的持续发展和人类自身的生存制造了新的障碍。这些负面结果形成了当代人类面临的生存困境，它可以概括为生态的失衡、社会的失衡和个人内部的失衡，一句话，人与自然、人与社会以及人与自身的本真关系异化了。

（一） 人与自然关系的异化

正如前文述及，从本质上说，人与自然之间的关系是辩证统一的。因此，属于自然的人类对自然界的改造是有限制的，也就是说必须符合自然界的自然规律，人不能对自然恣意妄为，拥有人类的自然是人化的自然与自然的人化的统一，人与自然之间有着相互依赖、相互制约的关系，人与自然应当是一个和谐的整体。

然而近代以来，随着实践能力的提升，人们不断地向自然开战，贪婪地向自然界索取财富，这就造成了生态破坏并威胁到了人类的生存，使人失去了与自然的和谐共生关系。在现代社会中，人类过分宣扬自身改造自然的能力，把自然置于与人类相对立的境地。而且，随着现代科技的飞速

---

① 魏义霞：《生存论》，黑龙江人民出版社，2002，第 91 页。

发展和广泛应用，人类影响和改造自然的能力空前提高，人与自然的关系就愈加紧张，以致带来了严重的生态危机、能源危机和环境危机。在当代社会，日益严重的全球生态危机和环境危机则更加表明人与自然之间矛盾加深。其实，这就是人与自然关系异化的表现，即人与自然之间的本质关系被扭曲了：为人的生存和发展提供物质基础的自然界被人类当作与自己相对立的存在物来加以宰割、蹂躏，而自然对人类不合理的实践行为给予了相应的毫不留情的"报复"。

（二）人与社会关系的异化

应当说，属于社会的人与社会是一个和谐的、辩证的整体：一方面，个人的自由、自觉的发展离不开社会的支持，社会能为人的生存和人生价值的实现提供不可或缺的条件；另一方面，社会的存在和发展也离不开人的存在和发展，没有人的存在和发展也就无所谓社会的存在，社会的存在和发展也将失去意义。

而自近代以来，西方社会工具理性逐渐确立了其主导地位，人们在不断地享受科学技术带来物质和精神财富的同时，不得不接受它的另一产物——西方社会的机械化。二战后，西方国家科学技术的空前发达使人不仅在生产过程中被机器所控制，而且在生活中也被庞大的机器、形形色色的媒介所操纵，人的一切活动都似乎是预先被规定好的，被某种程序所控制。人变成了机器的附属物，变成了工具。这样，人失去了个性，失去了人作为人的丰富性和完整性。同时，无孔不入的商品经济也危害着人的精神健康，人生活的目的似乎就是金钱，以为金钱可以买到一切，包括幸福。这样一种社会运行机制只关心经济和技术的进步，只关心利润而无视人的生存。人们对物质商品的崇拜，导致人们用物的关系来衡量人的关系，马克思在《资本论》中所说的商品拜物教就深刻地指明了这一点。

总之，这个时代的特征正如哲学家科恩曾经概括的那样："我们时代的标志是：伟大的革命、巨大的战争、大规模的经济危机和人类生活与文化的机械化的执著的趋向"[①]。也如刘大椿教授指出的，"随着科技的发展，人

[①] 〔美〕罗伯特·S. 科恩：《当代哲学思潮的比较研究——辩证唯物论与卡尔纳普的逻辑经验论》，陈荷清等译，社会科学文献出版社，1988，第7页。

类已经建立起了一个高度发达的工业文明社会，但似乎并未因此而解决人生的价值和意义问题。人文主义者发现，人们在对物的追求和向外部世界攫取的过程中，常常迷失自身，丧失内在的灵性。一方面，随着机器技术的发展，工厂制度的建立，工业文明把人束缚在机器系统之上，使人成为一颗永不生锈的机器零件，耗掉了人的生命和青春的激情，破坏了人的生存的从容与和谐；另一方面，技术在人们无休止地向外部世界进取和开掘的同时，使人忘却了对自身生存和发展意义的探寻。技术强大的征服力量使人也变成它征服和奴役的对象，人在强大的技术力量面前似乎已成为无足轻重的存在物"①。人被整合到依据商品本性和理性原则建立起来的自律的机械化体系中，变成了抽象的数字，失去了主体性和能动性，其活动变成一个专门的固定动作的机械重复，人由此成为社会的隶属物，人与人相隔膜、疏离、冷漠，人与人之间丧失了统一性和有机的联系，人与社会的关系不再是一种和谐统一的关系，人与社会关系发生了异化。

（三）人与自身关系的异化即人的异化

作为身心统一体的人，不仅有物质方面的基本需要，还应有精神方面的需要。人与自身关系的异化就是指人只关注物质需求的满足、忽视精神需求的满足而导致人呈现出物化的现象。物质世界对精神世界的吞噬使人的精神世界飘逝了，给人带来了精神上的困境，而这就意味着人的异化。异化的人只追求生理满足，而忽视精神需要。在对物质财富的迷恋中，人的精神出现了衰颓和倒退，"少数人花天酒地、为所欲为，但是众多的人都在一种异化的烟雾中迷惑不解，不知所措，无法左右自己的命运，即使饱暖无虞也照旧不得安宁。犯罪、吸毒、酗酒疯狂和恶作剧的增长，成为人的通风口、人的个人价值实现的替身。从肉欲展览到抽象艺术闪耀着广告色彩的各种古怪离奇想象，从穷极无聊的时髦到人生如梦的宣泄，都围绕着一个主题：现实生活中的绝望和无路可走"②。

弗洛姆批判地考察了现代资本主义社会中人与自身关系的异化现象。在他看来，"在工业化的国家里，人本身越来越成为一个贪婪的、被动的消

---

① 李恩来：《明天的我：生物和医学技术的发展与人类未来》，广东教育出版社，2001，总序。
② 唐泉：《科技属于人民》，中国人民大学出版社，2001，第338页。

费者。物品不是用来为人服务，相反，人却成了物品的奴仆"①。由此可知，在市场经济条件下，本应具有个性、情感、自主性的现代人，已经将自己转化成了商品。"在市场倾向中，人觉得自己是一种具有市场使用价值的物品。他没有感到自己是一种积极的因素，也没有感到自己是人类力量的承担者。他与人类的这些力量相异化。他的目标是在市场上成功地出卖自己。他的自我感觉不是来自一个有着爱和思想的个人的行动，而是来自他的社会经济作用。"② 就是说，人已不再把自己当作活生生的人，而只作为一件具有使用价值待价而沽的商品，交换的需要已成为人的基本的驱动力，目标是在市场上高价出售自己的人力、技艺、真实人格。这样，当人只知道尽力适应外界的需要时，就失去了人自身的本质，体验不到自身的存在，成为没有自身的物体。

三　当代人类生存困境产生的根源

从哲学层面上讲，人类生存困境即指人与自然、人与社会、人与自身之间的关系出现的全面冲突与矛盾。同时，这些冲突与矛盾也造成了深层次的人类生存困境。不同于前工业文明时期人类广泛受物奴役，当代社会人们斗天战地，在不断加强对外在世界牵制的同时，也由于自己实践活动的异化而陷入自己反对自己的"怪圈"。

这些负面效应其实就是由历史上人类的不合理实践，特别是近代以来人类对于越来越先进和强大的科技手段的不当应用带来的，是长期以来人类的不合理的实践所导致的人与自然、人与社会、人与自身关系异化的表现。而直接导致当代各种严峻的现实问题的不合理的实践，则又根源于以往人类所奉行的文化理念即理性观念的片面性，即工具理性膨胀而价值理性萎缩。"尽管人类困境的根源是复杂的、多方面的，但其最直接的、最现实的根源是人类实践活动的不合理性及其负（面）效应，实践的不合理性主要表现为指导并支配实践的理性的不合理性或片面性，即工具理性膨胀、价值理性缺失。"③

由于"任何实践都是某种文化的实践，或者说是一定文化指导下的实

---

① 〔美〕弗洛姆：《在幻想锁链的彼岸》，张燕译，人民出版社，1986，第 174 页。
② 〔美〕弗洛姆：《健全的社会》，欧阳谦译，中国工联出版公司，1988，第 143 页。
③ 余晓菊：《实践的合理性：人类走出困境的现实途径》，《湖南师范大学社会科学学报》2003 年第 1 期。

践，文化不仅贯穿人们社会实践活动的始终，而且指导和规定着人们实践的价值和意义"①。换言之，从一定意义上说，人就是文化人，人的观念即文化理念主导着人类实践的趋向。因此，不从根本上反省和检讨指导人类实践的文化理念，就无法从根本上解决和克服当代人类所面临的生存困境，人类的生存和发展就难以为继。

第二节　关于指导人类实践的文化理念的思想误区

从蒙昧走向文明、从野蛮走向理性，这是人类的进步，是社会的发展。理性地筹划自己的生活、处理人与外部周围世界的关系是人类实践活动的基本特点。但是，如果把理性观念窄化为工具理性用以指导人类实践活动，那么人类实践活动的异化效应不可避免；相反，若一味地指责工具理性甚至排斥它而将理性一维化为价值理性用以指导人类实践活动，那么人们最终可能会坠入非理性主义的陷阱，人类社会就会举步维艰，人类的未来只是想象的乌托邦。由此可见，将理性一维化的思想理念有失偏颇，这也是近代以来关于指导人类实践的文化理念的思想误区。

一　工具理性主义崇拜

在人类历史上，真正地颂扬和崇拜理性是从文艺复兴尤其是从启蒙运动开始的。思想家们高举"理性"的旗帜，把"理性"作为裁决一切的唯一权威。他们崇拜理性，用理性取代"神性"。理性主义思维方法成为主宰学术研究的最基本方法。一切被冠以科学名称的学科都必须以理性的原则建立起来。牛顿力学是理性主义科学研究的最高成果，是科学研究的典范。实证科学的形象是科学的唯一形象。为此，启蒙时代及以后的思想家们所追求的目标是把实证可行的方法用于社会领域。马奎斯·孔多塞（Marquis Condorcet）说："自然科学可信性的唯一基础是这样一种思想，即决定宇宙万物的普遍法则是必然的和不变的，不管人们是否认识它们。"② 因此，人

---

① 邹文广，《人类文化的流变与整合》，吉林人民出版社，1998，第16页。
② 〔法〕孔多塞：《人类精神进步史表纲要》，何兆武等译，生活·读书·新知三联书店，1998，第145页。

类应当以自然科学的原则回答道德的规范性问题，以"自然科学强有力的思维方式应用于人类的事业"。伴随着这种理性主义思维方式的无限扩张，以心理实验手段研究人的行为的心理学，以数学化、定量化的手段研究交易市场行为的经济学，以权力的相互制约为目的使权力结构合理化的政治学等一系列社会科学应运而生。在伊曼努尔·康德（Immanuel Kant）以牛顿物理学为范式提出物理学和数学何以可能的问题之后，他的后继者格奥尔格·齐美尔（Georg Simmel）进一步扩展这一领域的研究范围，提出社会科学何以可能的问题。把自然可行的思维方法贯彻到社会领域是那个时代的许多思想家们的共同追求。就这样，古希腊以来的范畴论、概念论的理性发生了转变，与自然科学结了盟，成了只追求手段和效果的世俗的工具理性，并以主导者的身份贯穿人们的实践活动。"随着自然科学的发展和向哲学渗透，哲学日益趋向与科学联姻，从而使得理性中原有的价值成分与事实成分日益分离，它所关注的只是一种实用的目的，而不再包括对于人生意义和价值的探寻，以致完全以对自然的支配和操纵能力，以及在对象世界追求物质的利益的功效为标准和目标，来衡量理性的价值，这样就使之沦落为一种'工具理性'，18世纪法国启蒙思想家以及百科全书派思想家们所宣扬的，正是这样的一种理性精神。"①

毋庸置疑，崇拜工具理性、倡导以理性主义的方法来解决社会生活问题的思想极大地推动了西方工业文明的发展。而工具理性初步显示出来的短期的、有限的正效应也进一步强化了理性主义者的观念，他们满怀热情地为理性唱赞歌。被马克思誉为"英国唯物主义和整个现代实验科学的真正始祖"的弗朗西斯·培根（Francis Bacon），将社会进步的信念首先确立在人类知识具有巨大推动力的基础之上。他的名言"知识就是力量"是理性主义崇拜的开场白。培根使人们相信，人类理性可以战胜迷信，并可以支配自然界，这是因为知识与力量是一致的，而知识的本质就是技术，于是人们可以运用技术控制支配整个自然界。培根在《新工具》中明确地表达了这样的思想：科技的目的就是要发现自然规律（形式、法式），从而使人类能更有效地控制自然、改造自然，进而获得自由，增进道德与幸福。如"而说道人类要对万物建立自己的帝国，那就全靠方术和科学了。因为

---

① 王元骧：《新理性精神之我见》，《东南学术》2002年第2期。

我们若不服从自然，我们就不能支配自然"①，"科学的、真正的、合法的目标说来不外乎是这样：把新的发现和新的力量惠赠给人类生活"②，"法式的发现能使人在思辨方面获得真理，在动作方面获得自由"③。其未完成的著作《新大西岛》描述的就是一个科学主宰一切的理想社会。勒内·笛卡尔从理性主义出发，对于人类能够认识和控制世界的能力充满信心。他认为，人类只要依靠理性的力量，应用新的科学方法，不仅能够推动科学的发展，而且能够在道德和政治的领域进步。秉承培根、笛卡尔的旨趣，启蒙思想家们更是加倍地推崇理性。启蒙先驱伏尔泰（Voltaire）认为理性是历史前进的动力，即"人依其理性以认识自然，也依其理性以改造社会，发扬理性，就是推动历史；蒙蔽理性，就是阻碍进步"④。因此，他认为人类历史发展到今天，只有四个时代是彰显理性和值得赞美的时代：艺术和科学的第一次繁荣的希腊时代；凯撒（Gaius Julius Caesar）和奥古斯都（Gaius Octavius Augustus）的罗马时代；学问、科学和美术重新发展的文艺复兴时期；路易十四（Louis XIV）时代，"人类理性已臻成熟"⑤。至于其他时代，世界都在愚昧、野蛮和迷信的统治之下。孔多塞直接继承了伏尔泰的思想，他写了《人类精神进步史表纲要》一书，其主题思想就是人的理性将会越来越完善，人类社会也将越来越美好。

自文艺复兴以降，理性在人们的赞歌中逐渐偏向，其内含的人文理性（价值理性）不断萎缩而窄化为纯粹的工具理性。工具理性逐渐成了指导人们实践活动的主要文化理念。这种理念得到了来自理论和实践的双重强化。一方面，因为经验论者和唯理论者都相信科技能够造福人类，所以都投入了大量时间、精力去寻求获得精确性知识的方法，这使得"认识论"成了当时的显学；另一方面，工业文明的成果推动了社会生活各个领域的显著变化，大大加快了人类前进的步伐，也成为理性主义崇拜者所提倡的科技万能的最好证明。科技万能就是理性万能，理性是衡量一切的尺度甚至是唯一尺度。对此，恩格斯评价说："他们不承认任何外界的权威，不管这种

①　〔英〕培根：《新工具》，许宝骙译，商务印书馆，1984，第104页。

②　〔英〕培根：《新工具》，许宝骙译，商务印书馆，1984，第58页。

③　〔英〕培根：《新工具》，许宝骙译，商务印书馆，1984，第108页。

④　吴于廑：《吉本的历史批判与理性主义思潮》，《社会科学战线》1982年第1期。

⑤　〔法〕伏尔泰：《路易十四时代》，吴模信等译，商务印书馆，1996，导言。

权威是什么样的。宗教、自然观、社会、国家制度，一切都受到了最无情的批判；一切都必须在理性的法庭面前为自己的存在作辩护或者放弃存在的权利。思维者的悟性成了衡量一切的唯一尺度。"① 本着对理性的崇拜，理性的信徒们向人们描绘了这样一幅美好图景：理性是天赋的，人人具有的，它的目的就在于使世界不断完善。此刻，理性的太阳正在冉冉升起，它将引领人们走出中世纪的黑暗。随着时间的推移，所有的社会疾病都将得到医治，所有的罪恶都将得到根除。人类的生活条件越来越好，他们也将获得等待已久的自由、公正和幸福。这一过程是连续的、必然的甚至是线性的，理性的启蒙将会加速这一过程。孔多塞指出，他将通过科技对原因和事实的探究显示出他所研究的成果。事实上，在科技力量的推动下，人类可以无限制地完善自己的能力。并且，这种能力上的完善或者进步将挣脱任何想使之停顿的力量的束缚，一直持续向前推进，或许它会在速度上或慢或快，但决不会倒退。让·雅克·卢梭（Jean-Jacques Rousseau）曾提醒人们，在前进的道路上会有陷阱，而孔多塞则告诉人们，那里是一片坦途。然而，"正是由于启蒙运动思想家们排除了理性的价值成分，使理性沦为一种工具理性，而不再关注人自身生存的意义和目的，这样也就进一步助长了自工业文明以来人性的异化和分裂以及社会腐化现象的滋生和发展"②。

二　悲观的工具理性批判

自文艺复兴尤其是启蒙运动以来，技术理性日益膨胀，并逐渐凌驾于价值理性之上，从而出现了工具理性霸权，人文理性却遭到了贬抑的情况。工具理性的发展，一方面推动了科学技术进步，并促使人类文明从农业文明向工业文明转型；另一方面也导致人与自然、人与社会以及人与人关系的恶化，带来了生态危机和人的异化。于是，这就引发了人们对以科学技术、工业文明为表征的工具理性批判的浪潮。

正当伏尔泰等人在为高扬理性和工业文明大唱赞歌时，与他同时代的卢梭却敏锐地看到并批判了工具理性的弊端。卢梭认为科学技术的诞生是

---

① 《马克思恩格斯文集》第 9 卷，人民出版社，2009，第 19 页。
② 王元骧：《新理性精神之我见》，《东南学术》2002 年第 2 期。

出于人的罪恶，高扬工具理性带来的科学技术进步不是促进了人获得自由，反而是阻碍了人获得自由与感性；工业文明的发展不是使人更幸福，反而加剧了人的痛苦。在《论科学与艺术》中，他讲道："有一个古老的传说从埃及流传到希腊，说是科学的创造神是一个与人类安宁为敌的神。天文学诞生于迷信；辩论术诞生于野心、仇恨、谄媚和谎言；几何学诞生于贪婪；物理学诞生于虚荣的好奇心——因此科学和艺术的诞生，乃是出于我们的罪恶"①。而且，科学技术的发展并没有带来人的自由，而是阻碍了人的自由天性的解放，使他们成为被奴役的所谓文明人；同时随着科学光芒的升起，德行也就消失了，随之而来的是猜忌、戒惧、仇恨和奸诈。当其他启蒙思想家大力鼓吹理性会给人们带来无限的文明和进步时，卢梭却大泼冷水："使人文明起来，而使人类没落下去的东西，在诗人看来是金和银，而在哲学家看来是铁和谷物"②。"文明人在奴隶状态中生，在奴隶状态中活，在奴隶状态中死……"③　总之，在卢梭看来，"文明每前进一步，不平等就加剧一分，自由也就越发丧失，道德就越发堕落，痛苦就越发加重，甚至可以说，在写一部文明社会发展史的同时，也能写一部人类痛苦史"④。卢梭是在西方近代思想史上最早对启蒙理性、人类文明进行批判的思想家，他的看法具有浓厚的悲观主义色彩，对后人产生了深刻的影响。正如卡西勒（Cassirer）所认为的那样，"后世所有对理性主义的偏颇心怀不满者都是从这里经受了第一次洗礼，并从这里出发、扩张，逐渐汇成了20世纪今天不可轻视的一股非理性洪流"⑤。明确区分"工具理性"与"价值理性"概念的马克斯·韦伯（Max Weber）面对工具理性越轨的负面效应，曾悲怆地说："没人知道将来会是谁在这铁笼里生活；没人知道在这惊人的大发展的终点会不会有全新的先知出现；没人知道会不会有一个老观念和旧理想的伟大再生；如果不会，那么会不会在某种骤发的妄自尊大的掩饰下产生一种机械的麻木僵化呢，也没人知道。因为完全可以，而且是不无道理的，这样来评说这个文化的发展的最后阶段：'专家没有灵魂，纵欲者

---

① 〔法〕卢梭：《论科学与艺术》，何兆武译，商务印书馆，1963，第88页。
② 《卢梭文集——论人类不平等的起源与基础》，李常山译，红旗出版社，1997，第116页。
③ 〔法〕卢梭：《爱弥儿》（下册），李平沤译，商务印书馆，1996，第15页。
④ 王凤才：《批判与重建：法兰克福学派文明论》，社会科学文献出版社，2004，导言第11页。
⑤ 〔德〕卡西勒：《启蒙哲学》，顾伟铭等译，山东人民出版社，1996，第268页。

没有心肝；这个废物幻想着它自己已达到了前所未有的文明程度'"①。总之，从卢梭开始，经过尼采（Nietzsche）、韦伯、胡塞尔（Husserl）、斯宾格勒（Spengler）、汤因比（Toynbee），直到存在主义、法兰克福学派、罗马俱乐部、后现代主义等，对工具理性的批判从来就没有停止过，反而一浪高过一浪。限于篇幅，这里重点述说一下法兰克福学派对工具理性的批判。

众所周知，法兰克福学派的批判理论家是直接承接了韦伯的批判理性思想的。他们认为，随着技术的进步和资本主义合理性的发展，"非理性成了理性"②，"启蒙又重新变为神话"③。不过，批判理论家认为韦伯对工具理性扩张的分析太狭窄。相对于韦伯，他们对工具理性霸权的剖析从深度和广度上都有了很大的拓展。

第一，正是在反神话的启蒙理性中孕育着工具理性霸权的种子。马克斯·霍克海默（M. Max Horkheimer）、希奥多·阿道尔诺（Theoder Wiesengrund Adorno）和马尔库塞对工具理性霸权从发生学上做了深刻的分析。在《启蒙辩证法》中，霍克海默、阿多尔诺敏锐地指出启蒙理性的悖论："历来启蒙的目的都是使人们摆脱恐惧，成为主人。但是完全受到启蒙的世界却充满着巨大的不幸"④。他们认为，启蒙精神用以反对神秘的想象力的原理，就是神话本身的原理。启蒙理性在科学的大旗下，追求对自然加以统治的知识，鄙弃对世界的形而上学的思考，用理性的规律对人类生活的各个领域加以绝对化的统治，由此更加无情地控制了各个领域内的人们，启蒙理性成了人和世界的新的主宰、新的上帝、新的神话。

第二，工具理性霸权是建立在数学原则、形式逻辑的基础上，其最基本的特征是把世界理解为工具，理解为手段。在批判理论家看来，启蒙理性之所以发展为神话，发展为一种极权主义，在于数学原则的盛行，在于把理性降低为一种数学工具。因为对启蒙运动来说，一切不适合计算和使

① 〔德〕马克斯·韦伯：《新教伦理与资本主义精神》，于晓等译，生活·读书·新知三联书店，1987，第143页。
② 〔美〕赫伯特·马尔库塞：《现代文明与人的困境》，李小兵等译，上海三联书店，1989，第83页。
③ 上海社会科学院哲学研究所外国哲学研究室编《法兰克福学派论著选辑》（上），商务印书馆，1981，第139~140页。
④ 〔德〕马克斯·霍克海默，西奥多·阿道尔诺：《启蒙辩证法》，洪佩郁等译，重庆出版社，1990，第1页。

用的规则都是可疑的，一切现实都得服从于形式主义的逻辑，它最关心的是实用的目的，是"如何做"，而不关心"应该做什么"。"人和他的'目的'只是作为计算收益和利润机会时的变量而进入其中的"，"数学化达到了对生活本身的真正否定来进行运算的程度"①。马尔库塞写道："自然的定量化，导致根据数学结构来阐释自然，把现实同一切内在的目的分割开来，从而把真与善、科学与伦理学分割开来。"② 在工具理性的逻辑中，人和世界万物都不过是供它谋划的材料，是实现其价值最大化的工具。霍克海默明确指出，当理性放弃了自己的自主权，即不能就人的生存问题说出什么来，不能从内容上对这些问题表示态度，不能从关心人类解放、指导人类认识的意义上来说明行动的目标时，而只关注用何种工具和方式对自然界进行最有效的征服时，"理性就成了一个工具……它的行动的价值，即它在控制人和自然方面的作用成了唯一的准则"，"似乎思维本身降低到了工业过程的水平……成了生产的一个固定的组成部分"③。

第三，工具理性本质上是技术统治的合理性，是组织化的统治原则。批判理论家认为，绝对优势的效率和不断提高的生活标准，这双重向度的目标依靠技术正在得以实现。它们不断调和阶级矛盾，征服离心的社会力量，使得曾经是批判的理性蜕变为"极权主义的技术合理性"，成了现存社会制度的辩护工具。马尔库塞写道："以技术为中介，文化、政治和经济融合成一个无所不在的体系，这个体系吞没或抵制一切替代品。这个体系的生产力和增长潜力稳定了这个社会，并把技术的进步包容在统治的框架内。技术的合理性已变成政治的合理性。"④ 科学和技术的进步在提高经济、政治、文化各部门效率的同时，还把操作主义扩展到整个统治和协作系统，创造了一些适合机械操作程序的生产、工作、管理模式和权力方式，并调和了一切对立的力量，击败或驳倒了一切抗争。而社会的这种压制性管理越是被看作合理的、生产的、技术的和全面的管理，被管理的个

---

① 〔美〕赫伯特·马尔库塞：《现代文明与人的困境》，李小兵等译，上海三联书店，1989，第88页。
② 〔美〕赫伯特·马尔库塞：《现代文明与人的困境》，李小兵等译，上海三联书店，1989，第124页。
③ 转引自〔德〕H.贡尼《R.林古特·霍克海默传》，任立译，商务印书馆，1999，第86页。
④ 〔美〕赫伯特·马尔库塞：《单向度的人——发达工业社会意识形态研究》，张峰等译，重庆出版社，1988，第7页。

人借以打碎他们的奴役枷锁并获得自由的手段和方式也就越不可想象。"资本主义初期的无产者，的确是负重的牛马"①，"曾经是他们社会的活生生的否定力量"②。但是在技术社会的先进地区，工人身上的这种否定性却不明显了，像社会劳动分工的其他人类对象一样，"也被组合进被管理的民众的技术共同体中。而且，在自动化最成功的地方，某种技术共同体看起来已经把工作岗位上的每个人，都融为一体了"③。"发达工业文明的被封闭的操作领域造成了自由与压制、生产与破坏、增长与倒退之间的可怕的和谐。"④

第四，工具理性的发展导致主体的客体化、物化，并最终扼杀了文化的创造性、丰富多彩性，使文化成了一种工业文化、单向度文化。文化工业的考察是批判理论独具魅力的风景。批判理论家敏锐地看到，由于技术理性的统治，艺术和文化的逻辑被从属于商品的逻辑、资本的逻辑，艺术和文化沦为金钱的奴隶。艺术、文化的商品化、工业化摧毁了一切个性和创造性，电影、广播和杂志等在每个地方都给人以一种千篇一律的面貌，到处都是拙劣的模仿，到处都是取悦人的廉价的艺术。这种工业化主义使灵魂物化了，曾经是"超越的"文学艺术已经失去了超越现实、批判现实的能力，沦为对现实辩护粉饰的工具。总的来说，在法兰克福学派的理论家看来，由于科学技术的进步及形式逻辑和数学方法的发展，理性在其自身的发展中，沦为了压制人、统治人的工具理性，把经济、政治、文化融合成为一个密不透风的管理体系，"不仅形而上学，而且还有它所批评的科学，皆为意识形态的东西"⑤。甚至，"技术理性这个概念本身可能是意识形态的。不仅技术的应用，而且技术本身，就是（对自然和人）统治——有计划的、科学的、可靠的、慎重的控制。统治的特殊目的和利益并不是'随后'或外在地强加于技术的；它们进入了技术机构的建构本身。技术总

---

① 〔美〕赫伯特·马尔库塞：《单向度的人——发达工业社会意识形态研究》，张峰等译，重庆出版社，1988，第7页。

② 〔美〕赫伯特·马尔库塞：《单向度的人——发达工业社会意识形态研究》，张峰等译，重庆出版社，1988，第7页。

③ 〔美〕赫伯特·马尔库塞：《单向度的人——发达工业社会意识形态研究》，张峰等译，重庆出版社，1988，第7页。

④ 〔美〕赫伯特·马尔库塞：《单向度的人——发达工业社会意识形态研究》，张峰等译，重庆出版社，1988，第7页。

⑤ 〔德〕马克斯·霍克海默：《批判理论》，李小兵等译，重庆出版社，1989，第5页。

是一种历史—社会的工程：一个社会和它的统治利益打算对人和物所做的事情都在它里面设计着"①。

应该承认，法兰克福学派理论家们对工具理性消极面的揭露和批判是十分深刻的，他们的理性批判思想和马克思的异化思想有很多异曲同工之处。比如，他们都看到工业社会里工具理性把人物化、异化、非理性化的一面，对工具理性特点即可计算性、划一性都有同样透彻的分析。不仅如此，他们通过技术这个中介，对经济、政治、文化结成一个控制、管理的系统的揭露，对工业社会里文化的批判，对人的本能、人性的关注等，都可以说是对马克思的理性批判思想的补充、丰富、发展。然而，霍克海默、阿道尔诺、马尔库塞把工具理性导致的非理性过多地归结到理性头上，过多地强调工具理性的消极性、否定性，没有真正看到理性还存在多方面的表现形式，看不到它对民主、政治等的促进作用，由此走向否定理性的道路。这是违背马克思主义辩证法的，是错误的。在马克思看来，资本主义技术（理性）的发展固然有其压抑人的必然性的一面，但同时这种压抑性又具有二重性，它不但创造了比以往一切社会还要多、还要大的生产力，而且也促进了形式民主的发展，使人的个性得到一定程度的解放，并为更高的价值理性的发展打下了坚实的物质基础。而且，在马克思看来，技术（理性）对人的压抑，关键的问题不在于技术（理性）本身，而在于技术（理性）为资本主义所使用。技术（理性）本来是解放人的手段，只是在资本主义制度下，它们才被变成工具，才被退化为压抑人的技术理性。此外，法兰克福学派理论家们在探讨工具理性奴役的解放道路上都试图把工具理性否定的东西重新恢复起来，吸收非理性主义关于个体性、自由方面的思想，试图用一种新的渴求、希望来超越工具理性。他们关于工具理性奴役的解放的设想都不过是乌托邦的空想。而且，他们在批判理性的误用时，把批判的矛头直接指向了理性本身，不同程度地得出了否定理性的观点，从而走向了理性的自我毁灭，看不到出路。他们的批判理性思想不同程度地具有悲观主义的色彩。

总之，对工具理性的悲观批判和对工具理性的崇拜是一个铜板的两个面。它们犯了非此即彼的错误，都趋向于极端。理性是工具理性与价值理

---

① 〔美〕赫伯特·马尔库塞：《现代文明与人的困境》，李小兵等译，上海三联书店，1989，第106页。

性二维的统一体，将理性扁平化为其中的一维而否定另一维用来作为指导人类实践活动的文化理念，就会将人类社会的进程引向歧途。因此，我们需要对理性的二维进行正确的历史定位。

第三节　对工具理性与价值理性的合理定位

人是理性的存在物，理性作为人类所特有的一种把握世界的方式，是手段和目的的统一，是工具理性和价值理性的统一。如果理性一维化为工具理性，就会使人丧失家园、异化自身，堕入没有信仰的深渊，成为没有灵魂的舞蹈者，"除了让血淋淋的断臂在大街上飘荡，宣泄一种虚幻的价值，生命本身已无人喝彩，整个现代主义运动就会成为一场西西费斯的神话"[①]；如果理性窄化为价值理性，抛弃工具理性，社会的发展就容易陷入乌托邦，社会就不会按应有的速度往前发展。因此，我们理应通过正确地把握工具理性与价值理性的内涵、特征及其功能，对二者进行合理的定位。

一　工具理性的概念、内涵及本质特征

（一）工具理性的概念、内涵

马克斯·韦伯将数学形式等自然科学范畴所具有的量化与预测等理性计算的手段，用于检测生产力高度发展的西方资本主义社会人们自身的行为及后果是否合理的过程，叫作"工具理性"[②]。其具体含义，即通过实践的途径确认工具（手段）的有用性，从而追求物的最大价值的功效，为人的某种功利的实现服务。资本主义社会在发展工业现代化的道路上，追求有用性，在处理物与人的关系时，见物不见人，甚至认为人也是工具，因此为获取最大的利益，人的一切包括思想、观念、理论、感情等都具有了不确定性。其工具理性表现为人的科学认知与价值评价相互分割，轻人义、趋于功利化等倾向。简言之，工具理性关心的是手段的适用性与有效性，是人为实现某种目标而运用手段的价值取向观念，工具理性也叫技术理性，

---

① 史少博：《现代性的理性偏向》，《山东师大学报》（人文社会科学版）2001 年第 4 期。

② 〔德〕马克斯·韦伯：《经济与社会》（上卷），林荣远译，商务印书馆，1997，第 65 页。

它是西方理性主义同现代科学技术相结合形成的技术理性主义文化理念，是在工业文明社会中以科学技术为核心的一种占统治地位的思维方式。

（二）工具理性的本质特征

工具理性以可计算和可预测的技术性方式确定功用目标，并致力于选择实现这一目标的最佳手段和最佳途径。因而它显示了一种与价值理性很不相同甚至完全相悖的取向与品格。其本质特征如下。

第一，抽象还原、定量计算的标准化逻辑。这种逻辑的原初样板是数学。怀特海说："数学的特点是：我们在这里可以完全摆脱特殊事例，甚至可以摆脱任何一类特殊的实有。"① 因此，数学的清晰、严谨和确定，是建立在撇开具体内容的纯形式的抽象性和齐一性基础上的。伽利略把宇宙看作一部用数学符号写成的大书，在某种意义上可视为一个界碑，它表明一种将自然数学化的努力开始逐步定型为标准的理性认知模式。按照这种模式，"在时空世界中的无限多样的物体的共存本身是一种数学的理性的共存"②。因此，讲求普遍性、规范性的理性思维，原则上不承认什么独一无二的东西。对它而言，任何事物都可在形式上还原化约，并能依据自明的公理和规则在量上精确地加以计算。

第二，预测和控制外部对象的基本旨趣。霍克海默和阿道尔诺指出，培根关于"知识就是力量"的著名口号，表露了作为进步潮流的一般意义的启蒙的工具理性主义品格。这个品格包含两个相关的旨趣。其一，就对自然的认识来说，启蒙理性诉诸科学而不是神话。它通过抽象还原和定量计算，将自然对象转变为在数学等式中可理解的东西。"人民一旦掌握了公式，就能对具体的实际的直观的生活世界中的事件做出实践上所需要的，具有经验的确定性的预言。"③ 人民只有紧紧地依靠这种确定性预言，才能合理地设计出现实可行的操作目标。其二，就对自然的控制来说，启蒙理性诉诸标准化技术而不是传统的个人技艺。因为"如果从其特殊的方面来看待想象的话，那么每一事件就会永远是新的，不可预测的和不可控制的。

---

① 〔英〕怀特海：《科学与近代世界》，何钦译，商务印书馆，1989，第21页。

② 〔德〕胡塞尔：《欧洲科学危机和超验现象学》，张庆熊译，上海译文出版社，1988，第72页。

③ 〔德〕胡塞尔：《欧洲科学危机和超验现象学》，张庆熊译，上海译文出版社，1988，第51～52页。

而反之，……如果我们希望去预测和控制，那么我们的注意力必须集中在'重复的要素上'，每一个实例必须被看作是某一规律或规则性的一个指标……一旦现象以这种方式被简化为秩序，一旦它们被简化为一种共同的单位，它们就变成可驾驭的了"①。正是在这个意义上，马尔库塞认为，"正确的逻各斯是技术学"②。而倘说规范化、标准化的技术运用，体现了科学知识的本质，并在对自然的控制中显示出无与伦比的效率优势，那么基于相同的原因，它就必定会向社会生活的更广泛领域迅速扩散。这种扩散不可避免地冲淡理性作为道德理想承担者的价值意义，因此，霍克海默等人认为，一部启蒙历史，就是价值理性黯然失色，工具理性高歌猛进的历史。

第三，追求最佳方案、最佳手段、最佳效率的有效性思维。工具理性对价值意义问题的淡化和消解，意味着或公开、或隐蔽的实证主义、经验主义和功利主义深深地嵌刻在它的思想核心。休谟主张烧掉不包含有关数量方面的抽象推论、何事在事实方面的经验推论的神学著作与哲学著作，从某种意义上讲是一个象征性的口号，它揭示了讲究实证有效的工具理性在本质上拒斥任何形式的非理性追求——不仅包括神话巫术和传统习惯，而且也包括形而上的终极关怀和浪漫主义的情感冲动。对它来说，所有问题都是"技术性的"，而理性的价值，完全取决于它在具体境况中解决实际问题的功用和效果。因此，一方面，不是从道义理想而是从科学预测出发，权衡利害，合理地设计行动目标；另一方面，不是从情感和良知而是从功能与形式出发，以少求多，合理地选择最佳手段和最佳途径，构成了工具理性的思维方式与行为方式。"它强调功能关系和数量。它的行动标准是效率和最佳标准。"③服从于这一标准，将不仅把自然物，而且也会把人自身还原为可通约、可置换、可计量的职能角色，像机器部件一样来组织、协调、控制和管理。

第四，人类物质需求相对于其他需求的绝对优先性。工具理性逻辑是

---

① 〔美〕默顿：《十七世纪英国的科学、技术与社会》，范岱年等译，四川人民出版社，1986，第346页。

② 〔美〕赫伯特·马尔库塞：《单向度的人——发达工业社会意识形态研究》，刘继译，上海译文出版社，1989，第140页。

③ 〔美〕丹尼尔·贝尔：《后工业社会的来临》，高铦等译，商务印书馆，1986，第212页。

一种效率逻辑。而所谓效率，归根到底是以满足人类物质需求的生产的发展和财富的增长为落脚点。丹尼尔·贝尔（Daniel Bell）把增进效率的工具理性称为最合理利用资源的一种科学技巧。这种技巧的高明之处在于，它能以较小的投入获得较大的产出，从而使经济生活不再成为"一方受益、另一方受损的比赛"，而在某种程度上使"每个人最终都可能成为胜利者，尽管收获多少有所不同"[①]。这就以极其诱人的丰裕前景强化了物质财富增长相对于人类其他需求，包括情感需求和精神需求的不可倒置的优先权。结果就是，不仅人类把自己的才华大规模地投入技术—经济体系，而且所有的社会组织与安排都必须适应和服务于这个体系，以保证它不断创造出越来越多的物质财富和越来越高的生产率。今天，维护和保证技术—经济体系的正常运转，甚至成了首要的政治目标和正当的道义责任。

二　价值理性的概念、内涵及基本特征

（一）价值理性的概念、内涵

价值理性最初是由马克斯·韦伯在考察人们的行为时提出的与工具理性并行的概念。价值理性是作为主体的人在实践活动中形成的对价值及其追求的自觉意识，是在理性认知基础上对价值及价值追求的自觉理解和把握[②]。实质上，它就是作为主体的人对自身价值和存在意义的体认、忧患、呵护、憧憬、建构与追求的自觉意识，价值理性是一种理性，因此它不同于感性（如人的七情六欲等）。"理性是人化（文明化）的产物，感性则更多地带有自然（天）的痕迹。"[③] 但是价值理性又不是完全脱离于感性的，否则它就走向了自我否定，就是非人化或神化的理性了。价值理性是对感性的适应与调控，或者更确切地说是扬弃与超越。比如，价值理性并不否定人的物质需要的重要性，也不否定满足人的当下需要的必要性，但它并不总是为人的物质需要、当下需要辩护，至少要追问这些需要的满足，是否有利于人的全面发展和可持续发展。倘若不利，它就不会保持沉默，就要提出质疑，就要做出告诫和规劝。由此可知，价值理性实际上也就是人

---

①　〔美〕丹尼尔·贝尔：《后工业社会的来临》，高铦等译，商务印书馆，1986，第305页。

②　〔德〕马克斯·韦伯：《经济与社会》（上卷），林荣远译，商务印书馆，1997，第98页。

③　杨国荣：《理性与价值》，上海三联书店，1998，第52页。

们在实践活动中逐渐形成的价值智慧、价值良知。正如吴增基先生所说，价值理性是"人类所独有的用以调节和控制人的欲望和行为的一种精神力量"①，这种智慧、良知、精神力量所诉求的是人自身的价值，是人存在的意义，是人的社会的全面协调发展，是人自身的自由而全面的发展，是"人在现实中表现、确证、欣赏自己的完满性，是以一种全面的方式，也就是说，作为一个完整的人，占有自己的全面的本质"②。

（二）价值理性的基本特征

作为人的总体理性的一个维度，价值理性参与并创生于人的实践活动之中，它体现的是对人类生命的肯定，内含着人对超越性的追求和对人的本真行为的指向。由此，表现为对人的生存的终极关怀和对现实的超越情怀的价值理性有以下几个基本特性。

第一，价值理性的批判性。价值理性使人永远保持思维的怀疑能力，显示现存一切规定的缺陷和不足，从而向人们昭示：人不能非批判地接受现状，而应当使"现存状况革命化，实际地反对和改变事物的现状"③。从而永远使人保持自我创造与自我超越的空间，保证人真正走向自我解放的道路。因此批判性是价值理性的根本特性。

第二，价值理性的合目的性。价值理性的合目的性体现着主体对自我所蕴含的内在尺度的自觉。价值理性不断把人的需要合目的地现实化为人的意向和行动，从而实现人的不断生成并推动人的自由与解放之行。价值理性的合目的性是人的主体性的确证。

第三，价值理性的现实性。价值理性不只是一种内在的意向性，它不断将内在的尺度和指向对象化为一种创造性行为，现实地批判和改造世界。价值理性的现实性是哲学以"批判的武器"进行"武器的批判"的根据。

第四，价值理性的历史性。从价值理性生成人的历史实践来看，随着实践的历史性展开，价值理性也不断在历史中创生与优化。阶段性的实践活动即实践的宏大背景的历时性，造就了价值理性的历史性。从价值理性

---

① 吴增基：《理性精神的呼唤》，上海人民出版社，2001，第2页。
② 《马克思恩格斯全集》第42卷，人民出版社，1979，第123页。
③ 《马克思恩格斯全集》第1卷，人民出版社，1956，第48页。

作为属人的价值世界来看，不同的历史实践创生的价值理性构成了人类历史的绵延与永恒。

三　对工具理性和价值理性的合理定位

（一）对工具理性的合理定位

毋庸置疑，现代工业社会工具理性几乎成了人类实践唯一信奉的理念和依赖的力量，人类实践日益陷入工具理性崇拜的观念误区，从而导致人类陷入诸多生存困境。但我们也不可否认，工具理性文化理念有其合理性和历史必然性，它在现代社会中有着巨大的有效性，发挥着无可替代的作用。以崇尚工具理性为本质特征的科学技术使人类在自然界中赢得了生命自信和精神自由。人类在享受科技带来的生活便捷和物质丰富的同时，还享受到了驾驭自然的自信和主宰对象世界的自由。科学技术是人类最重要的工具，甚至是人类生存发展的最重要的手段之一，人类现实生活中的许多实际问题确实需要科学技术来解决，科学技术已经渗透到人类生活的各个方面。工具理性从功能、效率、手段和程序上来说是合理的，技术的发展和进步的确提高了人的认识和生存能力。工具理性文化理念的历史必然性主要体现在以下三个方面。

第一，人类解决物质生活资料问题的需要。物质资料生产和物质需要是人类存在和发展的前提，人类实践直接的目的是获得物质生活资料，自然界是人类生存的基础，它为人的肉体生存提供物质基础，为人的劳动提供生活资料，人的生存和发展离不开自然。人的实践不同于动物的活动，因为人的实践是借助于工具的中介作用来进行的，自然不会主动地满足人的需要，人决心以自己的行动来改变自然，让自然界更适合人类的需要，更符合人类的目的性，而改造自然只能依靠人的理性力量：建构工具理性、造出实际的工具、将工具实际地作用于自然即对自然进行实际改造。工具理性作为处理人与自然关系的文化理念，有着改造自然的功能。

第二，人类支配自然并从自然界获得自由的需要。自由首先是人类主体区别于动物界的类本质，自由总是相对于主客观条件所制约的主体性而言的主体能动性的发挥及实现，也就是自由的实现，自由又是主体对自然的自觉认识、利用和改造，是主体支配自然的一种能力。以工具理性为核心理念的科学技术大大增强了人类影响自然的能力，提高了人类的主体地位。人与自然相互作用范围的扩大，人类支配自然能力的增强，突出地反映了主体人的本质力量的发展。

第三，人类认识自然、利用自然获得精神自由的需要。人类认识自然、利用自然，进行实践，创造文化，目的是获得自身的自由。科学技术本身是人类在认识自然和改造自然的实践中产生和积累起来的，反过来又帮助人类不断地提高自己的认识能力和智力水平。科学技术把人从繁重的单调的劳动中解放出来，使人有更多的时间来从事精神活动，享受精神自由。精神自由意味着人的意志自由和创造性，工具理性带给人类最大的精神自由就是使人类自信起来，确立起人类的主体地位，把人类从对自然和神秘力量的迷信中解放出来，也就是帮助人从自己制造的幻影中、从宗教的思想统治下获得了解放。

因此，只要我们仍是通过劳动和借助工具来维护自身的生存，就不可能抛开我们现在的科学技术而设想去建立一种"马尔库塞式"的新科学技术。换言之，工具理性的运用不会达到一个终点。

（二）对价值理性的合理定位

正如前文所述，工具理性有其历史必然性与现实合理性，但在将其绝对化时，它的弊端就会凸显出来。当下所存在的生态失衡、人与自然关系的恶化、人的主体性的失落等问题，归根结底就是将工具理性绝对化的结果。工具理性固然拓展了人的认识能力、生存能力和驾驭自然的能力，给人类带来了物质财富的长足发展和社会的日益进步，但坚持工具理性至上而忽视价值理性对人文世界、生存世界的关怀，其结果是科学技术的胜利和人文价值的失落。科学技术作为工具理性，必然以无视人的目的的功利为取向而发展，从而导致"科学主义"；而且，工具理性文化理念主导下的实践是由一个个具体的人进行的，基于人性的弱点即欲望与贪婪，又促使人类借助科学技术来获取更多的财富，由此必然导致人与人之间对财富的残酷争夺，从而带来战争。对于整个人类的命运而言，过度的欲望就会造成毁灭性的灾难，而刺激人的欲望过度膨胀的则是工具理性。在工具理性占主导地位的时代，每项技术的发明都会带来人对新的欲望的追求，技术进步是永无止境的，欲望也是永无止境的，一个欲望得到了满足，新的欲望又会接踵而至。人类一旦有了欲望就渴望得到满足，在实现欲望的过程中首先是向自然索取，造成生态环境危机、人与自然关系的不和谐；其次是向别人、别国掠夺，造成冲突，即使用"文明"的方式巧取，也必然破坏人与人之间的和谐。"欲望"在人类口中的合理借口是物质利益，因为利益是人类生存和发展的前提条件。但当追求物质利益成为人类实践的最高目标时，人类也不知不觉地被物化了。人类曾经梦想制造出永动机，其实，欲望就是我们的永动机。人类在欲望的怂恿下，将征服自然当作理所当然的权利，而科学技术（工具理性）就是最有力的武器。这样，淡忘人文价值和人文关怀也就在所难免，随之出现的人类生存困境等深层次问题就成为必然。

然而，当我们驱散所有纯功利主义的思想迷雾，回归到人的本真状态时，我们不难发现，对人来说，价值问题无疑也就是意义问题。人的一切实践活动，人的一切理想追求，说到底就是为了人的自我发现和自我实现。人的本性需要人去发现自己的生命中真正重要的是什么，生活的终极意义是什么，并且尽自己的一切可能去追求和实现这种生命和生活的意义。人的价值理性总是与这种生命与生活的意义紧密联系的。人类在现代性过程中之所以产生了生存危机，就是因为人类遗忘了对人自身生命与生活意义的追问和观照。人们就像在海边寻找贝壳的小孩一样，只顾着欣赏和收藏脚底下那些美丽诱人的贝壳而忘记了自己身在何处，该往何处；就像无根之萍随波漂泊，四处流浪。无数"快乐的瞬间"使人沉迷于当下而失去了生活的方向，人在不知不觉中已经走进大海深处，随时都有被海浪卷走的危险。当人偶尔清醒过来的时候才发现自己成了一只迷途的羔羊，便为此感到无限的惊恐、不安和手足无措。

因此，我们人类需要价值理性来确定人的生命的真正意义，来指明人们实践的终极目的，来引导人类实践的前进方向。只有工具理性有了价值理性的引导和匡正，其边界才会一目了然，它才不再可能僭越价值理性成为不可一世的社会控制力量，人类也不再会以邻为壑、以自我为敌、以自然为奴，人与自然、社会和自我的关系就会逐步走向平衡与和谐。

第四节　工具理性与价值理性的逻辑关联与当下断裂

工具理性和价值理性是人类理性不可分割的两个有机组成部分，它们有着各自的作用特点和范围，同时又相互作用、紧密联结成一个整体。价值理性为工具理性提供精神动力，看护着人类的"心灵之命"；工具理性给价值理性带来现实支撑，不断满足和提升着人类的"肉身之爱"。价值理性和工具理性的协同作用将构造出人的良好精神世界，并深刻影响着"人—社会—自然"大系统的运行状态，使得各种社会生活成为可能。但是，自近现代以来，西方社会过度崇拜工具理性，工具理性几乎成了指导人们实践活动唯一文化理念，而价值理性则日益被漠视、被边缘化，结果导致严重的现代生存困境。要摆脱这种深层的生存困境，首先要把握工具理性与价值理性的逻辑关系及其关系现状，这是摆脱生存困境的前提。

一 工具理性与价值理性的逻辑关联

价值理性和工具理性的概念是由马克斯·韦伯提出来的。"价值"作为一定社会条件下物与人的需要的一种关系，被马克斯·韦伯引申为"意义"，从而获得了更深远、更广阔的语境。价值寓于人的实践活动的对象中，但只有通过人的能动的活动去挖掘才能被形成和实现。人的活动受特定价值观的指导，价值理性是在动机层面上调动理想自我的对人的行动的导向作用。这是一个有序的、明晰的自我主导过程，人以此构成了自身与外部环境的和合、统一。这一过程充分体现着人类实践活动的能动性和内源性，通过对自身活动的有意识的选择和反馈，人类不断升华自身的本质规定，并同时建构出历史性的现实自我。马克斯·韦伯认为，价值理性的凸显伴随着世界的"祛魅"。价值理性体现在现代科学技术、文学、艺术、道德等各种文化生活之中。价值理性所体现的人的价值观念、价值评价反映在具体社会情境中社会物质生活、政治生活、精神生活对人们的影响。因此根据社会发展的历史阶段，将价值理性区分为自发性价值理性、自觉性价值理性和自主性价值理性。自发性价值理性反映了在人类社会所处低级阶段人的意识能动性，具有原初性、朴素性的特征；自觉性价值理性反映着人类在物质文明、政治文明不断发展的社会实践中，对精神文明和人性本真价值的探求；自主性价值理性是价值理性发展的未来形态，是指在人类社会发展的高级阶段人的自由得以全面实现的状态。在今后的社会实践中，价值理性将会体现在人、社会、自然协调发展的新的层面，引导人们不断发掘自身的能动特质，从而创造出一个更加美好的生活世界。

马克斯·韦伯将数学符号和逻辑定律等自然科学研究领域所具有的计算和推理等理性"算计"，适用于资本主义社会中人自身的行为及其后果的过程，称为工具理性。工具理性是指人在实践活动中，把达到目的所采取的手段进行首要考虑、计算的理念。工具理性与资本主义生产追求最大限度剩余价值的本性相结合，在实践的过程中引发了追求物的最大效率为人的某种功利的实现而服务的倾向。工具理性指导下的资本主义生产实践，是人对自然的奴役和人与人之间关系的紧张；工具理性对效率的片面强调、对经济发展的迷信使得近现代社会生活功利化、机械技术普遍化、科层制度官僚化。工具理性是一个有机的体系，存在着物质形态的工具和精神形态的工具。前者的存在好比一个人过河必定要搭桥，作为物质载体而存在的桥是人过河的愿望得以实现的手段；后者的存在好比搭桥必定要有图纸，图纸的形成体现着具体的人在多种搭桥可能性之间所进行的选择。两种形态的工具有机结合所形成的合力构成了工具理性能实现主体目的的手段价值，反映了人类作为主体在实践活动中为实现自身目的而创造所需手段的自觉能动性。

人类社会实践活动能否走向成功，取决于价值理性与工具理性是否协调、统一。事实上，价值理性与工具理性存在着以下三个方面的逻辑关联。

（一）价值理性是工具理性的精神动力

自然界事物自身的规律以及人类实践活动的规律，是规定适用方式和手段的认识前提；工具理性的有效运行，以主体对客观事物及其规律的正确反映为基础。自然界的奥秘是无穷无尽的，人类自身活动的规律性也在历史地变化着。我们认识、掌握、驾驭事物规律的过程有着难以想象的艰难困苦，对事物本质的认知是一个永无止境的过程。在当代飞速发展的高科技时代，为提高工具手段的知识含量，增强现代人的主体性和科学技术力量，人们必须有坚定的信念和顽强的意志，这便来自价值理性对工具理性提供的精神支持。

（二）工具理性是价值理性的现实支撑

没有工具理性的存在，价值理性也难以实现。工具理性体现主体对思维客体规律性的认知和驾驭，由此逐渐形成的基础科学、技术科学、应用科学等，则构成人类文明的积淀和进一步发展的基础。在实践中，人们一方面依靠工具理性，实现着人的本质力量的对象化，另一方面又在自我意识的更深层面体味着人生价值，为价值理性的升华提供契机。当人们依赖工具理性拓展了实践过程、实现了更大的目的并看到了不断发展的广阔前景时，人们对自身全面和自由发展的需求也就有了由低级到高级不断上升的期盼。工具理性的不断深化使得价值理性从自发状态走向自觉状态再到自由状态的现实展开成为可能。价值理性与工具理性有着互相作用、互相转化、互相提升的内在联系。工具理性的存在，通过阶段性地实现人对自身生活环境的开拓，不断促使价值理性确立新的人生终极意义及目标，为实现价值理性的升华提供着现实支撑。

（三）价值理性和工具理性统一于人类的社会实践

M. 谢勒（M. Scherer）认为："每次理性认识活动之前，都有一个评价的情感活动。因为只有注意到对象的价值，对象才表现为值得研究和有意义的东西。"[1] 人的实践活动是有目的的，有了一定的目的，才会引发人们对相应工具的需求。在实践活动中，人们对某类认知对象和操作对象的选择，是具体的工具手段存在和实现的前提条件。价值理性解决主体"做什么"的问题，而"如何做"的问题只能由工具理性来解决。工具理性的存在，通过对具体实践与环境的算计，使人能够在自身智能和体能的基础上达成征服自然、改造自然的愿望，实现人的本质力量的物化。在人类的实践活动中，价值理性与工具理性互为根据，相互支持。两者的有机统一提供着"人—社会—自然"协调发展的动力，促进着人在特定的社会环境中不断打造出新的生活境界。

二 工具理性与价值理性的当下断裂

（一）工具理性与价值理性相分离的哲学基础

在古代和中世纪，价值理性与工具理性是相互渗透、未曾分化的，它们的关系呈现为原始和谐的状态。启蒙运动以来，随着科学技术和工业的

---

[1] 〔美〕M. 谢勒：《技术哲学导论》，刘武等译，辽宁科学技术出版社，1986，第 8 页。

发展，工具理性的地位不断提高。尤其是从休谟在理论上将"是"与"应是"或"事实"与"价值"分离开来之后，工具理性与价值理性便开始了它们加速分离的历史。在现实生产和生活中，工具理性日益占据人类精神领域的统治地位，价值理性则日益被边缘化。工具理性的越位和价值理性的沦落的结果是人类实践活动的畸形发展，同时也是人的精神层面的断裂，由此导致了"人—社会—自然"大系统的严重失衡和人的单面性。

价值理性与工具理性的分离有一定的哲学基础，即机械论世界观。机械论世界观以一元论和还原论为主要特征。它试图用力学定律解释一切自然、社会和人文现象，把各种各样不同质的过程和现象，把物理的和化学的，甚至包括生物的、心理的和社会的现象，都看成是机械的。美国学者麦茜特（Merchant）把机械论的世界图式，以及关于它的存在、知识和方法的看法，归纳为五个预设：物质由粒子组成（本体论预设）；宇宙是一种自然的秩序（同一原理）；知识和信息可以从自然界中抽象出来（境域无关预设）；问题可以分析成能用数学来处理的部分（方法论预设）；感觉材料是分立的（认识论预设）①。200多年来，机械论世界观指导着现代科学和工业化的发展，它的成功运用取得了巨大的成就。与此同时，它所固有的片面性，它所主张的人与自然、思维和物质、心灵与身体的分离和对立，形成了价值理性与工具理性相分离的哲学基础。

机械论世界观所推崇和关注的主要是工具理性。实际上，正是对工具理性的片面强调，构成了导向机械论世界观的内在根源。机械论世界观强调绝对的主客二分，这种"主体—客体"的关系模式，"不仅仅是一般地指人与物的关系，而是以'我'为主，以'物'为'对象'、为'客'的关系模式，在这一关系中，主客双方不是一种平等的关系，而是'主动—被动'的关系，是'征服—被征服'的关系，是'客体''对象'为我所用的关系，有点像黑格尔所比喻的'主人—奴隶'关系一样"②。主体和客体的这一不平衡的关系，是重工具理性、轻价值理性的倾向产生的根源。同时，要做到主体趋向客体、客观真实地反映和把握客体，也只能借助工具理性。数学与逻辑是工具理性的两个主要方面。人们借助于数学和逻辑的

---

① 余谋昌：《生态哲学》，陕西人民教育出版社，2000，第90页。
② 孔明安：《哲学的问题与方向探讨——访张世英教授》，《哲学动态》1999年第7期。

运演操作，把对象分解、还原为各种可计算的分子，把客体抽象成各个方面的规定。这种抽象化、片面化的思维趋向，关注的基本上是用数学或逻辑的模型"算计"事实之间的联系，而对主体与对象之间的价值关系"漠不关心"。它关注的是事实，忘却的是意义；它推崇的是手段的合理性，贬抑的是目的本身的合理性。

（二）工具理性与价值理性的当下断裂

工具理性与价值理性各有其作用范围，各自发挥其独特作用。它们本应各司其职，密切合作，但是随着西方社会物欲的膨胀，工具理性片面发展，精神危机日见加重，功利思想睥睨一切，伦理领域出现了道德败坏、精神颓废等问题。之所以会出现这种不尽如人意的状况，工具理性越位而价值理性沦落是主因。本来，工具理性有其特定的作用范围，即描述世界的实然状态。可现在却发展成为今天资本主义世界的以工具理性为至上的理念。工具理性以可计算性为自身的存在前提，其定量分析的方法，"导致根据数学结构来阐释自然，把现实同一切内在的目的分割开来，从而把真与善、科学与伦理分割开来"①，这就出现了工具理性与价值理性二者关系的断裂，这也是人性、人的精神层面的断裂，主要表现在以下三个方面。

首先，在社会消费领域方面，西方社会在经历了积累式的资本主义之后，今天全面进入消费时代，资产阶级早期清教徒式的节俭生活与奋斗精神，已经让位于奢侈放纵、尽情享受了。在无尽的广告轰炸下，在堆积如山、琳琅满目的商品的诱惑下，人们"逻辑性地从一个商品走向另一个商品"②，购买着、占有着、享受着，而且乐此不疲。这时，人的大脑的思维功能似乎让位于视觉、听觉、味觉等纯感官活动，感官、感觉好像成了人唯一的心理活动方式，整个世界似乎只有当下的源于物的享乐才是真实的。

其次，在商品的生产领域方面，生产本应是人的一种自主性的活动，是人的一种自觉、自由的活动，是能够体现出人的主体价值和创造性精神

① 〔美〕赫伯特·马尔库塞：《单向度的人——发达工业社会意识形态研究》，张峰等译，重庆出版社，1988，第124页。
② 〔法〕让·波德里亚：《消费社会》，刘成富等译，南京大学出版社，2006，第24页。

的活动。但是在资本主义社会中，生产领域也出现了工具理性与价值理性二者关系的断裂，生产活动本身显露出一种非人化的特点，也就是说，它不再是人的类本质的张扬，恰恰相反，它成为人的类本质的异化与否定。这主要表现为生产活动中人的主体地位的沦丧。人由在生产活动中起主导作用的主体沦落为可资利用和算计的客体，由生产活动中的目的性存在物沦落为生产工具，沦落为资本主义机器大生产体制中的附属品，成为与机器零件同质的东西。此外，生产还出现了人与人之间关系的异化：人与人之间的关系由属人的关系异化为物与物的关系，由和谐的关系异化为一种冷漠甚至对立关系。总之，在工具理性的一统天下中，丧失了主体性与主导作用的人同样成了被管理的对象，人们之间的先在关系也屈服于物的生产活动，被撕裂、重组，让位于人与机器或人与物的关系。这真是对人的理性功能的"反讽"。之所以会出现这种"自反性"结果，是因为在资本主义社会科学技术的巨大成功，使得人们对工具理性盲目信仰，对最大生产效率及最大利润的永无餍足的追求。在泰勒式的资本主义生产流水线上，人的存在的多维性，人的精神需要，人的内在的体验、感受全部遭到忽略，被迫地甚至心甘情愿地把自己变成了"单向度的人"。

最后，工具理性的自我膨胀似乎没有止境，在征服了自然之后，在确立了其在经济生活领域的统治地位之后，它又把触手伸向了文化领域。它摆出一副裁判官的架势，依据自己的标准，向人文科学发出质疑。从单纯工具理性审视的结果来看，人文科学根本不符合工具理性所架构的范式。人文科学因此被宣布为"非法"。事实上，把工具理性的方法任意加以推广，使它变成一种普遍方法，才是真正"非法"的。因为人文的东西往往与人的情感、意志相关联，它的生命性、丰富性、复杂性，是难以用数学的方法来量化和计算的。"譬如对待人生理想、宗教信仰、情感、道德、审美、价值判断等，仅借助于自然科学方法，进行实证研究、定量分析和逻辑推演与判断，显然不够并难以把握。心理现象和感情世界，用某种或某几种自然科学方法进行解释并加以规范是比较困难的。"[1] 因此，工具理性对人文理性、价值理性挤压的结果，只能导致人文科学、价值的毁灭，最终也使人成为一种没有感情的"僵化"了

---

① 任雪萍：《科学理性及其双重效应》，《安徽大学学报》1998 年第 6 期。

的木乃伊一样的存在物。

著名的哥德尔定律告诉我们，无论是单纯的工具理性还是单纯的价值理性，都是非自足的，即都无法唯一地规定或实现人的全面本质。工具理性和价值理性的异化性质，在人类学本体论层面上，即是由非自足走向自足，变成人类存在的充足理由和充分依据，要么是工具理性，要么是价值理性，成为人类及其存在的唯一和终极尺度。因此，非自足的工具理性倘若离开了价值理性赋予它的意义，那么工具理性对于人的存在来说就无从呈现出自身的意义。因为工具理性不具有目的的规定，而仅仅具有手段的规定。同样，价值理性的异化则意味着价值理性对工具理性的排斥和否定，即把绝对的价值尺度当作一种超历史的抽象目标，恐惧和怀疑一切工具理性手段和方式，拒绝一切历史的实际发展。把世界和人的精神构成看作是混沌无序的，人类生活与科学技术完全对立起来，造成人文精神与科学精神、生命与技术的割裂，反而贬低价值理性的原有地位，使神秘主义和蒙昧主义大行其道。总之，工具理性和价值理性在人类实践活动中存在对立统一的关系，构成实践活动的内在矛盾。只有当指导实践的认识或理论、实践的操作工具和目的都是合理时，实践的结果才具有合理性；只有工具理性和价值理性的和谐统一，才能构成人的完整本质，充当人类存在的完整表征。现代社会中工具理性与价值理性的断裂导致严重的生存困境，社会的健康运行、人类充分而又全面的发展呼唤工具理性与价值理性的整合通融。

第五节　工具理性与价值理性的重新整合

古代与中世纪工具理性与价值理性处于一种朴素自然的完整状态，完全是融合在一起的。但如前面所述，近代以来二者的关系发生断裂，导致人与自然、人与社会、人与自身关系的异化。工具理性是人类理性与创新的源泉，价值理性是人类社会和谐与进步的基础。工具理性以价值理性为导向，价值理性指引着工具理性活动的方向。因为人的有意识的行为处处难以离开价值理性做出的判断。人作为一个拥有知、情、意等多维复合体的存在物，其内在的精神需要是多方面的，而人的情感、意志对人来说是最根本的，它们不能够被工具理性进行计算和量化，工具理性也无力超出人的情感与意志①。在处理各种问题时，工具理性与价值理性二者不可分离，工具理性与价值理性的整合通融是人类理性、人类社会健康发展的内在需要，二者的契合是引导人类克服生存困境的阿里阿德涅之线。当然，两者的整合不是简单的结合，而是"和而不同"，两者相得益彰，互补不足。只有工具理性与价值理性的契合才能保证人性的全面与完整，最终改善人与自然之间、人与社会之间、人与人自身之间的关系，从而实现人—社会—自然三者的协调发展。

一　整合工具理性与价值理性的可能性

人本身就是一个二重存在，二重存在就是工具理性与价值理性有可能进行整合的前提和根据。而关于人的存在的二重性，古今中外哲学家都对此有深刻的论述。在中国，古代的《周易》讲"形而上者谓之道，形而下者谓之器"。其中就包括形而上和人的存在的超验层面相对应，形而下和人的经验层面相对应；到宋明理学时期，"天理"和"人欲"的提法也分别对应着人的超验性存在和经验性存在。在西方宗教文化中，基督教中有"天堂"和"地狱"的说法，"地狱"代表着经验的现实世界，"天堂"代表着超验的彼岸世界，具有自足性和完满性的"天堂"与"地狱"在圣经中隐喻人的生存状态的二重化结构，即人作为肉体受本能的支配和制约，人只有超越自己的肉体存在，才能走向彼岸世界，进入"天堂"。在西方古希腊理性文化中，一些哲学家也对人的存在的二重性进行了昭示。如柏拉图的可见世界和可知世界的划分，揭示了人的二重性结构。伊壁鸠鲁在讲人的快乐问题时，也是把人分成实然存在和超然存在两个层次。到中世纪，哲学家们对人的二重结构描述得更加具体。16 世纪宗教改革家马丁·路德（Martin Luther）在《基督徒的自由》中写道："人有一人双重的本性，一个心灵的本性和一个肉体的本性。"② 约翰·沃尔夫冈·冯·歌德（Johann Wolfgang von Goethe）在《浮士德》中也借主人公之口说道："有两个灵魂住在我胸中，它们总是分道扬镳：一个怀着一种强烈的情欲，以它的卷须

---

① 石义华等：《工具理性与价值理性关系的断裂与整合》，《徐州师范大学学报》（哲学社会科学版），2002 年第 12 期。

② 周辅成编译《西方伦理学名著选辑》（上卷），商务印书馆，1964，第 491 页。

攀附着现在；另一个却拼命地脱离世俗，高飞到崇高的先辈的居地。"① 在古代哲人那里，人的存在的二重性分野和对立，被明确地揭示出来，到了近代，人的存在的二重性问题更受到哲学家们的高度关注。在近代，康德关于现象界与本体界的划分，恰恰体现着人的经验存在和超验存在的分野，他又从对纯粹知识与经验知识的划分中昭示了这样的分野。他说："所谓先天的知识非离某某个别经验而独立自存之知识，乃指绝对离开一切经验而独立自存之知识。与此相反者为经验的知识，此仅后天的可能，即仅由经验可能之知识。"② 黑格尔也对人的存在的二重性进行过思考和反省。他说："自然界事物只是直接的，一次的，而人作为心灵却复现他自己，因为他首先作为自然物而存在的，其次他还为自己而存在，对照自己，认识自己，思考自己，只有通过这种自为的存在，人才是心灵。"③ 英国著名的历史学家汤因比曾经说道："人类是处于这样一种麻烦困惑的境地，他们是动物，同时又是具有自我意识的精神性存在。就是说，人类因为在其本性中具有精神性一面，所以他们知道自己被赋予了其他动物所不具备的尊严性，并感觉到必须维护他。因此，使人想到在生理上自己和野兽是同类，对于有损人的尊严的身体器官、机能、欲望等，人们自然要感到尴尬，人类以外的动物没有自我意识，所以不会对自身肉体的性质感到困惑。由害怕丧失自身的尊严而产生的困惑，在现实中丧失了尊严的屈辱感，这类问题是高级的人类特有的。"④ 而马克思也认为人双重地存在着："主观上作为他自身而存在着，客观上又存在于自己生存的这些自然无机条件之中。"⑤ 这就是说，一方面，人作为经验层面上的肉体存在物，具有自然属性，是自然界的一部分，他与外界进行物质、能量和信息的交换，这必须需要工具理性，利用科学技术改造自然，获得人类必需的物质能量；但另一个方面，人又具有内在尺度，从而有可能通过自我意识把自己从自在世界中提升出来，使人真正成为人，因此，人不仅仅是自然存在物，也就是说，是为自身而

① 〔德〕歌德：《浮士德》，钱春绮译，上海译文出版社，1982，第20页。
② 〔德〕康德：《纯粹理性批判》，蓝公武译，商务印书馆，1960，第213页。
③ 〔德〕黑格尔：《美学》（第1卷），朱光潜译，商务印书馆，1979，第120页。
④ 〔英〕汤因比：《展望二十一世纪——汤因比与池田大作对话录》，朱继征等译，国际文化出版社，1985，第4页。
⑤ 《马克思恩格斯全集》第46卷，人民出版社，1979，第491页。

存在的存在物。这个层面就需要价值理性，因为只有工具理性不能为人们提供安身立命的信念，也无法为人们的实践活动提供现实选择的充足理由，工具理性所能发现的只是生物学意义上的人，亦即人的肉体层面和自然存在，它无法发现和把握人对动物的超越及其所显示出来的特质。工具理性是基于认识的纯粹客观性和世界的绝对确定性建设起来，它只能给出可能性与不可能性的绝对界限，它通过"不能做什么"来显示"能够做什么"的可能性空间，但它并不能告诉人们"必须做什么"，只有工具理性和价值理性的双重尺度，才能构成人的实践活动的前提。而人的存在的二重性恰好构成了工具理性和价值理性整合的可能性前提。

二　整合工具理性与价值理性的现实性

20世纪以来，人们在追求工具理性和价值理性整合方面做出了不懈的努力，在探索的道路上取得了初步的成果。如医学模式的历史转变，标志着工具理性与价值理性的相对统一，21世纪已经实现了由传统的生物医学模式向现代生物—心理—社会医学模式的转换，在现代医学模式中，无论是"疾病"还是"健康"，都不是价值中立的概念了；生命伦理学的建立，意味着人们开始以工具理性和价值理性两种尺度来审视生活现象特别是人的生命过程和生存状态，按照生命伦理学的范式，在医学的诊疗过程中，仅仅有理性视野及事实判断是远不够的，还必须同时具有伦理视野和价值判断的参与，才能为医学选择提供充足理由；还有生态伦理学的诞生，表明自然生态系统再也不单纯是工具理性的审视对象，同时也是价值理性审视的对象，因此，生态伦理学体现了这两种视野的有机统一。以上实例说明，人们在进行工具理性和价值理性的整合实践上迈出了第一步，但真正有所进步却是复杂和困难的。进行工具理性和价值理性的整合，已经成为21世纪人类努力的基本方向。

三　整合工具理性与价值理性的着眼点

解决当代人类生存困境、克服人的异化，从根本上来说，就是复归人的主体性，使人成为目的的存在而不是手段的存在。要最终实现这一目标，就必须变革以往工具理性至上的文化理念，建构工具理性与价值理性契合通融为辩证统一体的文化理念，而它要在实践中贯彻，必须着眼于以下几个方面。

（一）"以人为本"调整人与自然的关系

"以人为本"就是把人作为目的，确立人在自然界的主体地位。人的主体性意味着人的能动性、自觉性，因而人应该自觉完善人与自然的关系，使人与自然共同进化，共生共荣，不应该把自然作为人类征服的对象。人类在自然界中生存，自然界作为人类的环境而存在，没有了自然界或破坏自然界，人类便无以生存；而没有人类的生存及其实践，自然界就无从显现它的存在意义与价值。

（二）"以多元文化平等"调整人与人的关系

西方社会抛弃价值理性而只顾及工具理性，结果在理论和实践上，不是将与自己交往的他人视作平等、自由、合作的主体，而是当作自己谋取利益、满足私欲而加以利用的客体。全球化浪潮促进了文化的多元化发展，而全球性问题的解决缘于多元文化主体的共同努力，即在平等基础上对话，承认他者文化的存在价值。那种把他者文化视为异端，把自己的文化价值观强加于他者的观念与行动势必带来人与人的关系的恶化，其实是把他人当作手段，来为自己服务，如战争与暴力、经济掠夺与剥削等都是人与人的关系紧张对立的结果。人与人的关系解决不好，就不能从根本上解决人与自然的关系，因为全球性问题是由人类自身的实践造成的，例如，美英对伊拉克发动的侵略战争，打着"解放伊拉克人民"的口号，实际是看上了中东丰富的石油资源，对经济利益的贪婪是战争的根本原因，同时战争也造成了伊拉克的环境污染，带来了严重的生态灾难。人类对自然环境的破坏本可以避免，人与人的关系的恶化却加快了这一进程。

（三）"提升人类精神境界"改善人类精神环境

当代人类的生存困境归根到底是人自身出了问题，即人自身心灵的失衡，是生存思维和生存意义的异化，物欲的满足作为唯一追求的目的，人类内在的生态环境发生了恶化。因此要优化人的生命存在，以人文精神和人文教育来提升人类自己。归结为根本一点，要克服人类的异化，就要转换以往单一的文化理念，实现工具理性与价值理性的整合，把人自身作为目的，把他人作为目的，把人类整体的利益作为实践的根本目的。

四 整合工具理性与价值理性应坚持的原则

（一） 坚持对立统一原则

人类在实践活动过程中单纯地强调工具理性或价值理性都是片面的，因为仅仅信奉工具理性，人类会陷入"抛弃理想"的物性之中；仅仅固守价值理性，人类又会因"不顾现实"而丧失前进的根基，换言之，仅仅以工具理性审视人，将把人降为物；而仅仅以价值理性的视野观照人，则必然把人引向神，把历史的发展引向乌托邦。因而我们要坚持工具理性和价值理性对立统一的原则，并以有机统一的工具理性与价值理性作为指导人类实践活动的文化理念。所以，当我们按照工具理性视野的要求充分肯定发展经济的优越性时，尽管市场经济存在着导致人的片面性和物化的可能，也不能以此为借口来人为地否定或抑制市场经济的充分发展，在发展市场经济的同时，我们也不能宿命式地放弃价值尺度而无条件地认同市场经济原则，甚至把商业标准、金钱尺度独断化，变成涵盖整个社会生活的唯一规定，以致拒斥人的精神世界，把人变成一种纯粹自然式的存在。这正是我们要坚持对立统一原则进行工具理性和价值理性整合的必要性。

（二） 坚持整体主义的自我实现原则

整体主义的自我实现是工具理性与价值理性整合的基本原则。整体主义包括生命和自然界的"人—社会—自然"的复合系统的有机整体，它强调了人对自然具有一种无法摆脱的依赖关系。人类并不是可以"为所欲为""随心所欲"，而是受到整个自然生态系统的牵制。"自我实现"是一个从"小我"到"大我"发展的过程，一种生活方式。在西方社会中，人们过多地崇尚个人主义，而个人主义的"自我"是"小我"，是一种分离的自我。它强调个人的欲望，追求享乐主义的满足。这种"自我"扰乱了社会正常的秩序，使人类失去了探索自身的科学精神与自身本性的机会。"大我"是"每个人都能够同其他人——他的家庭、朋友、直到整个人类——紧密地结合在一起时，人自身独有的精神和生物人性就会成长、发育，'自我'便会逐渐扩展，超越整个人类而达到一种包括非人类世界的整体认同"①。这种"自我"认同和实现，是人类的本质、潜能的充分展现，是人应该具有，并应该达到的真正的境界。"整体主义的自我实现"就是主张人类只是"人—社会—自然"复合系统这一整体的一个部分，不是与大自然分离的、不同的个体；人类本质的实现是由人类自身与他人，以及自然界中的其他存在物的关系所决定的。因此，人类的思想和行为都要从整体主义出发，特别是人类工具理性的物化成果，一定要在此基础上进行理性选择。当然，在强调整体的同时，并不否定人类本质、潜能和利益的自我实现。人类的自我实现是人类社会发展的最终目标，是现代生态问题的核心。人类的自我实现只有在整体主义中才能更好地完成成就自身、成就美好的理想，达到真正的人类境界。正如王选院士在援引美国一位著名心理学家的一个公式"I+We＝Fully（developed）"时所说的那样："只有把个人融入集体，才能体现完整的自我价值"②。人类的自我实现同时也为"人—社会—自然"复合系统的发展带来勃勃生机与动力，促进整个系统不断向高级发展。

（三）坚持相互作用原则

在对待人与自然的对象关系上，要充分认识到主体与客体的辩证联系：一方面，人作为创造者，以自己的活动引起自然界的改变，使自然界具有了人的痕迹；另一方面，主体在客体的制约之中学习自然界的智慧。主体与客体之间没有不可逾越的界限，正如美国著名哲学家 W.H. 默迪（W. H. Merdy）所指出的，"根据怀特海的看法，当一个实体'能将自己所属的更大整体纳入自身的范围之内时'，它才是它自身；'反之，也只有在它的所有界面都能渗入它的环境，即在其中发现自己的同一整体的时候，它才是其自身'"。③ 正是主体与客体的相互作用推动了"人—社会—自然"大系统不断向前发展。

---

① 余谋昌：《生态哲学》，陕西人民教育出版社，2000，第 121 页。
② 王选：《在南模的日子》，《中华读书报》1999 年 9 月 1 日。
③ 〔美〕W.H. 默迪：《一种现代的人类中心主义》，《哲学译丛》1999 年第 2 期。

（四）坚持自然价值原则

自然界具有内在价值和外在价值。"所谓自然界的外在价值，是它作为他物的手段或工具的价值。……自然界作为人和其他生命生存和发展的资源，能满足人和其他生命生存和发展的需要，实现人和其他生物的利益"。而"所谓自然界的内在价值，是它自身的生存和发展。……自然界是活的系统，生命和自然界的目的是生存，为了生存这一目的，它要求在生态反馈系统中，维持或趋向于一种特定的稳定状态，以保持系统内部和外部环境的适应、和谐与协调"①。因此，充分认识到"人—社会—自然"大系统中各个部分都具有自身的存在合理性以及整个世界的价值蕴涵，是整合工具理性和价值理性的当代视角。

五　整合工具理性与价值理性的基础

实践是整合工具理性与价值理性的基础。在这里，"基础"包含两方面内容。一方面指实践是整合工具理性与价值理性的场所。因为实践是人类的存在方式，是人类掌握世界的最基本方式。人类为满足自己的生活需要而进行的生产活动是一切历史的第一个前提，是人与自然、人与社会、人与人关系的历史起点。工具理性和价值理性作为理性双重维度融于人类的实践活动中，前者关涉实践活动的成败，后者决定着实践活动的品位。人类的实践活动首先要在人的头脑中进行观念的设计、建构和预演，然后再把这些观念性的设计、构思在实践中付诸实施。所以实践是工具理性和价值理性整合和融通的场所，是两者统一的必然指向和旨归。另一方面，实践是验证工具理性发展是否合理的唯一标准。这是因为工具理性只是对实践活动的观念进行预演，它本身与价值理性融合发展是否合理，还有待于在实践活动的实际展开及其结果中进行检验、验证。马克思说："人的思维是否具有客观的真理性，这不是一个理论的问题，而是一个实践的问题。"②在这里，以实践的成败衡量是否标准的"思维的真理性"，能够检验和确证工具理性发展是否合理，不断调整其发展方向。因此，实践是人类存在和

---

① 余谋昌：《生态哲学》，陕西人民教育出版社，2000，第 79 页。
② 《马克思恩格斯选集》第 1 卷，人民出版社，1995，第 55 页。

发展的基础，只有在实践的基础上，工具理性和价值理性才能真正地实现重新整合，才能推动工具理性不断发展与完善，以实现人类社会的可持续发展。

六　整合工具理性与价值理性应处理好的关系

要整合工具理性与价值理性，我们在实践中必须处理好五种关系。

（一）人与自然的关系

在人与自然的关系上，工具理性的基本趋向是征服和支配自然，这种原则引发了对自然的片面开发问题，渐渐导致灾难性的环境污染和生态失衡问题。要解决这些极为迫切的全球性问题，就应对人与自然的关系进行整合。人作为在场的主体和自己实践活动后果的承担者，要自觉地把自己融入自然之中，在实践中服从自然规律的要求；自然具有最高的、绝对的主体性，人类应在尊重自然的前提下，使自己的生产和生活方式与自然系统的承载力统一起来，在发展中与自然共赢。

（二）当代与未来的关系

环境问题更深层地看可以归属于当代人与未来生活在自然中的人的矛盾与冲突问题。人类共有一个地球。在实践中，我们不仅要考虑自身的利益，同时也要考虑后人的利益，注意代际平等和全人类的可持续发展。我们要在"人类大生命"这种终极关怀的视野中获得主体性意义上的在场与不在场的统一。

（三）经济发展与生态优化的关系

人类的生存与发展依赖一定的物质基础，经济发展是人类持续发展的前提条件，发展是硬道理。同时，任何过分乐观的"经济增长＝环境优化"的乌托邦发展模式，都会由于其片面性而造成难以治理的环境问题。对于高扬工具理性、贬抑价值理性所导致的现实生态困惑，人类完全可以求答出一条合理的解决途径：寻求一种适度增长的经济运行模式，在发展经济的同时促进生态的优化。

（四）物质丰富与精神升华的关系

人的需要是全面的，既有物质需要又有精神需要。人的需要的满足迫切要求现代人在提高物质生活水平、实现自己的"肉身之爱"的同时，努力关注精神文化建设，提升自己的"心灵之命"，打造出一个物质丰裕、精神充实的新型社会。

（五）短期利益与长远利益的关系

在工具理性的驱使下，人们往往只顾眼前的短期利益，而看不到未来可能产生的巨大危害。现代生态哲学指出，经济可持续发展、社会可持续发展、生态可持续发展"三位一体"的发展观才是真正符合全人类利益的发展观。着眼于长远的经济利益、社会利益和生态利益，实施"人—社会—自然"大系统各方面的可持续发展，已经成为今天人们的理论共识和实践追求。

应当说，工具理性和价值理性的彻底整合，是一个长期的、复杂的、艰难的过程，它的圆满完成是在共产主义社会。马克思这样说过："这种共产主义，作为完成了的自然主义，等于人道主义，而作为完成了的人道主义，等于自然主义，它是人和自然界之间、人和人之间的矛盾的真正解决，是存在和本质、对象和自我确证、自由和必然、个体和类之间的斗争的真正解决。它是历史之谜的解答，而且知道自己就是这种解答。"① 也就是说，只有到共产主义社会，工具理性和价值理性才能达到最终的、彻底的整合。这既是理想，又是目标。我们不要认为目标离我们遥远而放弃，悲观失望的观点、宿命论的观点都是错误的。我们要坚持主导性原则，不断地朝这一目标努力，创造出理想的美好未来，作为现实的历史，这种整合是通过人们的具体实践来相对实现的。以这种整合的视野来指导我们当今正在进行的现代化建设具有重要的现实意义。

---

① 《马克思恩格斯文集》第 1 卷，人民出版社，2002，第 185～186 页。

第四篇

贵阳在行动

第一章 路径之问：贵阳市智慧生态城市建设

第一节 贵阳与智慧生态城市

一 智慧生态城市

智慧生态城市与生态城市、智慧城市密切相关。其中，生态城市的概念是 20 世纪 70 年代联合国教科文组织在其"人与生物圈"计划研究过程中提出来的。对于这种新型城市的含义，虽然不同的学者在具体意见上并不完全一致，但大家都肯定它对人与人、人与自然和谐关系的追求。"原苏联生态学家杨尼斯基认为，生态城市是一种理想城模式，其中技术与自然充分融合，人的创造力和生产力得到最大限度发挥，居民的身心健康和环境质量得到最大限度保护。中国学者黄光宇认为，生态城市是根据生态学原理，综合研究城市生态系统中人与'住所'的关系，并应用科学与技术手段协调现代城市经济系统与生物的关系，保护与合理利用一切自然资源与能源，使人、自然、环境融为一体，互惠共生"①。

从 20 世纪末开始，一些发达国家已经在与智慧城市性质大体相同的城市建设方面进行了一系列具有开拓性质的实践活动。受此影响，21 世纪初（2008 年底）美国 IBM 公司提出了构建智慧地球的观点，在国际上引发了积极响应，也受到了人们广泛的关注。它与先前生态城市建设的潮流迅速相互交融，一起形成了当今时代极具魅力的智慧生态城市建设浪潮。

由此可见，智慧生态城市是智慧城市与生态城市的复合与统一，"是按照生态学原理进行城市规划设计，建立起来的高效、和谐、健康、可持续

① 《生态城市：未来城市发展的智慧选择》，2010，见 https://www.chinanews.com/expo/news/2010/06-10/2335759.shtml。

发展的人类宜居环境，并把新一代信息技术（互联网、云计算、大数据、社交网络等）充分运用在城市的各行各业之中的知识社会创新的高级信息化形态的宜居城市"①。

二 贵阳市概况及其智慧生态城市建设路径探究背景

贵阳市现为贵州省省会，也称"金筑"，简称"筑"，别名"林城""筑城"，位于贵州境内贵山之南，地处东经106°07′至107°17′，北纬26°11′至26°55′，平均海拔1100m，夏季平均气温22.3℃，负氧离子高、PM2.5低，是世界上紫外线辐射最低的城市之一，世界上喀斯特地区植被保护最好的中心城市，贵州省政治、经济、文化、科教、交通中心和西南地区重要的交通通信枢纽、工业基地及商贸旅游服务中心，有国家经济技术开发区和贵州省内唯一的国家级高新区。

汉武帝时，贵阳始属中央管辖，宋宣和元年更当时矩州为贵州，至嘉定年间，移州治于贵阳，清康熙年间改贵阳军民府为贵阳府，辖贵筑县、贵定县、龙里县、修文县、开州、定番州、广顺州和长寨厅等州县。新中国成立后，1949年11月23日，贵阳市人民政府成立，同时设贵阳专区，管辖贵筑、修文、开阳、息烽、惠水、龙里等县。目前，贵阳市共辖云岩区、南明区、花溪区、乌当区、白云区、观山湖区、开阳县、息烽县、修文县、清镇市六区一市三县。

在党的十八大报告中，胡锦涛同志提出"面对资源约束趋紧、环境污染严重、生态系统退化的严峻形势，必须树立尊重自然、顺应自然、保护自然的生态文明理念，把生态文明建设放在突出地位，融入经济建设、政治建设、文化建设、社会建设各方面和全过程，努力建设美丽中国，实现中华民族永续发展"②。习近平同志在《致生态文明贵阳国际论坛二〇一三年年会的贺信》中指出："走向生态文明新时代，建设美丽中国，是实现中华民族伟大复兴的中国梦的重要内容。中国将按照尊重自然、顺应自然、保护自然的理念，贯彻节约资源和保护环境的基本国策，更加自觉地推动

---

① 《智慧生态城市》，2021，见 https：//baike. baidu. com/item/% E6% 99% BA% E6% 85% A7% E7%94%9F%E6%80%81%E5%9F%8E%E5%B8%82/15257751? fr＝aladdin。

② 胡锦涛：《坚定不移沿着中国特色社会主义道路前进 为全面建成小康社会而奋斗》，人民出版社，2012，第39页。

绿色发展、循环发展、低碳发展，把生态文明建设融入经济建设、政治建设、文化建设、社会建设各方面和全过程，形成节约资源、保护环境的空间格局、产业结构、生产方式、生活方式，为子孙后代留下天蓝、地绿、水清的生产生活环境。"[1] 具体到贵阳市本身，2012 年，贵阳获批为首个国家级生态文明示范城市，2013 年被住建部列入年度国家智慧城市试点。正是在这个大环境下，贵阳市提出建设智慧生态城市，它以创新驱动为引领，一方面致力于解决城市发展的瓶颈问题，另一方面力求形成新的经济驱动引擎，以使贵阳市信息基础设施完善，智慧应用全面，城市管理运行高效。

第二节　贵阳市智慧生态城市建设路径探究的现状与困难

一　贵阳市智慧生态城市建设路径探究的现状

贵阳市智慧生态城市建设路径探究，目前主要有以下三个方面。

第一，看清形势，适应趋势，发挥优势，以生态为底线。在中国共产党第十八次全国代表大会上，胡锦涛同志指出，"经过九十多年艰苦奋斗，我们党团结带领全国各族人民，把贫穷落后的旧中国变成日益走向繁荣富强的新中国，中华民族伟大复兴展现出光明前景"[2]，但同时"必须清醒看到，我们工作中还存在许多不足，前进道路上还有不少困难和问题"[3]。其中在生态环境方面，从世界范围来看，据联合国环境规划署 2012 年发布的《全球环境展望 5：我们未来想要的环境》（2012 年中文版）介绍，"如今生活在地球上的 70 亿人类正以增长的速度和强度开采着地球资源，这已超过了地球系统所能承受吸收废物和中和环境负面影响的能力范围，实际上，几种重要资源的损耗已经限制了世界许多地方的常规发展"[4]，同时，"人类活动正在改变大气、地质、水文、生物和其他地球系统过程。其中最显著的变化有全球变暖、海平面上升和海洋酸化，这些变化都和温室气体（特

---

[1]　《生态文明贵阳国际论坛二〇一三年年会开幕 习近平致贺信》，《人民日报》2013 年 7 月 21 日。

[2]　胡锦涛：《坚定不移沿着中国特色社会主义道路前进　为全面建成小康社会而奋斗》，人民出版社，2012，第 1 页。

[3]　胡锦涛：《坚定不移沿着中国特色社会主义道路前进　为全面建成小康社会而奋斗》，人民出版社，2012，第 5 页。

[4]　联合国环境规划署：《全球环境展望 5：我们未来想要的环境》，2012，中文版引言第 19 页。

别是二氧化碳和甲烷）的排放量增加有着重要联系。其他由人类引发的变化还包括毁林以及为进行农业生产和加快城市化进程的土地开垦，这些活动破坏了动植物天然的栖息地，因而导致了一些物种的灭绝"①。我国也面临"资源约束趋紧、环境污染严重、生态系统退化的严峻形势"②。

对此，党的十八大报告提出要"着力推进绿色发展、循环发展、低碳发展，形成节约资源和保护环境的空间格局、产业结构、生产方式、生活方式，从源头上扭转生态环境恶化趋势，为人民创造良好生产生活环境，为全球生态安全作出贡献"③。

贵阳市立足于本地生态良好的优势，在以发展为底线的同时，也明确提出城市建设要以生态为底线。关于这一点，贵阳市市长在《2015 年贵阳市政府工作报告》中说 2015 年度"工作的总体要求是：全面贯彻党的十八大和十八届三中、四中全会精神，以邓小平理论、'三个代表'重要思想、科学发展观为指导，深入贯彻习近平同志系列重要讲话精神，按照中央、省委、市委的各项决策部署，牢牢守住发展和生态两条底线，把握新机遇、引领新常态，紧扣主基调、实施主战略，加快改革推动、开放带动、创新驱动，集中力量实施'六大工程'，着力打造开放贵阳、创新贵阳、生态贵阳、法治贵阳、人文贵阳、和合贵阳升级版，在全省率先实现全面小康，以方向更准、速度更快的'火车头'和质量更高、效益更好的'发动机'带动全省经济社会发展，加快建设全国生态文明示范城市，朝着率先基本实现现代化的目标大踏步前进"④。

习近平同志对贵阳市把生态作为底线予以肯定。2015 年 6 月，他来到贵州调研，在听取贵州省委和省政府工作汇报时专门指出贵州建设要"协调推进'四个全面'战略布局，守住发展和生态两条底线，培植后发优势，奋力后发赶超，走出一条有别于东部、不同于西部其他省份的发展新路"⑤。

第二，协调联动，两手都抓，两手都硬。近年来，贵阳市在智慧生态城市

---

① 联合国环境规划署：《全球环境展望 5：我们未来想要的环境》，2012，中文版引言第 19 页。

② 全国绿化委员会办公室：《2014 年中国国土绿化状况公报》，2015 年 3 月 12 日，见 http://www.forestry.gov.cn/main/63/20150312/1093748.html。

③ 胡锦涛：《坚定不移沿着中国特色社会主义道路前进　为全面建成小康社会而奋斗》，人民出版社，2012，第 39 页。

④ 吴文俊：《贵阳市十三届人大五次会议隆重开幕》，2015 年 2 月 6 日，见 http://www.swbd.cn/cont.ASP？WZBH=19199。

⑤ 《习近平在贵州调研》，《人民日报》2015 年 6 月 19 日。

建设上既注重城市智慧化建设，也一直追求张扬生态向度。在智慧城市建设方面，以2013年入选国家住建部智慧城市试点为契机，贵阳市具体规划了电子元器件及信息材料、软件及服务外包、新兴应用电子、智能装备及智能家居、移动互联网等五大智慧产业集群并连年加大智慧产业投入，具体如图1所示。

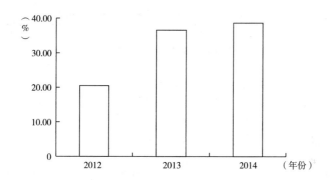

图1　2012～2014年贵阳市高新技术工业增加值比例

注：数据引自2013～2015年贵阳市政府工作报告。

2014年贵阳市高新技术工业增加值比例高达38.7%，相比较2012年的比例20.5%增加了18.2个百分点。同年，贵阳市建设智慧城市完成了8件大事，具体如表1所示。

表1　贵阳市建设智慧城市大事件

1	中关村贵阳科技园从无到有
2	贵阳·贵安国家级大数据产业发展集聚区获批创建
3	新注册大数据及关联企业227家，食品安全云、医疗健康云等在全省率先发展，云上企业超过2900家，上线产品达1.4万个
4	数据中心服务器突破2万台，呼叫中心座席达2.2万个
5	全域公共免费WiFi城市项目有序推进，获批创建"宽带中国"示范城市，以大数据为引领的电子信息产业规模达660亿元，被评为"最适合投资数据中心的城市"
6	贵阳互联网金融产业园形成"前店后厂"发展模式
7	获批全国电子商务示范城市、电子商务与物流快递协同发展试点城市
8	成功组建中科院软件所贵阳分部、贵阳高校科研院所科技创新联盟，成立北京贵阳大数据研究院、贵州大学贵阳创新驱动发展战略研究院，设立北京跨国技术转移协作网络贵阳分中心，建成北京·贵阳大数据应用展示中心

注：文字资料引自2013～2015年贵阳市政府工作报告。

在生态城市建设方面，早在 2007 年，贵阳市就做出了建设生态文明城市的决定。随着 2009 年 6 月环保部将贵阳列为全国生态文明建设试点城市，贵阳市生态建设进一步深入拓展，2012～2014 年三年贵阳市生态文明建设情况如表 2 所示。

表 2　2012～2014 年贵阳市生态文明建设情况

2012 年	市区污水处理厂 7 座，排水管道长度 1910 公里；全市空气污染指数年平均值为 61，年降水 pH 值为 5.63，全年空气质量为优或良的天数占全年天数的 95.9%，市区大气可吸入颗粒物年平均值为 0.073mg/m³，达到国家环境空气质量二级标准；二氧化硫年平均值为 0.031mg/m³，达到国家环境空气质量二级标准；二氧化氮年平均值为 0.028mg/m³，保持在国家环境空气质量一级标准内；地面水环境质量保持良好状况，城市地表水水质达标率为 95.83%，饮用水源水质达标率为 100%
2013 年	将生态文明贵阳会议升格为生态文明贵阳国际论坛，并成功举办 2013 年年会；建成美丽乡村示范点 27 个；建成小车河城市湿地公园二期，改造提升花溪十里河滩国家城市湿地公园和黔灵山公园；实施石漠化治理 17.2 万亩，完成营造林 24 万亩，新增绿地 103 万平方米，森林覆盖率和建成区绿化覆盖率分别达 44.2%、43.5%；初步完成南明河水环境综合治理一期工程，集中式饮用水源地水质逐年向好；大力推进节能减排和再生资源利用，淘汰落后产能 158.2 万吨，完成 272 万平方米可再生能源建筑应用示范项目
2014 年	获批全国水生态文明建设试点城市；成功举办生态文明贵阳国际论坛；生态文明贵阳国际论坛被写入国家 "一带一路" 总体规划；创建国家环境保护模范城市工作顺利通过考核验收，森林覆盖率达 45%，空气质量优良率 86%，集中式饮用水源水质稳定达标；完成中心城区天然气置换，淘汰黄标车 1.43 万辆，淘汰落后产能 82.4 万吨，实现二氧化碳减排 43.78 万吨；完成饮用水源地一级保护区核心区居民搬迁，全面实施南明河水环境综合整治二期工程，建成污水处理厂 4 座、提标改造 7 座；改造提升花溪十里河滩国家城市湿地公园、黔灵山公园，建成区绿化覆盖率达 44%；基本完成饮用水源、城市通风走廊、森林资源保护等红线划定工作，全省首单中国自愿减排（CCER）项目成功签约，实现碳交易零的突破；开展 "六个一律" 环保 "利剑行动"、森林保护 "六个严禁" 专项执法行动，查处生态环保案件 666 起

注：文字资料引自 2013～2015 年贵阳市政府工作报告。

可见，近几年来贵阳市生态文明建设在前期扎实的基础上一直在向前稳步推进，也取得了一系列可圈可点的成绩。

第三，三个面向，立体式发展。首先，面向世界。贵阳市智慧生态城市建设，并不是故步自封、自我陶醉与欣赏，而是切实贯彻了 "走出去" 的战略，紧密与世界接轨。2012 年，贵阳市获批为国家外贸转型升级示范基地，被评为福布斯·中国大陆最佳商业城市。贵阳机场也获得了落地签证，新开通国际国内直航航线 17 条。2013 年，贵阳市建成并开始运营贵阳国际人才城，成为全省首个综合保税区，龙洞堡国际机场 2 号航站楼也投入使用，着力打造国际化开放大平台。值得一提的是，生态文明贵阳会议升格为生态文明贵阳国际论坛，并成功举办了 2013 年年会，习近平同志为此专门致以贺信表示祝贺。2014 年，贵阳市成功举办了生态文明贵阳国际论坛并被写入国家"一带一路"总体规划，从而打造了全省对外开放合作的制高点。同时，贵阳国际金融中心也实现了入驻，建成投用了"马上到"国际物流园公路港等一批富有活力的项目，增加国际航线 6 条，达成了与印度班加罗尔市结好的共识，并与爱尔兰米思郡结为友好城市。至于引进利用外资方面，如图 2 所示。2012 年到 2014 年，贵阳市引进利用外资分别是4.7 亿美元、6.3 亿美元和 7.62 亿美元，增长显著。

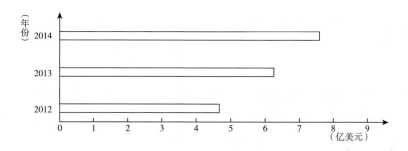

图 2　2012～2014 年贵阳市引进利用外资情况

注：数据引自 2013～2015 年贵阳市政府工作报告。

其次，面向现代。一是贵阳市紧追现代信息化潮流，在打好信息化基础的条件下，大力推进大数据建设。当前，贵阳市在主城区有线光纤实现了 100% 的全覆盖，无线网络也基本覆盖了全市重要公共场所；"人口、法人、基础地理信息和宏观经济等基础数据库已基本建成；在社保、规划、国土、生态、财税等领域建设了一批全国先进，具有地方特色的专业应用系统；成功实施了政务服务中心信息系统、公安综合指挥及数字城管系统、12319 公共服务平台等资源共享与业务协同的示范性工程"[①]。在此基础上，贵阳设立了大数据产业投资基金，着力规划创建贵阳·贵安国家级大数据

---

① 贺小花：《智慧贵阳：阔步向前，力求后发赶超》，《中国公共安全》2014 年第 11 期。

产业发展集聚区，截止到 2014 年底，以大数据为引领的电子信息产业规模达 660 亿元，为此，在第四届中国数据中心产业发展联盟大会暨 IDC 产品展示与资源洽谈交易大会上，贵阳市被评为"最适合投资数据中心的城市"。二是注重现代制造业的发展。2013 年 11 月 5 日，贵阳市委办公厅专门下发了《中共贵阳市委、贵阳市人民政府关于加快发展高新技术产业和现代制造业的意见》，要求贵阳市各区（县、市）成立专门领导小组和机构，把加快发展现代制造业放在更加突出的位置，重点发展生物医药产业、航空航天产业、新材料产业、高端装备制造业等产业，提出打造千亿级材料产业集群、千亿级装备制造产业集群和千亿级医药产业集群等若干制造业产业集群。另外，在现代制造业实践推进的同时，为帮助各单位及时掌握国家及省、市有关现代制造业发展规划、产业发展政策以及相关重点行业扶持政策的信息，了解产业振兴、产业结构调整、产业技术成果转化等项目的申报条件、程序、前期准备工作等，由市发展和改革委等部门牵头组织进行了现代制造业产业发展政策和理论知识培训，取得了良好的效果。三是注意发展现代农业。据《2016 年贵阳市政府工作报告》，2015 年，贵阳市"现代农业增加值占一产增加值比重提高到 30%，成功举办首届农业嘉年华活动。'5 个 100 工程'完成投资 3906.82 亿元，小孟工业园、沙文生态科技产业园等一批重点产业园区相继建成，集聚功能不断增强"①。

最后，面向未来。主要包括两个方面，其一，贵阳市智慧生态城市尽管是智慧和生态二者的有机统一，但在建设过程中始终"围绕生态文明示范城市建设的战略目标"展开，因此，在这一进程中"智慧"和"生态"的地位并不是等同的，"智慧"从属、服务于"生态"。"生态"在此主要是指对人与自然和谐关系的肯定，对人整体利益、长期利益的追求。它在注意满足当代人的需要的同时，特别注重人类社会的可持续发展问题，思考如何能满足下一代及其他代人的需要。这就使贵阳市智慧生态城市建设的视域由当下延伸到未来，既具有面向当代人需要的考量，又具有长远眼光，面向未来持续发展的探索。其二，贵阳市智慧生态城市建设倡导紧追当代高新技术，立足于未来极具竞争力的产业发展，大胆改革创新，凸显

---

① 刘文新：《贵阳市第十三届人民代表大会第六次会议政府工作报告》，2016 年 1 月 19 日，见 http://www.gywb.cn/content/2016-02/18/content_4626001.htm。

了其面向未来、着眼未来的战略眼光和发展范式。

二　贵阳市智慧生态城市建设路径探究面临的困难

贵阳市智慧生态城市建设发展路径在取得一系列不俗成绩的同时，也不可避免地面临一些前进中的问题。

第一，相关理论研究还有待加强。贵阳市智慧生态城市建设作为一个"试点"，当下既没有现成经验直接"拿来"，也没有既有的具体程式可供参考，一切都属于"摸着石头过河"，在具体发展方式上必须靠自己总结探索，这样才能在建设好自身的同时，为国家其他智慧生态城市建设提供经验借鉴。但在目前，对智慧生态城市路径的探究，贵阳市尚没有设立专门的学术研究机构，相关学术研究人员也偏少，成果不仅数量不多，研究水平也有待提升。

第二，新兴产业尚未形成对全市工业发展有重要影响及规模的行业和企业。近年来，虽然贵阳市一直在大力推动新兴产业的发展，但当下工业增长支撑点较为单一的局面并未得到彻底的扭转。如市发展和改革委发布的《2015年贵阳市1-5月经济运行情况分析报告》就提到，"长期以来，我市工业经济中卷烟制造一直占主导地位，其占全市规模以上工业增加值的比重超过25%，其次占比较高的是化肥、医药、装备制造等行业，新兴行业发展相对较慢，尚未形成对全市工业发展有影响及规模的行业及企业"[①]。

第三，本土创新力量培养、开发能力有待进一步加强。近年来，贵阳市智慧生态城市建设在引进外部力量方面成效较为显著。培养与开发本土创新力量的相关部门确实做了很多工作，也取得了不少突破性成绩，然而，本土固有科研力量从总体上看还任重道远。

第四，尚需注意防范现代化的"反生态"行为。贵阳市智慧生态城市建设面向现代，追求后发赶超，但现代化本身是一把"双刃剑"，它在给人们带来福音的同时，也以生态的破坏效应在反对人类自身。不可否认，当前贵阳市房地产开发等在改善本市宜居环境的同时，也在一定程度上影响到了城市的生态水平，因此非常有必要进一步研究以有效规约。

---

① 贵阳市发展和改革委员会：《2015年贵阳市1-5月经济运行情况分析报告》，2015年6月29日，见 http://www.guiyang.gov.cn/zwgk/zfxxgks/fdzdgknr/tjxx/zxfb/201507/t20150707_16963396.html。

第三节　比较与借鉴：贵阳与韩国仁川智慧生态城市建设

仁川是韩国西北部的一个广域市（相当于中国的直辖市），离韩国首都首尔西 28 公里，面积 958 平方公里，人口 256 万，是韩国第三大城市和第二大贸易港口。

"作为未来城市的领军者，韩国仁川自由经济区以后来居上的态势发展迅猛，特别是其中的松岛新城更是频繁出现于各专业媒体，引起国内外产业研究者、政府、规划师和建筑师的普遍关注。"① 在智慧生态城市建设上，对仁川与贵阳各方面进行比较，情况大体如表 3 所示。

表 3　仁川与贵阳各方面比较

	仁川	贵阳
地理交通	沿海。水陆空交通发达，高速公路、铁路、环城公路、邮轮及地铁等主要交通设施与周边城市相连；2001 年开航的仁川国际机场，能够飞往国内各城市和世界主要城市；海上与中国的 1 个城市通航	内陆。陆空交通便利，全线开工的贵阳地铁 1 号线全长 34.3 公里，连接观山湖区、老城区及花溪区；近年来，贵阳机场共有 111 条航线执飞，通航城市 67 个，驻场运力 20 多架；川黔、贵昆、湘黔、黔桂 4 条铁路干线交会于此；已通车和在建的高速公路有 5 条
目标定位	计划建设成智慧、生态和产城结合的全新未来城市	围绕生态文明示范城市建设的战略目标，贵阳初步建设成为信息基础设施完善、智慧应用全面、城市管理运行高效的现代生态经济城市
构建特性	后发而起	后发赶超
智慧与生态建设理念	城市的开发建设和运营有效结合了最先进的智慧和生态设计理念，提出了独具特色的新一代智慧城市理念 U-city 与绿色生态城市理念 Eco-city	人与自然和谐相处的生态伦理观

---

① 云朋：《未来智慧生态城市探索——韩国仁川自由经济区研究》，《北京城市建设规划》2014 年第 1 期。

续表

	仁川	贵阳
产业追求	着重于培养高新产业，同时在此基础上提供包括教育、展示和观光业在内的产业配套服务，如无污染的绿色交通系统、高效的水处理系统、完备的数字城市管理系统等	打造高新产业、现代制造业、现代农业等，如移动互联网产业集群、数码视听及应用电子产业集群、电子元器件及信息材料产业集群、生态循环种养模式、休闲观光生态农业模式、大中型沼气工程生态循环模式、村寨污水净化处理模式等
开放合作	仁川的规划和建筑设计均由欧美公司完成，区内遍布的精美学校、医院、公寓、写字楼及高端文化场所都带有所谓知名建筑师的标签，还包括全盘引入纽约中央公园和威尼斯运河等	利用生态文明贵阳国际论坛搭建政府、企业、专家、学者等多方参与、共建共享的国际交流平台；加强与生态文明相关国际组织和机构的信息沟通、资源共享和务实合作；积极引进借鉴欧美等发达国家和地区成功经验及技术，加强节能环保、清洁能源汽车、绿色建筑、生态城市发展、城乡可持续发展等领域的合作；与珠三角、成渝、北部湾等经济区和长株潭城市群在能源开发、生态建设、环境保护、产业发展、碳排放权交易等领域开展合作等
优势和侧重点	集医疗、教育、娱乐、观光等综合服务于一体，在智慧城市方面比其他城市要走得更远，尤其是其松岛新城为人们描绘出了未来智慧城市的美好前景	享有中国避暑之都、全国生态文明试点城市、全国低碳试点城市、国家创新型试点城市、国家信息化试点城市、国家新材料高新技术产业化基地和国家电子元器件高新技术产业化基地等荣誉，在生态城市方面具有天然优势，智慧生态城市建设注重围绕生态文明城市建设的战略目标

资料来源：云朋：《未来智慧生态城市探索——韩国仁川自由经济区研究》，《北京城市建设规划》2014 年第 1 期。

由表 3 可以看出，贵阳和仁川在智慧生态城市建设方面有很多共同点，例如二者虽然一个为沿海港口城市，一个是内陆城市，但交通都便利；在建设上都属后发性城市；建设目标定位与产业追求也相差不大。因此，仁川智慧生态城市建设目前的成功也为贵阳市展现了一道"诱人的风景"。其主要不同表现在以下几点。一是体现在贵阳和仁川两市各自的优势和侧重点方面。仁川在智慧城市建设上比其他城市要走得更远，而贵阳建设的核心是生态文明城市建设。这一方面启示贵阳市建设智慧生态城市在智慧产业上还要后发赶超，继续做大做强，另一方面也说明当今贵阳市发展有自己的实际情况或市情，其智慧生态城市建设尽管要借鉴其他地域的先进经验，但也决不能照搬，任何时候都要紧密结合自己的既有特点，不仅要取他者之长，更要坚定信心走好自己的路。二是在开放合作上，相比较贵阳的积极引进借鉴，仁川走得更激进，它"几乎所有规划和建筑设计基本上均由欧美公司完成，区内遍布的精美学校、医院、公寓、写字楼及高端文化场所都带有所谓知名建筑师的标签，还包括全盘引入纽约中央公园和威尼斯运河等。这一拉斯维加斯式的规划和开发思路值得商榷"①，"这无异于是一场大胆的冒险，有人甚至认为仁川有可能会陷入泥潭，成为另一个迪拜"②。毋庸置疑，贵阳市今后要特别注意避免这种做法。三是不可否认的是，相比贵阳市只是一般性地提出了人与自然和谐相处的生态伦理观，韩国仁川市在智慧生态城市建设理念方面远远走在了前列。其 U-city 智慧城市理念中，U 表示 Ubiquitous，"指通过数字宽带信息网，由城市综合监控中心管理数字家庭、电子政务、电子教育、电子环境、电子交通等，在社会各领域谋求全面发展，提高市民生活水平和便捷度"③。至于 Eco-city 理念，它"是仁川提出的绿色生态城市理念，它以低碳基础设施、碳吸收和减少碳排放为推进战略，在实施层面则包括了绿色交通、水资源利用、生态城市空间、建筑节能及新能源利用等一系列系统措施"④。正是在 U-city 和 Eco-city 这两种理念的引导与规约之下，仁川市社会各领域全面发展，城市景观和生态环境良好。由此可见，当前贵阳市建设智慧生态城市，必须特别注重相关理念建设，构建并细化与城市自身特点相适应的成系统的理念体系。"没有革命的理论，就不会有革命的运动"⑤，而"只要理论彻底就能说服人"⑥，掌握群众，从而切实推动贵阳市智慧生态城市建设又好又快发展。

---

① 云朋：《未来智慧生态城市探索——韩国仁川自由经济区研究》，《北京城市建设规划》2014 年第 1 期。

② 云朋：《未来智慧生态城市探索——韩国仁川自由经济区研究》，《北京城市建设规划》2014 年第 1 期。

③ 云朋：《未来智慧生态城市探索——韩国仁川自由经济区研究》，《北京城市建设规划》2014 年第 1 期。

④ 云朋：《未来智慧生态城市探索——韩国仁川自由经济区研究》，《北京城市建设规划》2014 年第 1 期。

⑤ 《毛泽东选集》第 1 卷，人民出版社，1991，第 326 页。

⑥ 《马克思恩格斯全集》第 3 卷，人民出版社，2002，第 207 页。

第四节　贵阳市智慧生态城市建设路径问题的对策思考

　　贵阳市智慧生态城市建设目前在路径探索上已经取得了不俗的成绩，为进一步推动这方面的工作，解决其面临的问题，第一，应加强贵阳市智慧生态城市建设中相关理念的研究。在人力资源方面，一是可考虑将有限的专业性人才集中到专门性的研究机构，专门开展智慧生态城市建设中相关理念构建工作，尤其要注重本土方面的探索。这种形式既可以将有限的人力集中起来使用，也能让相关研究人员全心全力地投入到贵阳市智慧生态城市建设理念的探索中去。二是充分利用贵阳市大专院校众多的便利条件，采取让高校相关人员申报课题、成立创新团队、开设专门的本土智慧生态城市课程、培训专业人员、组织建立目标明确的学生兴趣小组等方式研究贵阳市智慧生态城市建设的理念问题。一般而言，高校是创新的重要阵地，肩负着发展科技、服务社会的重要使命。因此，贵阳市要真正建成高水平的智慧生态城市，也应当充分发挥当地高校现有的相关资源，特别是其高素质的人力资源。三是广邀国内外相关专家学者，采取直接引进、学术讲座或研讨会等形式，"引进来"直接参与当下的贵阳智慧生态城市建设，为贵阳智慧生态城市建设把脉。这些学者的到来，既可以以极快的速度提升贵阳市智慧生态城市建设的研究水平，又可以最大限度地让更多的贵阳本地研究者通过专家们的介绍去接触智慧生态城市建设的前沿领域，从而事半功倍，以较小的付出取得较高的回报。四是"走出去"，派遣人员出省、出国考察与进修。考察外地智慧生态建设先进城市，开阔视野、汲取经验、增长知识，从而能更快地提升相关人员研究水平和素养。在物资方面，主要是千方百计地解决智慧生态城市建设研究所需要的专门仪器设备、研究场所、文献资料等问题，如贵阳正在规划实施的文化信息资源共享工程、数字图书馆推广工程、公共电子阅览室建设计划、数字博物馆、非物质文化遗产数据库、文化遗产保护利用工程、贵阳精神研究和形象传播工程等，只要坚决贯彻，做好做实，一定能取得不错的成效。在财力方面，安排必要的经费预算，既能让相关研究人员安心工作，也能保证相关规划、措施能顺利实施。贵阳市在这方面不断加大力度，如2013年颁布的《贵阳建设全国生态文明示范城市规划》就特别提出要，"实施津贴动态调整机制，逐步提高机关事业单位职工工资水平。加快建成花溪大学城和清镇职教城，积极培养生态文明建设各类专业人才。研究制定政府主导的创业投资基金、重大科技成果转化资金和中小企业发展资金向人才倾斜的政策措施"①。

第二，进一步做大做强新兴产业，积极构建完善的现代智慧产业体系。传统产业大多单位能耗高，发展起来污染压力大。因此贵阳市建设智慧生态城市，必须立足于新兴智慧产业。根据《贵阳建设全国生态文明示范城市规划》，2012~2015 年第一阶段贵阳市着力建设的生态产业如表 4 所示。

表 4 2012~2015 年第一阶段贵阳市着力建设的生态产业

生态工业	信息技术产业	生态旅游业	现代服务业	生态农业	节能环保产业
先进装备制造业、战略性新兴产业、现代制药业、特色食品业、资源精深加工业等	移动互联网产业集群、数码视听及应用电子产业集群、电子元器件及信息材料产业集群等	中央商务游憩区、花溪生态旅游度假区、乌当白云养老养生区、修文运动养生养心区、开阳生态休闲度假区、暗流河-东风湖峡谷户外运动区、南明龙洞堡新城游憩休闲区等	会展业、现代物流业、现代金融业、科技与信息服务业等	生态循环种养等生态农业模式、中药材等十大特色优势产业、"黔五福"等生态农产品品牌、"修文猕猴桃"等地理标志保护农产品等	节能环保技术装备及产品、节能环保服务体系、废气和废水污染防治技术、固体废物处理技术等

这些生态产业体现了绿色发展、循环发展、低碳发展的理念，有利于"推动信息化和工业化的深度融合，推进传统产业高端化、特色产业集群化、高新产业规模化发展，增强工业的核心竞争力和可持续发展能力"②，"实现经济发展和生态环境保护双赢"③，因此，贵阳市建设智慧生态必须以此为导向，把这一系列产业的建设抓实做好，并在此基础上不断开拓创新，

---

① 贵阳市发展和改革委员会：《贵阳建设全国生态文明示范城市规划》，2013 年 4 月 10 日，见 https://nuoha.com/book/chapter/320411/34.html。

② 贵阳市发展和改革委员会：《贵阳建设全国生态文明示范城市规划》，2013 年 4 月 10 日，见 https://nuoha.com/book/chapter/320411/34.html。

③ 贵阳市发展和改革委员会：《贵阳建设全国生态文明示范城市规划》，2013 年 4 月 10 日，见 https://nuoha.com/book/chapter/320411/34.html。

最终形成对全市工业发展有影响的新兴行业及企业。

第三，继续把生态建设作为贵阳市智慧生态城市建设的总抓手。首先，贵阳市优良的生态环境需要继续把生态建设作为总抓手。长期以来，贵阳市都以"绿带环绕，森林围城，城在林中，林在城中"一直受到人们的赞誉。新中国成立几十年，与其良好的生态环境相联系，贵阳市获得了全球避暑旅游名城、中日环保示范城市、中国避暑之都、中国避暑旅游城市榜首、中国十佳宜居城市、中国优秀旅游城市、中国园林绿化先进城市、中国十大美丽城市、首个国家森林城市、首个国家循环经济试点城市、国家园林城市、全国绿化模范城市、全国创建文明城市工作先进城市、全国生态文明建设试点城市、全国文明城市、国家卫生城市、最中国生态名城、最佳生态文化旅游名市等一系列荣誉。这意味着贵阳在人们心中最有影响的因素是其生态方面，因而以此为总抓手，既可以充分发挥贵阳市既有优势，又能顺应、延续其和谐生态在城市中的核心地位。其次，贵阳市虽然生态总体优良，但是在当今全球性生态危机日趋深化的大环境下也面临一系列生态问题。《贵阳建设全国生态文明示范城市规划》曾专门指出目前贵阳市"基础设施建设滞后、城乡二元结构突出的问题依然存在。喀斯特地貌特征明显，工程性缺水和水土流失并存的问题仍然突出。生产方式粗放，能源资源利用效率不高，产业结构不合理的问题亟待改变。公众生态文明意识尚需进一步强化，忽视资源节约与生态环境保护以及过度消费的现象仍然存在。资源环境约束与加快发展的矛盾比较突出"[①]。贵阳市面对这种生态形势需要继续以生态建设为总抓手。最后，尽管贵阳市智慧城市建设的直接目标是提升城市现代化水平，但它最终目的是为贵阳建成全国生态文明示范城市服务。正如《贵阳市智慧城市（2013—2015）建设纲要》指出，贵阳市智慧城市建设"以科学发展观为指导，围绕生态文明城市建设的战略目标，强化信息资源开发利用和整合共享，构建完善城市智慧应用服务体系，加快智慧产业的聚集发展和科技创新体系建设，促进区域经济增长方式转变，推动传统产业的升级改造，提升城市层位和综合竞争力，促进城市经济发展、社会运行、公共服务、资源配置和城市管理的科学化、现代化，为贵阳建成全国生态文明示范城

---

① 贵阳市发展和改革委员会：《贵阳建设全国生态文明示范城市规划》，2013 年 4 月 10 日，见 https://nuoha.com/book/chapter/320411/34.html。

市奠定坚实基础"①。这就决定了生态建设在贵阳市智慧生态城市建设中的基础地位，因而只能以它为总抓手。

第四，利用好现代化这把"双刃剑"。贵阳市建设智慧生态城市，本质上是其走向现代化发展过程的一个环节。一方面，依附现代化进程，贵阳市在诸多方面得到了快速发展（见图3）。对此，贵阳市2015年的政府工作报告提到了2014年一年来，贵阳市取得了如图3所示②的非常突出的成绩。另外，在《贵阳市2015年1—5月经济运行情况》中，贵阳市发展和改革委员会也肯定了2015年1月到5月贵阳市工业经济稳步增长、固定资产投资保持快速增长、消费市场趋于平稳、财政收支稳定增长、旅游业快速增长、金融机构存贷款持续增长、物价运行基本平稳。另一方面，贵阳市必须时刻注意到现代化的"逆向效应"。著名学者亨廷顿曾敏锐指出，"现代性孕育着稳定，而现代化过程却滋生着动乱"③。确实，在世界现代化运动史上，表征富强、民主、文明、和谐等的现代性一直与现代化进程带来的冲突相互缠绕。现代化是为了获得现代性，然而现代化追逐"稳定秩序"的目的在走向现实的道路上却与它的实现过程产生了意想不到的矛盾。具体到人与自然的关系方面，人们开启现代化的进程，缘于他们在依赖与改造自然的双向互动中追求自我与自然和谐的现代性。但这种追逐现代性的过程在提升人类改造自然能力的同时，也使其向自然开战索取财富的规模和程度在不断地扩展与增加。并且，伴随着现代科学技术的急速发展与全面应用，人类作用和改造自然的力量也得到了前所未有的加强。这就带来了严重的生态破坏问题，造成了人与自然关系的日益紧张，引发了划时代的环境危机、生态危机。当下贵阳市进行智慧生态城市建设，追求向和谐生态的现代都市跃迁，尽管取得了不俗的业绩，但竞相追逐现代化的过程也带来了一些冲击。如贵阳市政府办公厅发布的《关于2013年度节能目标责任评价考核结果的通报》就指出贵阳"部分区（市、县）没有严格执行

---

① 《贵阳市智慧城市（2013—2015）建设纲要》，2013年10月15日，见 https://max.book118.com/html/2018/0501/164027020.shtm。

② 图片资料来源于吴文俊《贵阳市十三届人大五次会议隆重开幕》，2015年2月6日，见 http://www.swbd.cn/cont.ASP？WZBH=19199。

③ 〔美〕亨廷顿：《变化社会中的政治秩序》，王冠华等译，生活·读书·新知三联书店，1989，第38页。

节能评估和审查制度，没有按照项目的综合能耗水平开展能评工作，特别是新上项目未按规定经节能主管部门评估审查即开工建设"[①]，"部分重点耗能企业改造资金投入不足，个别企业对节能研发重视不够，自主开发的积极性、主动性不高，不能积极实施节能技改项目"[②]。毋庸置疑，这些问题都必须得到解决，否则贵阳市智慧生态城市的建设就难以真正梦想成真。这就要求我们清醒认识现代化这把"双刃剑"，既采取法律、法规、条例等硬性限制，也利用教育、道德等软性规约来克服现代化带来的"不稳定"问题，同时又充分发挥现代化对经济发展的巨大张力来提升贵阳市"总体经济实力仍然不强"[③] 的短板，从而更好更快地推动贵阳市智慧生态城市的建设工作。

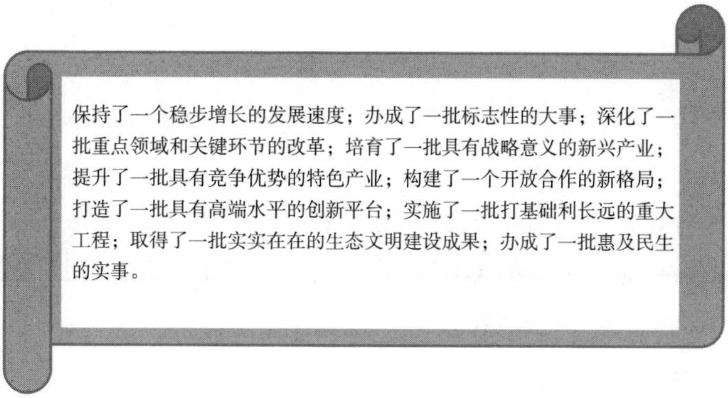

保持了一个稳步增长的发展速度；办成了一批标志性的大事；深化了一批重点领域和关键环节的改革；培育了一批具有战略意义的新兴产业；提升了一批具有竞争优势的特色产业；构建了一个开放合作的新格局；打造了一批具有高端水平的创新平台；实施了一批打基础利长远的重大工程；取得了一批实实在在的生态文明建设成果；办成了一批惠及民生的实事。

图 3　2014 年贵阳市取得的成绩

第五，进一步辩证地处理"引进来"和"走出去"的关系。贵阳市智慧生态城市建设针对智慧产业特别是高新产业在"引进来"方面做了大量的工作，也取得了良好的效果。如《贵阳建设全国生态文明示范城市规划》

---

① 贵阳市政府办公厅：《关于 2013 年度节能目标责任评价考核结果的通报》，2014 年 4 月 9 日，见 http://www.guiyang.gov.cn/zwgk/zfxxgks/fdzdgknr/lzyj/gfxwj/szfgfxwj/qfbh/202004/t20200401_ 55750008. html。

② 贵阳市政府办公厅：《关于 2013 年度节能目标责任评价考核结果的通报》，2014 年 4 月 9 日，见 http://www.guiyang.gov.cn/zwgk/zfxxgks/fdzdgknr/lzyj/gfxwj/szfgfxwj/qfbh/202004/t20200401_ 55750008. html。

③ 贵阳市发展和改革委员会：《贵阳建设全国生态文明示范城市规划》，2013 年 4 月 10 日，见 https://nuoha.com/book/chapter/320411/34. html。

就提到在会展业方面，要"打造生态文明贵阳会议、中国（贵州）国际酒类博览会、中国（贵阳）医药博览会、中国（贵州）国际绿茶博览会、中国（贵州）国际装备制造业博览会、亚洲青年动漫大赛等会展品牌"①；在现代物流业方面，要"加快贵阳综合保税区、改貌无水港、龙洞堡航空港建设，优化提升专业（批发）市场、聚集发展商贸流通业，加快建设农产品冷链物流设施"②；在现代金融业方面，要"建成贵阳国际金融中心，推进贵阳银行、贵阳农村商业银行加快发展，实现村镇银行县域全覆盖。支持证券、保险、信托、基金管理公司等非银行金融机构发展"③；在科技与信息服务业方面，要"建设贵阳产业技术研究院，提升贵阳火炬软件园、贵阳数字内容产业园和高新开发区研发中心、信息软件中心、资本运营中心水平，新建一批国家重点（工程）实验室、工程（技术）研究中心、企业技术中心、产学研基地"④ 等。而贵阳市发展和改革委员会在《2015年1-5月贵阳市重大工程和重点项目建设综述》中也提到，"贵州国际商品交易中心、贵阳互联网金融产业园'前店'项目、国家质检中心贵阳检验基地提前完工、初具观摩条件，中科院贵州科技创新园、富士康服务器、存储器生产项目超计划推进、形象进度良好"⑤。另外，贵阳市在本土力量的培育发展方面也做了大量的工作。例如在生态农业方面，建设肉禽、蛋鸡、牛猪、奶牛、蔬菜、果树、花卉苗木、茶叶、中药材等十大特色优势产业，培育发展"黔山牌""黔五福"等一批生态农产品品牌。贵阳市建设智慧生态城市，在此基础上要进一步辩证处理好这种"引进来"和"走出去"的关系。既看到自己当下的薄弱环节，加强"引进来"，后发赶超，也立足自己的特色，继续强化本地优势，走一条与贵阳本土特色相适应的智慧生态城市建设之路。

---

① 贵阳市发展和改革委员会：《贵阳建设全国生态文明示范城市规划》，2013年4月10日，见 https://nuoha.com/book/chapter/320411/34.html。

② 贵阳市发展和改革委员会：《贵阳建设全国生态文明示范城市规划》，2013年4月10日，见 https://nuoha.com/book/chapter/320411/34.html。

③ 贵阳市发展和改革委员会：《贵阳建设全国生态文明示范城市规划》，2013年4月10日，见 https://nuoha.com/book/chapter/320411/34.html。

④ 贵阳市发展和改革委员会：《贵阳建设全国生态文明示范城市规划》，2013年4月10日，见 https://nuoha.com/book/chapter/320411/34.html。

⑤ 贵阳市发展和改革委员会：《2015年1-5月贵阳市重大工程和重点项目建设综述》，2015年7月1日，见 http://news.gog.cn/system/2015/07/01/014411581.shtml。

第二章 问题与对策：贵阳市推进"一河百山千园"建设

第一节 贵阳市"一河百山千园"建设的背景与内涵

在党的十八大报告中，胡锦涛同志提出当下我们正面临"资源约束趋紧、环境污染严重、生态系统退化的严峻形势，必须树立尊重自然、顺应自然、保护自然的生态文明理念"①。习近平同志在《致生态文明贵阳国际论坛二〇一三年年会的贺信》中也指出，"中国将按照尊重自然、顺应自然、保护自然的理念，贯彻节约资源和保护环境的基本国策，更加自觉地推动绿色发展、循环发展、低碳发展，把生态文明建设融入经济建设、政治建设、文化建设、社会建设各方面和全过程，形成节约资源、保护环境的空间格局、产业结构、生产方式、生活方式，为子孙后代留下天蓝、地绿、水清的生产生活环境"②。2017年7月，在省部级主要领导干部"学习习近平总书记重要讲话精神，迎接党的十九大"专题研讨班开班式上，习近平同志再一次强调党的十八大以来，党中央顺应实践要求和人民愿望，推出一系列重大战略举措，解决了许多长期想解决而没有解决的难题，他指出"我们坚定不移推进生态文明建设，推动美丽中国建设迈出重要步伐"③。2016年8月，贵州省第十一届委员会第七次全体会议召开前夕，贵州省委书记赴贵阳市调研了南明河水环境综合治理和城市公园建设情况，

---

① 胡锦涛：《坚定不移沿着中国特色社会主义道路前进　为全面建成小康社会而奋斗》，人民出版社，2012，第39页。
② 《生态文明贵阳国际论坛二〇一三年年会开幕 习近平致贺信》，《人民日报》2013年7月21日。
③ 《习近平谈治国理政》第2卷，外文出版社，2017，第60页。

要求坚持生态优先、绿色发展,以重点流域治理带动全域生态文明建设,统筹打造"一河百山千园"自然生态体系。中共贵阳市委办公厅与贵阳市人民政府办公厅于 2017 年 1 月 18 日公布了《关于征求〈贵阳市"一河百山千园"行动计划〉意见的公告》,提出要"加快南明河及其支流综合整治,做好中心城区山体保护和治理,建设'五位一体'公园体系,打造'青山环碧水,绿树绕林城'的自然生态景观,提升城市品质,形成南明河人文新景观、百山城乡新形态、千园城市新品质,建成生态优良、环境优美、人与自然和谐的全国生态文明示范城市"①,力争"到 2020 年,完成南明河及其支流综合治理,全市河流无劣五类水体,地表水水质达标;严格保护中心城区 100 个以上山体,消除裸露山体和迹地斑秃,形成点、线、面、环相结合的城市绿地系统,全市森林覆盖率达到 50% 以上;新建森林公园、山体公园、湿地公园、城市公园、社区公园,全市公园总量达到1000 个以上,实现'300 米见绿、500 米见园'"②。它大致包含启动实施阶段(2016~2017 年)、重点突破阶段(2017~2018 年)、彰显成果阶段(2018~2020 年)和巩固提升阶段(2020~2030 年)四个阶段,共建设 682个项目(工程类项目 675 个,管理类项目 7 个)。其中在"一河"综合整治方面,确定治理范围,"①南明河干流治理范围:花溪河、三江口到新庄二期段;②南明河支流治理范围:麻堤河、小黄河、小车河、市西河、贯城河、松溪河、环溪河、南门河支流。实施南明河流域干流及支流治理 53 个项目"③。在"百山"综合治理方面,"在空间布局上,以城市核心区域(二环路网可视范围)、进出口通道区域(贵遵、贵黄、贵惠、贵开等通道可视范围)、临空区域(机场周边路网可视范围)等三个区域为重点"④;"主要对云岩、南明、花溪、乌当、白云、观山湖、经开、双龙等 8 个中心城区分布的 100 个以上山体,依据山体的高程、面积、坐标、地类、优势树

---

① 《关于征求〈贵阳市"一河百山千园"行动计划〉意见的公告》,《贵阳晚报》2017 年 1 月18 日。

② 《关于征求〈贵阳市"一河百山千园"行动计划〉意见的公告》,《贵阳晚报》2017 年 1 月18 日。

③ 《关于征求〈贵阳市"一河百山千园"行动计划〉意见的公告》,《贵阳晚报》2017 年 1 月18 日。

④ 《关于征求〈贵阳市"一河百山千园"行动计划〉意见的公告》,《贵阳晚报》2017 年 1 月18 日。

种、植物郁闭度等开展排查"①，"分类实施 58 个整治项目"②。在"千园"建设方面，"集中新建森林公园、湿地公园、山体公园、城市公园、社区公园 571 个"③。

第二节 贵阳市推进"一河百山千园"建设面临的问题

贵阳市构建"一河百山千园"自然生态体系，加快推进全国生态文明示范城市建设是一项系统工程和极其繁重的任务，因而在体制机制等方面会面临一系列前进中的问题。

一 贵阳市推进"一河百山千园"建设体制机制上面临的问题

2007 年以来，贵阳市把建设生态文明城市作为重要的切入点和总抓手，有力地推动了本市生态文明建设体制机制的健全。"先后出台《关于建设生态文明城市的决定》《关于抢抓机遇进一步加快生态文明城市建设的若干意见》《关于提高执行力抢抓新机遇纵深推进生态文明城市建设的若干意见》，明确了生态文明城市建设的指导思想、基本原则、奋斗目标、重点任务与主要政策措施。制定了全国首部促进生态文明建设的地方性法规《贵阳市促进生态文明建设条例》。出台了《建设生态文明城市目标绩效考核办法》及实施细则，把建设生态文明城市的责任和目标分解落实到各部门和区（市、县）。在全国首创环境保护审判庭和法庭，运用法律手段有效保护生态环境。设立生态补偿专项资金，初步建立了生态补偿机制。"④ 特别是在 2012 年 12 月，贵阳市政府发布了《贵阳建设全国生态文明示范城市规划》（以下简称《规划》），专门用一章（第九章）内容阐述了贵阳市要建立健全有效推进生态文明建设的体制机制，运用政策法规、行政手段和市场机

---

① 《关于征求〈贵阳市"一河百山千园"行动计划〉意见的公告》，《贵阳晚报》2017 年 1 月 18 日。

② 《关于征求〈贵阳市"一河百山千园"行动计划〉意见的公告》，《贵阳晚报》2017 年 1 月 18 日。

③ 《关于征求〈贵阳市"一河百山千园"行动计划〉意见的公告》，《贵阳晚报》2017 年 1 月 18 日。

④ 贵阳市发展和改革委员会：《贵阳建设全国生态文明示范城市规划》，2013 年 4 月 10 日，见 https://nuoha.com/book/chapter/320411/34.html。

制，把贵阳市生态文明建设纳入法制化、制度化、规范化轨道。其中在法制建设方面，《规划》提出要"把资源消耗、环境损害、生态效益纳入经济社会发展评价体系，建立体现生态文明要求的目标体系、考核办法、奖惩机制。完善最严格耕地保护、水资源管理、环境保护、土地开发保护、林地保护、森林资源保护和湿地保护等相关制度，健全生态环境保护责任追究制度、环境损害赔偿制度。修订完善《贵阳市生态文明建设促进条例》，清理、修订和废止不适应生态文明建设的地方性法规、政府规章和政策。完善行政决策机制，推行重大事项行政决策生态环保风险评估制度，完善政府听证会制度和重大决策专家论证、群众评议制度，确保公众的参与权、知情权和监督权"[1]；在严格执法方面，提出要"进一步发挥环保法庭和审判庭作用，严格追究生态环境侵权者的法律责任，保障公众的环境权益。加强生态环保执法队伍建设，建立健全生态文明执法监督制约机制，充分发挥法律监督、群众监督和舆论监督作用，严厉查处违反生态文明法律、法规、规章及其他有关规定的行为。支持和鼓励市民、律师、社会团体积极参与生态环境公益诉讼，强化法律援助机构对生态环保诉讼受害人的援助责任，不断完善生态环保法律援助网络。加强统计分析，定期监测、评价和公布生态文明建设绩效，并将其作为政绩考核的重要依据，强化生态文明建设行政追究和行政监察。发挥生态文明政策在项目审批、信贷支持、土地利用、财政税收、市场准入等领域的导向作用，鼓励资源节约、生态环保"[2]；在机制创新方面，提出要"完善区域生态补偿机制，开展代际补偿试点，逐步将集中式饮用水水源地、自然保护区、流域、湿地、森林和矿产资源开发等纳入生态补偿范围。开展节能量交易试点，降低能源消耗总量。开展以化学需氧量、二氧化硫为主的排污权交易试点，有效控制污染物排放总量。开展水权交易试点，推进水权交易市场建设。深化电力价格改革，实行居民生活用水阶梯式计量水价、非居民用水超定额累进加价制度，合理制定调整污水处理费征收标准，加快建立有利于节约资源能源的利益导向机制。积极申报国家碳排放交易试点城市，探索建立区域性碳

---

[1] 贵阳市发展和改革委员会：《贵阳建设全国生态文明示范城市规划》，2013 年 4 月 10 日，见 https：//nuoha.com/book/chapter/320411/34.html。

[2] 贵阳市发展和改革委员会：《贵阳建设全国生态文明示范城市规划》，2013 年 4 月 10 日，见 https：//nuoha.com/book/chapter/320411/34.html。

排放权交易市场，积极推进碳减排项目实施"①。

贵阳市"一河百山千园"建设，是打造全国生态文明示范城市的重要载体，贵阳市自 2007 年以来的生态文明建设为当下的"一河百山千园"建设在体制机制方面奠定了一个良好的基础。不过，毕竟贵阳市的"一河百山千园"建设从 2016 年开始才刚起步，它的体制机制建设也不可能一蹴而就。对此，2016 年 9 月时任贵州省委常委、贵阳市委书记在"统筹'一河百山千园'建成全国生态文明示范城市"的讲话中也提到当前和今后一个时期，贵阳市生态文明要结合贵阳市情实际和特色优势，围绕生态文明体制机制改革和法治建设，先行先试，完善绿色制度；围绕生态建设、污染治理、环境监管，筑牢绿色屏障；围绕弘扬贵州、贵阳人文精神和倡导绿色生活，培育绿色文化，深入推进大生态与大扶贫、大数据、大旅游、大健康、大开放相结合，以务实举措和实际成效加快建成全国生态文明示范城市。

由此可见，当下贵阳市推进"一河百山千园"建设在体制机制方面亟须进一步改革与健全。在体制方面，主要是如何结合贵阳市情实际和特色，把生态文明建设的"四梁八柱"融入到"一河百山千园"体制构建的各方面和全过程。2015 年 9 月，中共中央国务院印发了《生态文明体制改革总体方案》，明确指出到 2020 年，我国要构建起由自然资源资产产权制度、国土空间开发保护制度、空间规划体系、资源总量管理和全面节约制度、资源有偿使用和生态补偿制度、环境治理体系、环境治理和生态保护市场体系、生态文明绩效评价考核和责任追究制度等八项制度构成的产权清晰、多元参与、激励约束并重、系统完整的生态文明制度体系，以推进生态文明领域国家治理体系和治理能力现代化。毫无疑问，这八项制度既为贵阳市的"一河百山千园"建设的体制机制改革提供了基本遵循和指明了总体方向，同时也赋予了贵阳市一项重要任务即要求贵阳市以此为框架，紧密结合自己的实际情况尽快把"一河百山千园"建设的"四梁八柱"建立起来，使之纳入制度化、法治化的轨道。在机制方面，主要是激励机制、保障机制与监督评价机制的建设与健全。贵阳市"一河百

---

① 贵阳市发展和改革委员会：《贵阳建设全国生态文明示范城市规划》，2013 年 4 月 10 日，见 https://nuoha.com/book/chapter/320411/34.html。

山千园"建设要取得实效，既要调动与整合各方面的力量协同形成合力，大家一起撸起袖子加油干，也需要一定的支撑保障，即所谓"兵马未动，粮草先行"，还要实行科学的规约，使各阶段的工作都能得到公开、公正、合理的监督评价。因此，在"一河百山千园"建设的"四梁八柱"框架下，建立与健全相应的激励机制、保障机制与监督评价机制也是我们必须完成的一项艰巨任务。

二 贵阳市在推进"一河百山千园"建设中人力物力财力方面存在的问题

要顺利推进"一河百山千园"建设，人力、物力、财力上的保障当然必不可少。毋庸置疑，贵阳市在建设全国生态文明示范城市的过程中，对这些方面非常重视，也取得了一定的成绩。在财税政策方面，贵阳市"对推广高效节能家电、汽车、电机、照明产品给予补贴，支持贵阳市实施节能减排财政政策综合示范。在航空航天、电子信息、装备制造、生物医药、新能源等优势产业企业，实行固定资产加速折旧政策。完善风电、水电产业税收政策，促进清洁能源发展"①。在投资政策方面，贵阳市对"中央安排的公益性建设项目，取消县以下资金配套。支持加快设立创业投资基金，支持绿色环保产业发展。加大国家企业技术改造和产业结构调整专项资金对特色优势产业的支持力度。支持贵阳市开展石漠化治理和巩固及扩大退耕还林成果"②。在金融政策方面，贵阳市"积极营造有利于金融支持贵阳市发展的政策环境，引导银行信贷、股票债券融资、外国政府和国际组织贷款等多元化资金支持生态产业发展。对金融机构扩大生态产业类项目的信贷资金需求，按规定条件和程序，合理安排再贷款、再贴现。积极培育有条件的生态环保企业上市融资，拓宽直接融资渠道。进一步完善生态保护投融资相关体制机制，鼓励创业投资和民间资本进入生态环保领域"③。

---

① 贵阳市发展和改革委员会：《贵阳建设全国生态文明示范城市规划》，2013 年 4 月 10 日，见 https://nuoha.com/book/chapter/320411/34.html。
② 贵阳市发展和改革委员会：《贵阳建设全国生态文明示范城市规划》，2013 年 4 月 10 日，见 https://nuoha.com/book/chapter/320411/34.html。
③ 贵阳市发展和改革委员会：《贵阳建设全国生态文明示范城市规划》，2013 年 4 月 10 日，见 https://nuoha.com/book/chapter/320411/34.html。

在人力资源方面，贵阳市支持"实施'人才强市'战略，'西部之光''博士服务团''新世纪百千万人才工程'和资源节约、环境保护等方面引智项目适当向贵阳倾斜，建设贵阳'人才特区'。实施津贴动态调整机制，逐步提高机关事业单位职工工资水平。加快建成花溪大学城和清镇职教城，积极培养生态文明建设各类专业人才。研究制定政府主导的创业投资基金、重大科技成果转化资金和中小企业发展资金向人才倾斜的政策措施，不断完善以政府为导向，以用人单位为主体，社会力量参与的多元化人才激励体系。健全人才公共服务体系，提升人才队伍综合能力"①。在基础设施建设方面，一是"加快综合交通枢纽建设，打造公路、铁路、航空和水运有机衔接、内外快捷互通的综合交通运输体系，建成西南地区重要的交通枢纽"②。二是着力推进水源工程建设，电网智能化建设，天然气供应设施建设，完善城市污水、污泥、生活垃圾无害化处理，推广城乡绿色照明，加强防洪排涝、消防、人防、抗震、地质和气象灾害的监测预警，建立完善的防灾减灾体系。三是加速建设下一代互联网、新一代移动通信网、高速宽带、多平台传输网络，积极推进电信网、广电网、互联网"三网融合"，构建综合信息服务平台，强化信息网络安全与应急保障基础设施建设，全面提升信息化水平。

贵阳市尽管已经在人力、物力、财力保障建设上做了不少工作，但是推进"一河百山千园"建设仍然任重道远，主要表现在以下几个方面。一是城市基础设施建设滞后。如贵阳市发展改革委发展规划处就指出按照未来城市融入国际化、实现现代化、体现人文化、突出生态化的要求，当前贵阳市城市基础设施还不能满足城市经济的未来发展要求：各区域城市基础建设发展不一，现阶段发展不能满足贵阳市按照都市型城市战略规划的要求；中心城区与各组团的通道建设不足，射线建设还有待补充；排污、雨水系统还不完善，存在雨污混流现象，城市污水处理厂进水 COD 浓度较低，污水厂负荷率尚需提高；现有的公交基础设施也比较滞后，"在绝大多数市区道路上，公交车还是只能和社会车辆一起拥堵运行，导致公交运营

---

① 贵阳市发展和改革委员会：《贵阳建设全国生态文明示范城市规划》，2013 年 4 月 10 日，见 https：//nuoha.com/book/chapter/320411/34.html。

② 贵阳市发展和改革委员会：《贵阳建设全国生态文明示范城市规划》，2013 年 4 月 10 日，见 https：//nuoha.com/book/chapter/320411/34.html。

速度持续降低，从而降低了公交有效动力，不仅造成乘客等车难、乘车难等问题，也增加了公交企业的运营成本"①。二是总体经济实力仍然不强，资金底子相对比较薄。一段时间以来，贵阳市相关"设施建设仍主要依靠政府财政投资，融资渠道单一，社会化融资能力不足；在很大程度上受制于资金筹措，使一些需要立即上马并能产生巨大社会经济效益的基础设施项目不得不暂缓实施"②。三是相关人才匮乏。搞好"一河百山千园"建设，没有一支优秀的人才队伍是难以真正取得实效的。而当今时代，人才的竞争非常激烈，各地人才培养与引进的力度都在不断加大，各项关涉人才的配套制度的制订也在进一步展开。相比我国其他省市特别是东部沿海发达地区，贵阳市在人才竞争方面并无特别优势。对此，贵阳市2017年《政府工作报告》中指出，总结五年的工作，我们也清醒地看到存在的问题和不足，一个重要表现是"科技和人才资源特别是高端人才仍较匮乏，创新驱动的内在活力还不充足"③，我们将以更加积极的态度、更加有力的措施，认真加以解决。

三 贵阳市在推进"一河百山千园"建设氛围营造上面临的问题

长期以来，贵阳市一直十分重视城市生态文明建设的氛围营造，为推进"一河百山千园"建设奠定了重要支撑基础。第一，促进生态文明理念的树立。倡导市民"树立人与自然和谐相处的生态伦理观，提高市民生态道德修养，营造人人遵循生态道德、事事负起生态责任、处处体现生态文明的文化氛围。加强生态文化理论研究。大力弘扬'知行合一，协力争先'的贵阳精神，提升全市人民热爱贵阳、建设贵阳的自信心和自豪感"④。第二，推动生态文化发展。在生态文化事业方面，"以生态文明理念引领文化事业发展，加强公共文化服务体系建设。继续建设文化信息资源共享工程、

---

① 《贵阳公交还有三大问题 公交基础设施建设仍欠缺》，《贵州都市报》2014年9月20日。
② 贵阳市发展改革委规划处：《贵阳市"十二五"城市基础设施建设专项规划》，2013年6月18日，见 http://china-audit.com/mlhd_ 2biwg20j714i6jo0x0ew_ 1.html。
③ 刘文新：《贵阳市2017年政府工作报告》，《贵阳日报》2017年2月27日。
④ 贵阳市发展和改革委员会：《贵阳建设全国生态文明示范城市规划》，2013年4月10日，见 https://nuoha.com/book/chapter/320411/34.html。

数字图书馆推广工程、公共电子阅览室建设计划，推进国家公共文化服务体系示范区创建，构建市、区（市、县）、乡镇（社区）三级公共文化服务网络。加强对生态文化遗产的保护、开发和合理利用，保护利用好文物资源，深化博物馆免费开发。保护非物质文化遗产，申报一批国家级非物质文化遗产。发展广播影视和报刊、发行事业，形成完整的生态文化服务体系"①。在生态文化产业方面，"坚持用生态文明理念指导文化产业发展，重点在非物质文化遗产的创新开发、民族民俗演艺、民族民俗文化产品设计研发等工作中，更加注重体现贵阳生态文化特色，形成具有贵阳生态文化特色的系列产品"②。第三，健全生态文化推广体系。"把生态文明纳入国民教育体系，把生态文明知识作为干部教育的基本内容，加强对企业、社区和村寨等的生态文明宣传。运用宣传、教育、合作、交流、科技创新等手段，鼓励市民、企业改变生产生活方式。利用现代媒体传播生态文明知识，积极开展生态环保相关活动；以弘扬生态文化为主题，通过文艺作品、文艺演出等多种途径，普及公众生态文明知识；统筹各类社会资源，充分发挥国家生态文明教育基地、传统道德教育基地、湿地公园、森林公园、科普教育基地等公共设施在传播生态文化方面的作用，开展多形式生态文化活动，使之成为弘扬生态文化的重要阵地。"③ 第四，倡导树立文明村风。"积极开展文明村和文明家庭等创建活动，倡导农民崇尚科学、勤劳致富、尊老爱幼、邻里和睦、诚信守法的社会风尚，促进农村的文明进步与社会和谐。加强农村基层组织建设，推进村务公开和民主管理，依法保障农民自治权利。"④ 第五，大力开放合作。"高规格、高水平继续办好生态文明贵阳会议，搭建政府、企业、专家、学者等多方参与，共建共享生态文明建设理论和经验的国际交流平台。积极参加应对气候变化与绿色低碳发展等高级别国际研讨会，加强与生态文明相关国际组织和机构的信息沟通、资

---

① 贵阳市发展和改革委员会：《贵阳建设全国生态文明示范城市规划》，2013年4月10日，见 https://nuoha.com/book/chapter/320411/34.html。

② 贵阳市发展和改革委员会：《贵阳建设全国生态文明示范城市规划》，2013年4月10日，见 https://nuoha.com/book/chapter/320411/34.html。

③ 贵阳市发展和改革委员会：《贵阳建设全国生态文明示范城市规划》，2013年4月10日，见 https://nuoha.com/book/chapter/320411/34.html。

④ 贵阳市发展和改革委员会：《贵阳建设全国生态文明示范城市规划》，2013年4月10日，见 https://nuoha.com/book/chapter/320411/34.html。

源共享和务实合作，实施一批相关领域的国际性合作研究项目。积极引进借鉴欧美等发达国家和地区在生态文明建设成功经验及技术，加强在节能环保、清洁能源汽车、绿色建筑、生态城市发展、城乡可持续发展等领域的合作。建立与珠三角、成渝、北部湾等经济区和长株潭城市群的广泛联系，在能源开发、生态建设、环境保护、产业发展、碳排放权交易等领域开展合作。强化与其他省（区、市）及省内其他市州的生态合作。"①

当然，在前期打下良好基础的条件下，当下贵阳市推进"一河百山千园"建设在氛围营造上也面临不少困难。首先，"一河百山千园"建设中理论创新与地方具体情况结合方面存在的问题。推进"一河百山千园"建设，是前无先例的事业，在践行过程中新问题、新情况、新挑战必然层出不穷，其中一些可以在既有的学理引导下得到解决，也有不少因拘泥于既有的理论框架而得不到解决。这表明要切实推动相关建设工作，我们必须时时刻刻注意进行理论方面的创新。而一种新的理论，由于其"新"，可能在学术思想、学术观点、学术标准和学术话语上"水土不服"。这样即使这种理论是真正科学的东西，但它也会因为"水土不服"问题难以真正发挥出自己的指导作用，最后不得不被"束之高阁"。为此，在贵阳市"一河百山千园"建设过程中，我们必须解决其理论创新与当地实际情况相结合、相和谐的问题。否则相关实际建设活动就会因为"革命性"理论的指导作用不能真正"落地"而难以取得成功。其次，在乡风文明建设方面，改革开放以来，我国经济体制由先前的计划经济体制转变为社会主义市场经济体制，顺应了世界潮流，切合我国实际，极为有力地推动了我国经济的飞速发展，创造了世界东方社会主义建设新的奇迹。再次，在宣传工作方面，当今时代，随着市场经济的进一步深入发展，人们更多地深入、关注自己的日常生活。作为市场主体，他们也更习惯、更偏好依据事实做出价值或道德判断。但当前我们在思想宣传工作中，包括"一河百山千园"建设的宣传工作，很多时候都是我们自己对某一对象做出肯定或否定的德行断定之后，再将这种价值判断连同体现判断的事实一起向人们传递。因此无论这种德行评判正确与否，它都有可能被人反感甚至拒绝，原因是人们会觉得这不是自己依据事实得出来的，而是你强制给予我

---

① 贵阳市发展和改革委员会：《贵阳建设全国生态文明示范城市规划》，2013 年 4 月 10 日，见 https://nuoha.com/book/chapter/320411/34.html。

的。当然，在这种情况下，即使我们做了很多工作，下了不少功夫，我们的宣传活动也并不能轻易就取得非常显著的效果。最后，在对外交流合作方面，除了前面已经提到的人力资源不足以外，主要还有当前我们"外事合力不强。对外交往通常涉及经济、文化、教育等各个方面，需不同部门、不同行业通力协作，由于机制不够健全，目前我市（贵阳）统筹外事资源'一致对外'的局面没有形成"①，同时，"全市外事干部队伍的工作能力和服务水平还需要进一步提升"②。

四　贵阳市在推进"一河百山千园"建设基层党建上面临的问题

基层党组织是我们党全部工作和战斗力的基础，它们的建设状况，直接影响我们党自己的凝聚力、影响力和战斗力的发挥。在进行生态文明建设过程中，贵阳市各级党委一直都十分重视基层党建工作。比较典型的如观山湖区，2015 年，针对软弱涣散的基层党组织，他们多措并举，取得了不俗的成效。首先，他们注意"强化领导，形成区乡（镇、社区）两级共管整软格局。一是区委高度重视整顿软弱涣散基层党组织工作。党委书记是第一责任人，分管领导是具体责任人，做到党委书记亲自抓，分管领导具体抓，乡（镇、社区）党委书记直接抓，各支部书记具体落实，全区党员共同参与，以'钉钉子'精神抓好摸底和整改落实。二是成立由区委领导、各乡（镇、社区）党委书记组成的'整软'工作领导小组，统一协调，分工明确，形成强有力的领导核心，推动工作全面开展落实，形成'一级抓一级，层层抓落实'的'整软'局面"③。其次，"强化落实，形成摸排整改全覆盖。一是各基层党组织选派充足力量，对全区所有基层党组织进行全面排查。全区通过召开 3 次座谈会、走访了解党员群众 300 余人次、发放 1000 余份调查问卷、收回 800 余份有效问卷等方式征求 40 余条意见。根据中央有关精神，结合观山湖区实际，村级整顿对象原则上村按照 10% 的

① 贵阳市外事办公室：《2015 年工作总结》，2016 年 2 月 15 日，见 http：//wqb. guiyang. gov. cn/zfxxgk_ 500630/fdzdgknr/ndzj/202001/t20200115_ 43114199. html。
② 贵阳市外事办公室：《2015 年工作总结》，2016 年 2 月 15 日，见 http：//wqb. guiyang. gov. cn/zfxxgk_ 500630/fdzdgknr/ndzj/202001/t20200115_ 43114199. html。
③ 《观山湖区"四个强化"推进软弱涣散党组织整顿工作》，2015 年 5 月 1 日，见 http：//www. gyjydj. gov. cn/djgz/ncdj/202009/t20200924_ 63383300. html。

比例确定，居委会党支部及其他类型党组织整顿对象按5%的比例确定。二是针对调研了解党组织存在的51个问题，制定相应整改措施62条，做到基层党组织基本情况清、发展现状清、存在问题清、整改措施清。三是结合全区同步小康驻村工作，以'三进三服务'为载体，充分发挥驻村干部党建指导员的作用，以党建促发展，提升农村党建和非公企业党建的服务发展水平"①。再次，"强化典型引导，树立'整软'新榜样。在农村，党组织继续选好致富带头人，形成'领头雁'效应，实抓经济建设，提高农民收入，为民办实事、谋实惠。在社区，加强支部书记和委员的思想训练和党性修养，提高服务意识和办事效率，发挥党员先锋模范作用。在机关，继续深入开展作风建设，净化工作环境，提高危机意识和服务意识，杜绝懒政怠政行为，发挥党支部凝心聚力作用。在企业，发挥党组织统筹协调作用，把组织建设与企业文化结合起来，使党组织成为企业员工的精神纽带。各基层党组织大力宣传软弱涣散基层党组织整顿工作的典型经验，以及整顿取得的新变化、新成果，发挥示范带动作用"②。最后，"强化整顿机制，形成'整软'工作常态化。一是把整顿软弱涣散基层党组织作为推动全区党建工作的重要抓手，坚持边学边改、边查边改、边整边改，着力提高党组织发展能力、服务群众能力，着力解决群众反映强烈的突出问题。二是将群众满意不满意作为评估整顿工作成效的重要标准，对多数群众不满意，整顿达不到要求的，'整软'转化不能过关。三是针对基层党组织存在的共性问题和整顿工作中的好做法好经验，建立健全一批工作制度，形成基层组织建设的长效机制，推动全区基层组织建设工作不断登上新台阶"③。

毫无疑问，基层党建工作不可能一蹴而就。目前，贵阳市"有的干部能力不足而不能为、动力不足而不想为、担当不足而不敢为的问题仍然存在"④。因此，贵阳市"一河百山千园"建设在基层党建上也还面临一定的困难。其一，"一河百山千园"建设存在基层党组织思想认识不到位问

---

① 《观山湖区"四个强化"推进软弱涣散党组织整顿工作》，2015年5月1日，见 http：// www.gyjydj.gov.cn/djgz/ncdj/202009/t20200924_63383300.html。

② 《观山湖区"四个强化"推进软弱涣散党组织整顿工作》，2015年5月1日，见 http：// www.gyjydj.gov.cn/djgz/ncdj/202009/t20200924_63383300.html。

③ 《观山湖区"四个强化"推进软弱涣散党组织整顿工作》，2015年5月1日，见 http：// www.gyjydj.gov.cn/djgz/ncdj/202009/t20200924_63383300.html。

④ 刘文新：《贵阳市2017年政府工作报告》，《贵阳日报》2017年2月27日。

题。一是目前在市场分化的利益影响下，某些基层党员囿于自己的个人私利，不能充分尊重社会公利，个别极端情况下甚至完全把入党初衷抛到一边，丧失理想信念，仅盯住自己的那"一亩三分地"，千方百计在个人的权和利上做文章。二是部分基层党组织干部思想因循守旧，面对自己工作中碰到的新形势下的新问题不善于改革创新，用新的方法来解决。三是部分基层党员干部理论素养不足。他们不能充分认识到他们工作的重要性，不能透彻地理解党的方针政策以及上级党委的指示精神，使之和自己基层的实际情况相结合从而得以具体化落地。其二，"一河百山千园"建设中基层党组织抓中心议大事能力尚待进一步加强。个别基层分不清哪些是关键性的重点或主要矛盾、矛盾的主要方面，哪些是一般问题或次要矛盾、矛盾的次要方面，对中心工作到底是什么与如何抓中心工作做不到心中有数，开展工作中大事议不透，小事议不完，该管的管不住，该放的放不开，整个工作主次不分，提起一串，放下一堆，既理不清，也做不好。其三，"一河百山千园"建设存在基层党组织的地位和作用弱化现象。一是个别单位基层存在重经济、轻党建的倾向，认识不到党建工作在地方发展经济中的重要作用，想当然地认为只要把经济搞起来就一好百好，党建工作自然也随之会好起来，因此主要精力都集中在抓经济工作上，对党建工作只是被动地去做。二是个别基层党组织制度不够完善，管理较为松懈，支部组织生活制度尚需进一步健全，对党员的教育管理手段比较落后，管理缺乏力度。三是个别单位基层党工作和行政工作不分，党组织形同虚设，一年到头难得有党组织的单独活动，党建工作抓得不紧，组织不力。

第三节　贵阳市推进"一河百山千园"
建设的对策建议

一　改革创新

贵阳市推进"一河百山千园"建设面临的问题都是前进中出现的发展问题。在社会主义建设新时期，贵阳市人民在党和政府的带领下，锐意改革，不断走向新的高地，取得了一项又一项可圈可点的建设成就。特别是近年来，贵阳市学习贯彻习近平同志系列重要讲话特别是视察贵州重要讲话精神，牢记"守底线、走新路、奔小康"的殷切嘱托，更是在发展和生态方面成果斐然。对此，2017 年 2 月，《贵阳市 2017 年政府工作报告》中指出，2012 年以来，贵阳市大力实施主基调主战略，各项事业在科学发展中再攀新高。一方面，"经济增速连续 4 年位居全国省会城市第一，总量超过 2 个省会城市。2016 年，全市生产总值达到 3157.7 亿元，年均增长14%。规模以上工业增加值达到 780.82 亿元，年均增长 13%；固定资产投资（500 万元口径）达到 3380.73 亿元，年均增长 21.5%；社会消费品零售总额达到 1195.34 亿元，年均增长 13.8%；一般公共预算收入达到 366.32亿元、支出达到 525.61 亿元，年均分别增长 16.7% 和 13.6%；金融机构存款余额达到 9928.3 亿元、贷款余额达到 9153.2 亿元，分别是 2011 年末的2.66 倍和 2.35 倍。城镇、农村常住居民人均可支配收入分别达到 29502 元和 12967 元"[①]。另一方面，"建设全国生态文明示范城市取得阶段性成效，创建国家环境保护模范城市通过验收，保持'全国文明城市'和'国家卫生城市'称号。'千园之城'建设加快推进，新增各类公园 410 个，全市公园总数达到 705 个，成功打造阿哈湖等国家湿地公园。'蓝天''碧水''绿地''清洁''田园'五项保护计划深入实施，造林绿化 127.76 万亩，恢复中心城区山体植被 6000 亩，森林覆盖率提高到 46.5%，南明河水环境持续改善，集中式饮用水源水质达标率稳定在 100%，环境空气质量优良率提高到 95.6%。率先出台建设生态文明城市条例，首创成立生态文明建设委员会，实行生态环境损害党政领导干部问责等制度，以最严的措施、最高的标准，守护了爽爽贵阳的绿水青山，贵阳正以坚实的步伐走向生态文明新时代"[②]。

随着经济发展和生态文明建设的进一步深入拓展，贵阳市各项工作进入了"深水区"，遇到了一系列新问题、新挑战。紧抓生态文明建设，推进"一河百山千园"建设，我们的落脚点是为了贵阳的水更清、天更蓝、环境更美，以此推动整个贵阳的可持续发展，满足贵阳市民对更加美好生活的向往。但不可否认，在这个过程中，我们也将一些短期经济效益良好，但环境影响不达标的工厂、企业等进行了整顿或关停，对一些私采滥挖行为予以制止和处罚，客观上影响了个别地方当前经济的发展速度，剥夺了个

---

① 刘文新：《贵阳市 2017 年政府工作报告》，《贵阳日报》2017 年 2 月 27 日。

② 刘文新：《贵阳市 2017 年政府工作报告》，《贵阳日报》2017 年 2 月 27 日。

别人通过破坏环境换来的暴利，因为这些人对搞生态文明建设并不积极，甚至阳奉阴违，为一己私利铤而走险。

对于这些发展中出现的新问题，既有的规章制度也难以加以规约，只能通过采取改革创新的方式进行解决。一方面，在"一河百山千园"建设中我们必须创新我们的发展理论。一是从单纯注重经济发展的传统的发展理念转向绿色发展理念。二是从单纯直接应用国外理论探索生态文明建设转向采取"古为今用、洋为中用"的开放态度建设生态文明。要背靠我国深厚的生态文化传统，加强对中华传统优秀生态文化的挖掘和阐发，吸取中国人几千年来积累的知识智慧和理性思辨。同时，对国外提出的有益的理论观点和学术成果，我们也应该有分析、有鉴别、有批判地去吸收借鉴。三是要坚持以马克思主义生态思想为指导，这既包括马克思、恩格斯、列宁等国外经典马克思主义者的生态思想，也包括马克思主义生态思想中国化过程中形成的成果及其生态文化形态。另一方面，我们也必须创新我们的制度。一是原来与生态文明建设相悖的既有规章要坚决废止。二是要对原有的制度进行修订补充，充实或者加入生态文明建设方面的内容。三是要重新制定新的关涉生态文明建设的制度。在这方面，贵阳市仅在 2016 年，就"制定出台了《贵阳市生态文明体制改革实施方案（2016—2020 年）》，提出了建立完善以城市建设为平台、以绿色产业为路径、以资源管理为基础、以环境监管为手段、以生态文化为灵魂、以生态目标绩效考核为保障的生态文明制度体系的总体思路，明确了在 2020 年以前，分期分阶段完成66 项改革任务（其中贯彻落实中央、省改革任务 47 项，结合贵阳实际改革任务 19 项）"[1]。同时，"明确了 2016 年重点推进的 39 项改革任务。截至目前，39 项改革任务已完成'千园之城'规划、湿地保护规划、金钟河流域生态补偿、'十三五'节能产业规划等 11 项改革任务。10 项改革任务预计 12 月底完成，另外 18 项改革任务持续推进中"[2]。总体来看，这些工作

① 贵阳市生态文明建设委员会：《关于深化生态文明体制改革 2016 年度工作总结》，2016 年 12 月 20 日，见 https：//sg. guiyang. gov. cn/CMS/Show？cid = 88d9e365 - 9526 - 4a78 - 8df4 - 6f86cd15c5bc。

② 贵阳市生态文明建设委员会：《关于深化生态文明体制改革 2016 年度工作总结》，2016 年 12 月 20 日，见 https：//sg. guiyang. gov. cn/CMS/Show？cid = 88d9e365 - 9526 - 4a78 - 8df4 - 6f86cd15c5bc。

的开展很好地为当下的"一河百山千园"建设提供了极为重要的制度支撑。

二 "精准滴灌"

精准滴灌是相对于大水漫灌而言。大水漫灌就是不考虑农作物的需求差异，粗放经营，把水直接灌到农地里，水多的地方农作物被淹死，水少的地方农作物被干死，既浪费了宝贵的水资源，也没有取得应有的效果。精准滴灌是按照农作物的需求，利用带有直径约 10mm 孔口或滴头的塑料管道将水、肥均匀而又缓慢地、一滴一滴地直接送到农作物根部的灌溉方法。这种方法不破坏土壤结构，节水、节肥、省工，可以较大限度地改善农作物品质，促使其增产增收。

在中央扶贫开发工作会议上，习近平同志指出脱贫攻坚贵在精准，重在精准，"必须在精准施策上出实招、在精准推进上下实功、在精准落地上见实效①。这也以殷切的嘱托告诉我们，贵阳市推进"一河百山千园"建设要解决面临的困难和问题也需要采取"精准滴灌"的对策。一要因地制宜推进"一河百山千园"建设。我们要始终坚持一切从实际出发，坚定地立足于现实，不能脱离当前贵阳市的具体市情以非理性的态度来看待贵阳市面临的困难，胡子眉毛一把抓，超越社会资源承载能力搞冒进式的建设、不科学的建设。二要分类施策开展"一河百山千园"建设。我们要认真多做调查研究，不仅要做到把握面上的情况，而且也要做到把握具体点上的情况，摸清楚各种困难和问题是什么原因造成的，根子在哪里，哪些是体制机制上的问题，哪些是认识问题，哪些是水平问题，哪些是人财物等物质支撑上的问题。在此基础上分类施策，具体问题具体解决，不搞千篇一律式的"一刀切"。

自推进"一河百山千园"建设以来，贵阳市各级政府部门在"精准滴灌"方面进行了深入的探索和思考。例如贵阳市政府在"百山"治理过程中，针对"云岩、南明、花溪、乌当、白云、观山湖、经开、双龙等 8 个中心城区分布的 100 个以上山体，依据山体的高程、面积、坐标、地类、优势树种、植物郁闭度等开展排查，按照保护优先、'一山一策'的方式，分类实施 58 个整治项目。整治项目内容包括：1. 落实山体保护。明确山体的

---

① 《习近平关于全面建成小康社会论述摘编》，中央文献出版社，2016，第 156 页。

管理主体，将管护责任落实到人。完成山体林业生态红线的定界落地工作，建设'生态云'计算平台，运用大数据思维和技术，实行林业生态红线分级分类管理，严格控制开山采石、破山修路、围山建房、依山修筑等建设活动。2. 修复山体迹地。对山体的采石采砂、工程建设等迹地，采取锁锚加固、绿色织网覆盖、客土栽种植物等方式进行修复。3. 提升山体植被。对植被为灌木林、疏林的山体，采取'挖坑、填土、种树'的方式，实施植被改造提升。4. 完善山体功能。综合考虑山体坡度、森林景观、开放程度等因子，采取完善森林防火步道，配置公厕、安全防护等基础设施，打造森林体验、体育健身、休闲旅游的城市山体"①。

在白云区，区政府按照贵阳市"一河百山千园"计划，结合本区治理工作实际，要求在"一河百山千园"建设中，严格进行统一规划、分类施策。按照一块地一个设计的要求，统一聘请具有相应乙级资质的贵州省林业科学规划院作为设计单位进行作业设计，实施方案由各个责任单位组织编制，设计完成后由区政府组织市、区有关专家评审。同时加强调度工作，落实各个地块的监管责任和指导人员，按照实施方案要求强化指导和检查，每周定期对各个地块治理进度进行调度，及时协调解决工作中存在的困难和问题。治理完成后，要求组织责任单位及时开展自查和查缺补漏，强化检查验收工作，2017年12月份提交自查报告申请区级验收。

观山湖区在2017年4月5日召开了迎接中央环保督察组进驻贵州省工作布置暨"一河百山千园"调度会。会上贵阳市委常委、区委书记指出，全区各级各部门要高度重视中央环保督察工作，"各相关单位要加强领导、各负其责、层层分解，实行一周一调度工作机制，以问题为导向、用数据说话，要明确态度、梳理问题、抓住重点，采取有力措施加大对问题突出区域的整治力度，确保工作取得显著成果；要按照'一个报告''一个方案''一套完整资料'的要求做好迎检准备，结合我区'五个最严格保护'等具体措施和工作实际认真写好迎检报告，提前谋划、注重细节，制定完善的迎检方案，建立工作台账，做好记录和资料收集；要实行监督举报制

---

① 《关于征求〈贵阳市"一河百山千园"行动计划〉意见的公告》，《贵阳晚报》2017年1月18日。

度，做到问题早发现、早解决，并按照中央环保督察的标准进行实战自检，确保问题全部整改到位"①。对落实不到位的部门或个人要启动问责约谈程序，并立下军令状限期完成。

经开区按照"属地管理、分类负责"的原则，"已初步拟定《贵阳经济技术开发区'一河百山千园'建设行动计划》，成立了'一河百山千园'行动计划工作领导小组，并根据分解的目标任务，成立综合协调组、规划编制组、一河整治工作组、千园建设工作组、百山治理工作组、资金保障工作组、宣传工作组、督办督查组、信访维稳组等九个工作组，强力推动'百山千园'行动计划各项工作"②的开展。

三 统筹推进

贵阳推进的"一河百山千园"建设不是一项孤立的工作，而是与当前贵阳市的其他工作紧密联系的，并一同形成了一个相互交织的有机整体。为此，要解决"一河百山千园"建设面临的困难与问题，必须与贵阳新型工业化、信息化、城镇化、农业现代化相衔接，采取统筹推进的对策。

一方面，"一河百山千园"建设与既有社会发展各领域工作是一个整体，是贵阳市新型工业化、信息化、城镇化、农业现代化的进一步深化与拓展。诸如"一河"综合整治中的补水调水工程、南明河综合治理工程、南明河支流治理工程、污水处理设施建设工程及提标改造工程、南明河生态修复工程、污水处理厂污泥处理工程、南明河水环境质量模拟分析工程、南明河沿岸重点区域景观提升，"百山"综合治理中的落实山体保护、修复山体迹地、提升山体植被、完善山体功能，"千园"建设中的森林公园建设、湿地公园建设、山体公园建设、城市公园建设、社区公园建设、打造市级示范公园等。这些既是以前贵阳市经济社会发展各领域工作的继续，也与当下贵阳新型工业化、信息化、城镇化、农业现代化相交叉。这意味着"一河百山千园"建设不能脱离既有的工作轨道，必须相衔接、统筹于贵阳新型工业化、信息化、城镇化、农业现代化的建设。唯有如此，"一河

① 《迎接中央环保督察组进驻我省工作布置暨"一河百山千园"调度会》，2017年4月5日，http://www.guanshanhu.gov.cn/zwyw/gshyw/109229.shtml。
② 《经开区强力推进"一河百山千园"建设》，《贵州日报》2017年4月27日。

百山千园"建设才能在贵阳新型工业化、信息化、城镇化、农业现代化的发展中解决面临的问题，在解决自身面临问题的过程中进一步推进贵阳新型工业化、信息化、城镇化、农业现代化的发展。

另一方面，"一河百山千园"建设又是一项贵阳市在新形势下推进的系统工程。它"共建设 682 个项目，其中，工程类项目 675 个，管理类项目 7 个"①。这些项目既因为处于一个整体中而具有统一性，也由于项目的不同而具有自己的特殊性，正是这种对立又统一的矛盾性的存在状况，有必要使它们相互和谐，否则解决"一河百山千园"建设面临的问题也会成为一句空话。

从辞源学方面来看，东汉文字学家许慎所著的《说文解字》认为"和"字左"禾"右"口"，解释为"相应也"，引申为互相唱和的意思。"谐"字在《说文解字》中原作"龤"，从言皆声，指音乐和谐，引申为和合、调和之义。无论是"相应"（即相适应）还是音乐和谐，二者都是因为有差别才存在。相适应是一个对象或多个对象主动或被动行动以消解其他对象源于差别性产生的外向性斥力的过程。对象之间没有差别性，就没有对象之间相适应的问题，有差别才能谈得到相适应，才能谈"和"。中国古代的音乐不仅有俗乐和雅乐的区分，还定音为五个音级，分别是宫、商、角、徵、羽，因而音乐不仅有种类的不同，还有性质、高低等一系列差别。音乐和谐，就是要使这些呈现差别性的"音"具有统一性或统一起来。因此，要音乐和谐或使音乐和谐成为可能，"音"有差别是必要条件，否则，音乐和谐的追求和实现就会因为仅仅只有同一性（无差别的同一性）而变得不可能或无意义。由此可见，差异、和谐应该是同一个矛盾体中对立的两个方面，二者既因为相互对立而具有斗争性，也更因为相互依存而具有同一性。有和谐就有差异，没有差异也就没有和谐，多元、差异、矛盾、斗争是和谐概念中的应有之义。当然，虽然和谐不自觉和无条件地以差异的存在为逻辑支点，不过这并不否定二者都内在地趋向"相应"和"谐调"。均衡、协调既是和谐的基本精神，又是二者的落脚点。在严格的意义上，作为差别性概念，和谐突出强调的是矛盾的双方在对立统一的辩证运动中相互适

---

① 《关于征求〈贵阳市"一河百山千园"行动计划〉意见的公告》，《贵阳晚报》2017 年 1 月 18 日。

应，形成相辅相成的均衡状态。

可见，"一河百山千园"建设各构成项目的特殊性、差异性规定了它们需要相互和谐的必要性，它们的统一性、整体性决定了它们走向和谐的可能性。在实践中将这些具有各自特点的项目统一起来使之相互和谐就是要求我们在考虑所有项目特殊性的前提下通盘筹划，兼顾到方方面面的利益与要求，统筹推进，使之对立是立足于统一的对立，差异是落脚于同一的差异，由此产生巨大的内生动力，既让内部的矛盾得到克服，也推动外部问题的解决。

目前，贵阳市"一河百山千园"建设已经在统筹推进方面做了一系列工作。其中2016年9月，贵阳市委书记发表了"统筹'一河百山千园'建成全国生态文明示范城市"的讲话，指出"抢抓贵州成为国家生态文明试验区的重大机遇，坚持以建设全国生态文明示范城市为统揽，以统筹打造'一河百山千园'自然生态体系为主抓手，努力在贵州推动绿色发展建设生态文明的大局中作表率、走前列、做贡献"①。2017年1月4日，贵阳市市长主持召开"一河、百山、千园"行动专题会议，强调要一体统筹、一起推进、一并提升"一河、百山、千园"自然生态体系，加快建设全国生态文明示范城市。②

四　协力合作

协力合作，是贵阳市解决"一河百山千园"建设面临困难与问题的重要对策。它既包括同一地区不同部门、单位等的协力合作，也包括不同地区甚至不同国家之间的协力合作。对贵阳市来讲，要顺利推进"一河百山千园"建设，在市域内，各级各类部门、单位要在贵阳市委、市政府的领导下，紧密协作，相互配合，不断强化组织领导、强化资金保障、强化政策支持、强化第三方参与、强化考核奖惩、强化氛围营造，以确保"一河百山千园"行动按计划、按步骤推进。在市域外，一方面要"走出去"。要有计划地组织安排相关人员到域外学习、培训和考察，

---

① 陈刚：《统筹"一河百山千园"建成全国生态文明示范城市》，《贵州日报》2016年9月1日。

② 《刘文新主持召开"一河、百山、千园"行动专题会议》，2017年1月5日，https：//www.sohu.com/a/123465596_ 119665。

让他们亲临域外相关建设的先进城市，身临其境地了解域外相关生态文明建设的最新成果，吸取其建设过程中积累的先进经验，促使相关人员开拓视野、增长知识，更快地提升他们建设"一河百山千园"的水平和素养。在"一河百山千园"建设取得一定经验后，在远景规划上还可以利用已有的经验组织力量发展对外工程和劳务合作，鼓励有竞争优势的单位开展域外相关建设，带动产品、服务出口，促进域内产业结构调整、资源置换以及资金优化，同时也能相应地扩大影响，提升"一河百山千园"建设的社会氛围。另一方面要"请进来"。要加强与"一河百山千园"建设相关国际、国内组织和机构的信息沟通、资源共享和务实合作，搭建政府、企业、专家、学者等多方参与平台，共建共享"一河百山千园"建设理论和经验的国际国内交流平台，强化与其他省市及省内其他市州的合作交流，积极引进借鉴我国发达地区和欧美等发达国家在生态文明建设方面的成功经验与先进技术以及管理机制。既可以直接把相关专家学者请到现场来直接交流，也可以借助信息媒体隔空互动；既可以政府层面接洽，也可以民间层面邀约；既可以直接引进资金技术人员，也可以间接柔性投入，特别是紧缺、关键的专业技术人才，总之形式可以不拘一格，方式可以多种多样。

当下，贵阳市推进"一河百山千园"建设，在协力合作交流上可以说是成绩斐然。域内方面，如贵阳市已经开始探索建立行政与司法联动、从市到乡（镇）的联动机制，做好生态保护的机构延伸；建立部门管理与公众参与的联动机制，"积极推动第三方监督的共同参与，做好生态产业的惠民成效、环境准入倒逼产业转型升级的源头防控，筑牢生态环境保护的网络体系"①。域外方面，从贵阳市生态文明建设委员会 2017 年"三公"经费具体安排情况来看，"公务接待费预算支出 124.73 万元。具体支出内容：执行公务和开展业务活动发生的公务接待费，与国内相关单位交流业务工作情况等发生的接待费，创建国家级环保城市受检巩固接待、迎接国家、省级各部门指导工作发生的接待费，市委市政府安排的公务接待，其他

---

① 《贵阳今年将从四大领域创新生态文明建设工作》，《贵阳日报》2016 年 2 月 29 日。

按规定开支的各类公务接待费用"①。由此可见，与国内相关单位的交流合作是贵阳市生态文明建设委员会正在推进"一河百山千园"建设工作的一项重要内容。当然，最值得一提的是，为了借鉴国内外成果、推动生态文明实践、打造对外交流合作平台，2017 年 6 月 17 日，2017 生态文明试验区贵阳国际研讨会在贵阳召开。论坛从 2009 年创办尤其是 2013 年升格为国际论坛至今，海外影响力越来越大，会议成果越来越务实重大。本届会议以"走向生态文明新时代——共享绿色红利"为主题，坚持"既要论起来，又要干起来"，除了 1 场研讨大会、1 场国际咨询会委员会议以及同步举行的"贵州生态"等系列活动以外，② 组委会最终还"确定了 9 家知名单位作为专题研讨会的举办方，分别对应 9 个议题：'国家生态文明试验区研讨会'、'大生态与森林康养研讨会'、'绿色金融发展研讨会'、'中瑞对话2017 研讨会'、'健康食品安全研讨会'、'绿色采购研讨会'、'发现城市之美研讨会'、'绿色校园研讨会'和'全球气候治理与中国绿色低碳发展研讨会'"③。最终"会议不仅达成了一系列发展理念上的共识，也推动了一系列务实项目的落地。会议还发布《贵州生态文明建设报告绿皮书(2016)》，回顾去年生态文明建设历程，总结取得的成果；发布安顺市申报世界自然和文化双遗产的倡议书；以及启动并落实绿色公共采购、就食品领域可持续发展形成共识等"④，对打造贵阳市最高层次的对外开放平台，扩大和深化域内环保、经贸、人文等领域对外交流合作，更好地助推其建设"一河百山千园"，加快走向全面小康社会起到了积极作用。

五 抓住重点，以重点带动面

2017 年 7 月 26 日至 27 日，省部级主要领导干部"学习习近平同志重要讲话精神，迎接党的十九大"专题研讨班在京举行。在开班式上，习近平同志发表了重要讲话，指出："抓住重点带动面上工作，是唯物辩证

---

① 《贵阳市生态文明建设委员会 2017 年部门预算及"三公"经费预算信息》，2017 年 3 月 30 日，http://sthjj.guiyang.gov.cn/xwzx_ 500528/tzgg/201910/t20191028_ 8230001.html。

② 《2017 年生态文明试验区贵阳国际研讨会综述》，《贵阳日报》2017 年 6 月 27 日。

③ 《2017 生态文明试验区贵阳国际研讨会 6 月 17 日举行》，2017 年 6 月 1 日，http://news.gog.cn/system/2017/06/12/015783635.shtml。

④ 《2017 生态文明试验区贵阳国际研讨会 6 月 17 日举行》，2017 年 6 月 1 日，http://news.gog.cn/system/2017/06/12/015783635.shtml。

法的要求，也是我们党在革命、建设、改革进程中一贯倡导和坚持的方法"①，这为贵阳市"一河百山千园"建设解决面临的困难和问题提供了极为重要的方法和对策上的指南。

从理论上看，毛泽东同志曾经指出："辩证法的宇宙观，主要地就是教导人们要善于去观察和分析各种事物的矛盾的运动，并根据这种分析，指出解决矛盾的方法"。事物的矛盾，既有主要矛盾、矛盾的主要方面，也有次要矛盾、矛盾的次要方面。这就要求我们要善于抓重点即主要矛盾或矛盾的主要方面，只有重点问题解决了，以重点带动面，才能逐步解决事物的矛盾，更好地服务于人民。

在实践上，包括贵阳市推进的"一河百山千园"建设在内，整个中国特色社会建设的最终落脚点都是为了人民，为了满足人民的需求，实现他们对美好生活的向往。而经过改革开放 40 多年的发展，随着生活水平的显著改善，我国人民群众的需求也呈现多样化多层次多方面的特点。他们期盼有更好的教育、更稳定的工作、更满意的收入、更可靠的社会保障、更高水平的医疗卫生服务、更舒适的居住条件、更优美的环境、更丰富的精神文化生活，因而形成了一个极具立体感的需求"面"。在这个需求"面"的表层，是万万千千人民群众各种各样的具体的需求，而在需求"面"的内层，则是分别支撑这些需求得到满足的各具特色的一系列保障条件，它们相互作用，交织在一起，立足于需求"面"由社会生产力水平为表征的内核。这样，关于这个"面"上的工作，如果不分主次"一把抓"，直接着眼于人民群众具体需求的满足，表面上似乎我们正在做实事，解决群众的实际困难，然而这样做是难以真正取得实效的，或者取得了一时的效果，但是从长期来看，这种流于表层的效果就像墙上芦苇，头重脚轻根底浅，并不具有可持续性。因此，为了真正、彻底地满足人民群众对美好生活更加强烈的向往，我们不能只在表面上开展工作，而是必须走进群众需求"面"的内核，抓住重点撸起袖子加油干，继而带动面上的工作，才能最终达到我们的奋斗目标。

那么，贵阳市在推进"一河百山千园"建设过程中如何才能做到抓住重点去带动面上工作呢？首要是认识清楚目前我们工作的重点是什么。在

① 《习近平谈治国理政》第 2 卷，外文出版社，2017，第 61 页。

"关于征求《贵阳市'一河百山千园'行动计划》意见的公告"中，贵阳市委、市政府指出 2017 年到 2018 年，是"一河百山千园"建设的重点突破阶段，计划"全面消除南明河及其支流截污干管的跑、冒、滴、漏，恢复河道生态体系，麻堤河、小黄河、小车河、市西河、贯城河、松溪河、环溪河、南门河等支流水质达标。完成重点区域山体迹地修复和植被改造，全市森林覆盖率达到 48% 以上。基本建成 660 个各类公园，打造 27 个市级示范公园"①。这说明"一河百山千园"建设的重点就是南明河及其流域的治理。因此，只要"紧紧抓住南明河全流域治理这一'牛鼻子'，找准问题、精准施策，注重顶层设计，注重源头治污，注重把沿线山水、人文景观串联起来，注重大数据思维手段的创新应用，强化全流域管理、全社会监督，进而以流域治理带动全域生态文明建设"②，就能不断把"一河百山千园"建设推向新的高地。

六 坚持群众的主体地位

马克思在《路易·波拿巴的雾月十八日》中说："人们自己创造自己的历史"③，也即他们作为物质生产者构建了社会历史发展的出发点，从而创造了人类历史生活的整个过程，既是历史的"剧中人"，同时也是历史的"剧作者"。中国共产主义的先驱李大钊进一步指出："从前的历史，专记述王公世爵纪功耀武的事"，而事实上"人类的真实历史，不是少数人的历史。人类种族，是由那些全靠他们自己工作的果实生存的家族的群众成立的。历史的纯正的主位，是这些群众，决不是几个伟人"④。为此，1945 年 4 月，毛泽东同志在《论联合政府》的报告中特别强调："人民，只有人民，才是创造世界历史的动力"⑤。这说明无论我们做什么工作，只要广泛发动了群众，坚持群众的主体地位，那我们在前进的道路上就能紧紧依靠广大群众的齐心协力，汇聚人民群众的无穷智慧，不断化解发展中遇到的

---

① 《关于征求〈贵阳市"一河百山千园"行动计划〉意见的公告》，《贵阳晚报》2017 年 1 月 18 日。
② 陈刚：《统筹"一河百山千园"建成全国生态文明示范城市》，《贵州日报》2016 年 9 月 1 日。
③ 《马克思恩格斯选集》第 1 卷，人民出版社，1995，第 585 页。
④ 《李大钊文集》（下），人民出版社，1984，第 326 页。
⑤ 《毛泽东选集》第 3 卷，人民出版社，1991，第 1031 页。

难题，最终达到自己的目的。

贵阳市"一河百山千园"建设要解决面临的困难和问题当然也必须坚持群众的主体地位。第一，要坚持以人民为中心，全心全意地为贵阳市民服务。我们必须时时刻刻牢记，贵阳市的"一河百山千园"建设不是官员个人的面子工程、政绩工程，它归根到底是为了人民的利益，是为了满足广大贵阳市民对美丽贵阳、美好生活的向往。只有牢固树立了这种服务于人民，以最广大贵阳市民为中心的观念，我们每一个人才能走出自己的那"一亩三分地"，扬弃个人私利，服务大局，才能确立民主观念，集中群众的意见，实现决策的科学化，才能真正健全相关制度，让"人"与"物"、"事"与"功"都自觉接受人民的检查与监督。第二，要充分调动贵阳市广大干部群众进行"一河百山千园"建设的积极性、主动性。在这一点上，最重要的是要让广大贵阳市民透彻了解"一河百山千园"建设的重要意义。只有道理讲清楚了，说彻底了，才会掌握群众，才能激发他们的积极性、主动性。这就要求我们在宣传思想工作方面做足文章，采取多种方式方法。既要坚持走群众路线，开展宣传思想工作；也要善用媒体，广泛进行宣传动员；还要依据现实，以理服人进行宣传。总之要依据具体情况，千方百计采取一切可行的方法，让贵阳市民对"一河百山千园"建设不仅知"情"，而且知"根"。第三，要充分尊重贵阳市广大干部群众建设"一河百山千园"的创造性。贵阳广大市民扎根在贵阳，长期的生活使他们非常了解自己的家乡，了解贵阳，也积累了大量与贵阳域内河、山、园打交道的经验，因而在"一河百山千园"建设中，他们也有无穷的创造力。同时，他们也是"一河百山千园"建设的主力军，他们创造力的发挥，直接影响到"一河百山千园"建设的推进。因此，建设"一河百山千园"，我们必须深入到广大贵阳市民中间，真心实意地、勤奋地向他们学习，拜他们为师，坚持问政于贵阳市民、问需于贵阳市民、问计于贵阳市民，从他们的实践中汲取建设的智慧和力量。

关于坚持群众的主体地位，贵阳市委、市政府在"一河百山千园"建设中一直都特别重视。2016年12月7日，贵阳市委、市政府召开了"一河、百山、千园"行动专题会议，会议指出："全市上下要进一步认识构建'一河、百山、千园'自然生态体系的重要性和必要性，不搞政绩工程、形象工程，打造符合贵阳实际、百姓需求，能为贵阳增添活力的民生工程、民心工程，推进'一河、百山、千园'行动计划，加快建设全国生态文明示范城市"①。2017 年 1 月 4 日，贵阳市市长在主持召开的会议上又一次强调推进"一河、百山、千园"行动，要"注重调查研究和科学论证，充分听取多方意见，实施好每一个项目，让群众受益、让群众满意"②。2017 年 1 月 18 日，贵阳市委办公厅、贵阳市人民政府办公厅为构建"一河百山千园"自然生态体系，加快推进全国生态文明示范城市建设，公布了《贵阳市"一河百山千园"行动计划（公开征求意见稿）》，欢迎社会各界人士、广大市民提出宝贵意见，充分体现了对广大贵阳市民的尊重，对他们智慧的肯定以及"一河百山千园"建设的人民性。

---

① 《贵阳：推进"一河 百山 千园"行动计划建生态示范城》，《贵阳晚报》2016 年 12 月 8 日。

② 《刘文新主持召开"一河、百山、千园"行动专题会议》，2017 年 1 月 5 日，https://www.sohu.com/a/123465596_ 119665。

第三章　新型城镇化视域中贵阳"产、城、景"互动发展

2014 年 3 月 16 日，《国家新型城镇化规划（2014-2020 年）》公布，这标志着我国新型城镇化战略正式进入了实施阶段。新型城镇化是以城乡统筹、城乡一体、产城互动、节约集约、生态宜居、和谐发展为基本特征的城镇化，是大中小城市、小城镇、新型农村社区协调发展、互促共进的城镇化。产城互动、生态宜居不仅表明了新型城镇化发展的内核和动力，而且也是区别于旧式城镇化的重要表征。产业是城镇化发展的基础和载体，生态环境是城镇可持续发展的重要保障和生命。产业使城镇化中的人们找到了立身之所和生活来源，让城镇的极化效应和扩散效应得到了提升，而生态环境提高人们的生活质量、安居水平，让城镇的生命和活力得以延续。贵阳市作为贵州省城镇化发展的"领头羊"和核心城市，其城镇化发展的质量和程度对全省具有重要的示范效应。贵阳市城镇化的发展也要按照新型城镇化的总体要求和贵州两条"底线"的要求，走"产、城、景"互动发展的道路，让产、城、景实现一体化，城中有产业、城中有美景；产业强大城镇，美景围绕城镇；产业推动城镇发展，城镇推动产业做大做强；美景提升城镇安居质量，城镇推动美景不断增加；美景随产业延伸，产业随美景壮大。贵阳市只有充分地实现"产、城、景"互动发展，才能高质量地实现贵阳市新型城镇化，也才能实现贵阳经济、社会、生态的和谐发展。

第一节　"产、城、景"互动发展的概述

互动发展是要素间相互使彼此发生作用或变化的过程，它有积极作用和消极作用。显然消极作用和结果不是人们追求的，积极作用和结果才是

人们所期待的。其特点是各个因素相互作用，相互影响，相互制约。要建立长期稳定的良性互动关系要满足三个条件：一是各要素的共同主体，要有系统或全局的观念，不可偏颇。二是各要素间有相互依赖的必要性。三是各要素间有相互依赖的可能性。作为"产、城、景"互动发展的共同主体——政府，要重视这三个要素的共同发展，城镇离不开产业和生态，产业也离不开城镇和生态，生态是产业和城镇发展的共同保障，它们共同统一于城市经济发展的始终，不仅能够实现和谐发展，也有实现和谐共进的可能性和现实性。

一 "产、城、景"互动发展的内涵

关于"产、城、景"互动发展的内涵，政府和学术界暂时没有形成统一的定义，但是可以从一些政府的发展政策和学术界方案看出端倪，它们都从推动当地经济发展的角度，对"产、城、景"互动发展的内涵给出了一定的解释。

（一）政府的政策解释

"产、城、景"互动发展的实践主要在贵州、四川和湖南，因此对"产、城、景"互动发展内涵的释义也主要存在于贵州、四川和湖南一些地方政府的文件或领导的讲话中。黔东南苗族侗族自治州是贵州省"产、城、景"互动发展的积极实践区域，它对"产、城、景"互动发展的定义是产城互动、城景联动、以产兴城、以城促产、产城一体，打通园区和城区的通道，促进产业、城镇和景区互动融合发展。强化产业布局、大力推进产业园区建设、完善城市配套服务功能、推动城市景区化，是"产、城、景"互动发展的主要特征。安顺地区建设"五型城市"，打造世界山水田园城市，积极推进"产、城、景"互动发展。它对"产、城、景"互动发展的定义是以绿色生态统领产业和城镇发展，大力推进产业园区建设和转型，把安顺市及各县打造成以人为核心、城乡一体、"产、城、景"互动发展的山水田园城市，让居民看得见山，望得见水。黔西南地区利用"产、城、景"互动发展理念，大力发展旅游业，把旅游业定位为主导产业，以旅游业带动其他产业的发展，同时大力保护生态环境，形成以旅游规划来统筹"产、城、景"互动发展的格局。因此它对"产、城、景"互动发展的定义是以旅游业和生态环境保护统领产业发展、城镇建设和城镇景区建设，其互动发展的核心是生态和旅游业。铜仁地区利用得天独厚的资源优势，明确建设山水园林城市的发展定位，以"产城互动、教城一体、景城融合"三大模式为支撑，积极推动"产、城、景"互动发展。它的"产、城、景"互动发展的立足点在"产城互动"。阆中地区是四川"产、城、景"互动发展的积极实践者。他们提出"三个一体"的理念：景城一体——保护提升好一座千年古城、打造建设好一座休闲名城；产城一体——坚持以"两化"互动的理念打造县域经济新的增长极，推进"产城一体"，使之迅速崛起为一座产业新城；城乡一体——通过以城带乡、以工哺农，在全域推进"城乡一体"，实现城乡大发展、城乡共繁荣。他们认为在"产、城、景"互动发展中，"景城一体"能够秀出城市好魅力，"产城一体"能够崛起产业新城，"城乡一体"能够共建"美丽阆中"[1]。湖南郴州积极推动"产、城、景"互动发展，以县级市资兴市为例，该市一直坚持产业、城市、景区有机融合和互动发展原则，实施"产、城、景"统一规划，高标准建设产业园区、城区和景区，以主导产业的发展带动城市和景区的建设。

（二）本文的解释

基于以上解释，我们认为"产、城、景"互动发展的内涵有如下几个特征。

1. 以新型城镇化战略为统领

新型城镇化是我国经济社会发展的重要战略，是推动我国持续发展的重大动力，不仅关系到我国城乡一体化的发展质量，更关系到我国现代化建设目标的实现。实现贵阳市"产、城、景"互动发展，必须要以新型城镇化为统领，紧紧抓住产城互动、生态宜居这一根本，切勿走以"光见城镇、不见产业""重视建设，轻视环境"的旧式城镇化道路。

2. 产城互动

城镇是产业的载体和平台，产业是城镇化的动力和源泉。必须坚持城镇建设和产业发展两手都要抓，两手都要硬。做到"以城促产、以产兴

---

[1] 张立东：《阆中："新老"互动景产城深度融合》，《四川日报》2012 年 9 月 15 日。

城"，推动城镇建设与产业发展齐头并进、良性互动、融合发展。

3. 产景互动

产业是城镇的"心脏"，生态是城镇的"血液"。城镇的机体既不能缺少"心脏"，也不能缺失"血液"。没有"血液"的"心脏"，最后会停止活动，没有"心脏"的"血液"，也会丧失流动的源泉。因此，在推进城镇化过程中，产业要在保护生态环境的基础上发展，而景色也要"镶嵌"在产业中，实现美景中有产业，产业在美景中。

4. 城景互动

生态是城镇的"血液"，没有"血液"的城镇会失去活力，随着时间的推移最后会衰落。而如果景色没有进入城镇化的发展中，它只能是纯粹的自然景色，而把景色"镶嵌"在城镇中，把城镇修建在景色中，实现城镇和景色的完美统一，这不仅让自然景色在城镇中得以延伸，而且让城镇中人们宜居、乐居的意愿增强，实现了人文社会和自然世界的有机统一。

二　"产、城、景"互动发展的理论认识

（一）产业与城镇化关系理论

1. 西方的产业与城镇化关系理论

产业革命是从西方国家开始的，它不仅改变着人们生产实践的轨迹、方式，而且也改变了人们对产业和城镇化的认识。因为在产业革命之前，城镇的发展并没有像产业革命那么"快、强、大"，大多数城镇发展的轨迹是基于政治、商业、区位优势的带动，而产业革命后的产业大发展使城镇的发展实现了内涵和外延的升级，城镇的发展真正步入了现代化的阶段。西方国家的学者对产业与城镇化关系的研究，走在了其他国家和地区的前面。他们理论的核心思想是：产业是城镇化的经济内涵，城镇化是产业的空间表现形式，产业化是前提条件，城镇化是最终结果。产业发展是近代经济发展的主旋律，城镇化是近代社会发展的主旋律。

经济学家霍利斯·B. 钱纳里（Hollis B. Chenery）在其产业发展阶段理论中，把产业和城镇化的发展分为 3 个阶段 6 个时期（见表 5）。在农业生产活动占统治地位的农业社会阶段，社会绝大部分就业人口集中在农业部门，城镇规模小，发展缓慢，农业城镇是社会城镇的主体，这是第一个阶

段和时期，该阶段主要包括奴隶社会和封建社会。在制造业生产活动逐步占据统治地位的产业化阶段，城市人口逐步居于主导地位，城镇发展成为社会发展的主要标志和载体。该阶段可以分为初级、中级和高级时期。初级时期是指初级产业产品生产时期，人均国民收入在 280~560 美元；工业化（产业）中级时期是指产业产品创新和深度发展的时期，人均国民收入在 560~1120 美元；工业化高级时期（产业化成熟期），这一时期产品更加丰富，技术水平和价值更高，人均国民收入在 1120~2100 美元。在发达经济阶段（后工业化社会），产业部门增长率趋于下降，农业部门的劳动生产率增长较快，并形成初级和高级时期。该阶段初级时期指的是产业化的发达期，这一时期城市人口在社会总人口中占绝对优势，城镇也成为社会的主要承载体，农业在产业的支持下，发展快速，人均国民收入在 2100~3360 美元；高级时期是指发达经济期，这一时期的典型特征就是城乡差别逐渐消失，产业文明、农业文明融合，现代化进程实现，人均国民收入在 3360~5040 美元。产业必然带来城镇化，城镇化率在工业化前期为 30% 以下，在产业化的实现期在 30%~75%，在后工业化时期为 75% 以上[①]。

表5 钱纳里工业进程划分

美元/人

收入水平（以 1971 美元记）	时期	阶段	
140~280	1	第 1 阶段	初级产品生产
280~560	2	第 2 阶段	工业化初期
560~1120	3		工业化中期
1120~2100	4		工业化成熟期
2100~3360	5		工业化发达期
3360~5040	6	第 3 阶段	发达经济

资料来源：钱纳里等：《工业化和经济增长的比较研究》，1989。

英国经济学家科林·G. 克拉克（Colin G. Clark）提出了著名的产业结构变化学说。他的理论是在威廉·配第（William Petty）的收入与劳动力流动之间关系学说基础上搭建起来的，故称为配第-克拉克定理。该定理把人

---

① 参见〔美〕钱纳里：《发展的型式：1950—1970》，经济科学出版社，2002，第67页。

类全部经济活动分为第一产业（农业）、第二产业（制造业、建筑业）和第三产业（广义的服务业）。他认为劳动力流动的原因是产业之间相对收入的差异，提出随着人均国民收入水平的提高，劳动力首先由第一次产业向第二次产业移动；当人均国民收入水平进一步提高时，劳动力便向第三次产业移动。第二、第三产业的载体就是城镇，劳动力从第一产业向第二、第三产业转移的过程，就是农村人口往城镇迁移的过程。因此，劳动力产业之间的转移和农村人口向城镇转移是同一过程的两种表现，而且劳动力的产业转移是城镇化的条件，如果没有工业和服务业对劳动力的吸纳，城镇化的过程会停滞或者放慢。因为农民变市民，不仅仅是身份的转变，更是其能够在城镇中安身立命。而能够满足农民愿望的，就是第二、第三产业。尤其在第三产业不发达的国家，工业已经成为劳动力转移最主要的产业。在人均收入较高的国家，劳动力在产业间的分布呈现出第一产业人数份额较小，而第二、第三产业份额大的格局。

2. 马克思的产业与城镇化关系理论

农业为城镇化提供了人口和食品等生活资料基础，非农产业则为这些从农业转移出来的剩余劳动力和剩余产品提供了用武之地和价值体现场所。产业生产的协作性和规模化使得大量的剩余劳动力和剩余产品聚集在一个相对集中场所，这个相对集中的地方经过长时间发展后，慢慢聚集了一些人气、财气，随着时间的推移，其吸引力和带动力不断增强，汇集的资源越来越多，人气越来越旺，逐渐就在产业工厂周围慢慢形成了一些生活区、服务区，这些生活区和服务区再经过发展，就形成了城镇。这正如马克思说的："大工业企业要求许多工人在一个建筑物里共同劳动；他们必须住得集中，甚至一个中等规模的工厂附近也会形成一个村镇。他们有种种需求，为了满足这些需求，还需要其他人，于是手工业者、裁缝、鞋匠、面包师、泥瓦匠、木匠都搬到这里来了……当第一个工厂很自然地已经不能保证所有的人就业时，工资就下降，结果就是新的厂主搬到这里来。于是村镇变成小城市，而小城市又变为大城市"[①]。

产业生产效率的提高加速了城镇化发展。工场手工业作为机器大产业的最初形式，其较高的生产效率加快了城镇人口聚集的速度。马克思指出：

---

① 《马克思恩格斯文集》第1卷，人民出版社，2009，第406页。

"不同种的独立手工业的工人在同一个资本家的指挥下联合在一个工场里，产品必须经过这些工人之手才能最后制成"①，"许多从事同一个或同一类工作（例如造纸、铸字或制针）的手工业者，同时在同一个工场里为同一个资本所雇用"②。这两者劳动形态实质上是提高了人口的聚集程度。此外，马克思更加强调："构成工场手工业活机构的结合总体工人，完全是由这些片面的局部工人组成的。因此，与独立的手工业比较，在较短时间内能生产出较多的东西，或者说，劳动生产力提高了"③。正是工场手工业工人的聚集性和协作性，使得生产效率不断提高，为城镇化的推进提供了大量的生产和生活资料，随着工场手工业向机器大产业的过渡，生产效率越来越高，向资本家、工人和其他社会劳动者提供的消费品越来越丰富，其聚集效应和吸引效应不断增强，伴随着产业生产效率提高，城镇规模和层次也越来越高。

（二）生态与城镇化关系理论

1. 生态城镇化理论

生态城镇化是指在实现自然生态系统良性循环的前提下，以生态经济体系为核心，以实现社会可持续发展为目的，使城镇经济、社会、生态效益实现最佳结果。具体到实践中，是指坚持以人为本，以生态产业化为动力，以因地制宜、优势互补、统筹兼顾、相辅相成为原则，以生态文明建设为主体，推进大中小城市和农村小城镇的生态化、集群化、现代化的发展，全面提升城镇化的质量和水平，走科学发展、集约高效、功能完善、环境友好、社会和谐、个性鲜明、城乡一体、大中小城市和小城镇协调发展的生态城镇之路。

生态城镇化的"生态"就是要将生态文明建设融入到城镇化的过程中去，由过去片面注重追求城市规模的扩张，转变为以提升城镇的生态文明、公共服务等内涵为中心，真正使之成为具有较高品质的宜居宜业之所。生态城镇的"城镇"已不是一般概念的城镇，而是与其所处的区域是一个有

---

① 《马克思恩格斯文集》第5卷，人民出版社，2009，第418页。
② 《马克思恩格斯文集》第5卷，人民出版社，2009，第419页。
③ 《马克思恩格斯全集》第23卷，人民出版社，2009，第376~377页。

机的生态系统；是人、自然与社会、环境和谐共生、协调发展的生态型可持续发展城镇；是一个不断探索创新的生态化发展过程，同时也是人类自身发展的过程，它与传统的小城镇有本质的区别。生态城镇化目前真正代表了城镇未来的发展方向和战略目标，是人们实现城镇可持续发展的有效途径。生态化是生态城镇化的基本特征；个性化是生态城镇化的主要特征；人本化是生态城镇化的核心理念；循环利用是生态城镇化的重要特征。

2. 城镇可持续发展理论

可持续发展实质核心是要求自然、社会、经济、资源、环境协调发展，正确处理好它们的关系，对实现人类的可持续发展至关重要。实现城镇的可持续发展，就要在经济持续增长的基础上，实现资源的综合利用、环境的不断改善，最终实现城镇社会的永续发展。可持续发展突出强调发展的主题，其核心思想是城镇发展应当建立在社会公正和环境、生态可持续的前提下。经济可持续发展是城镇化的基础，生态可持续发展是城镇化的条件，社会可持续发展是最终目的。

（三）产业与生态的关系理论

产业与生态的关系理论集中体现在产业生态学（Industrial Ecology）。这个词最早出现在 20 世纪 50 年代的科学文献中，人们从生态学角度，产生了模拟自然生态系统并按照其物质循环和能量流动的规律重构产业系统的想法。产业系统与自然生态系统的关系、产业系统的结构分析与功能模拟、产业系统的低物质化、产业系统的代谢分析及生命周期评价等是产业生态学的主要内容。

产业生态学认为对环境与产业的交界面的研究，包括监测和分析自然生态系统的资源状况、环境容量及其同化能力，并根据分析后的信息调整产业系统输入、输出流，实现产业与环境的平衡协调。模拟自然界的生产者、消费者和分解者的营养结构，就是要建立产业物流供给网，进行物流的闭路再循环，从而建立可持续的产业系统。模拟自然生态系统的代谢，将生物代谢引入产业系统也是产业生态学的一项主要研究内容。作为人类与自然系统进行交互的中介物，产品进行"从摇篮到坟墓"的生命周期评价的主要目的在于寻求改善产品环境影响的机会与方法，从而为产品生态设计提供技术支持。一系列新的设计理念和方法如生命周期设计、生命周期工程、为环境而设计、为拆解而设计、为再循环而设计等成为产业界研究与应用的热点，即要发展生态产业，让生态产业化、产业生态化，最终实现产业和生态的互动发展。①

三　国内"产、城、景"互动发展的实践

我国城镇化发展过程中，很多省（自治区、直辖市）虽没有明确提出"产、城、景"互动发展的理念，但在实践中都有所体现，只不过侧重点不同，绝大多数强调产城互动，"产、城、景"互动直到新型城镇化战略提出后才逐渐形成，并在一些省（自治区、直辖市）城镇化的实践中应用。湖南、四川、贵州是我国"产、城、景"互动发展的主要实践省份。

（一）湖南省"产、城、景"互动发展的实践

湖南是"产、城、景"互动发展的主要实践地区之一。长沙、衡阳、郴州等地区"产、城、景"互动发展走在了全省的前列。长沙推行全域覆盖的发展理念，包括乡镇的"产、城、景"规划覆盖率达100%。门前绿水，背靠青山，城镇中有产业园区，园中有特色产业，城景一体，民居与山水融合，这是长沙的"产、城、景"互动发展的理念概括。在以加快城乡环卫体系和基础设施建设为重点，集中开展城景环境综合整治工作的基础上，长沙大力发展生态环保产业，在城市建设中推行商业区、住宅小区城景一体。衡阳紧紧围绕组织实施城乡绿化一体化建设，着力打造"生态衡阳""绿色衡阳"，围绕推进"绿色产业、绿色城镇、产城景一体化"建设，实施城乡绿化规划，对城市路边、沟边、厂边、房边、郊区村边等地方，宜林则林、宜树则树、宜花则花、宜草则草，对重要河道安排专项经费确定专人负责整治和环卫保洁，极大地改善了城乡生态环境。郴州坚持产业、城市、景区有机融合和互动发展的原则，高标准的统一做好"产、城、景"互动发展的规划，按照"依山傍水、显山露水、青山绿水"的要求，实施"蓝天碧水""生态宁静工程"，塑造"城在林中、景在城中、城景交融"的郴州新形象。

---

① 参见尹磊《产业生态理论发展研究述评》，《商业时代》2011年第7期。

（二）四川"产、城、景"互动发展的实践

四川省积极利用自身区位优势和在西部地区的经济优势，推动"产、城、景"互动发展。全省各市县都在积极地从当地实际出发践行"产、城、景"互动发展的理念和思想。例如成都将城市与乡村有机地融合在一起，构建起城景相融、田园相连、山水相依的生态宜居城市。成都进行产业联动，规模经营，使得成都农业走出一条超常规的发展轨迹。这也使得成都具有了推动产业走向高端和联动发展的基础。而作为全国最早的统筹城乡发展的城市之一，成都将城乡建设与产业布局相融合，推进产业连片规模发展和"一三互动"项目建设，形成城市带产业、产业促城市发展的格局。据统计，成都拥有以休闲、观光农业为主的观光休闲点 6000 家以上。越来越多的位于三圈层的区域中心城市融入到成都"半小时交通圈"中，进一步改善和提升的交通条件、公共服务配套等使得县域中心城的产业发展、基础设施、人居环境的一体化水平也随之大幅提升①。

（三）贵州省"产、城、景"互动发展的实践

比较典型的如凯里市根据产业园区需要布局城市新区，通过城市新区建设服务产业园区，努力推动产城互动、城景联动、以产兴城、以城促产、产城一体，打通园区和城区的通道，促进产业、城镇和景区互动融合发展。在这一过程中，凯里特别注意强化工业产业布局，以凯麻同城化为载体，将工业园区规划纳入城市总体规划，强化产业发展规划与城市建设规划、实现产业分工布局与城市功能布局有机衔接。凯里建立以凯里经济开发区为主体的"一区三园"建设模式，明确各个园区功能定位，增强产业聚集强度，大力推进工业园区建设，坚持"生态化引领、园区化布局、集约化管理、产业化经营"的思想，按照"一园一业"的思路，突出抓好产业引进培育，注重从引进一般性项目向优势大项目转变，从资源消耗型向生态环保型转变，从外延扩张式向创新内涵式发展转变。

---

① 《成都构建城景相融、田园相连、山水相依的生态宜居城市》，《中国经营报》2014 年 6 月 28 日。

四　国际"产、城、景"互动发展的实践

（一）美国"产、城、景"互动发展的实践

美国打破行政区域界限，整体统筹区域资源利用、环境保护、产业布局和重大项目建设，着力打造大"都市圈"和"城市带"，依托大中城市，充分发挥中心城市的辐射带动作用。并且提出了"精明增长"理念，要求城镇化沿着以人为本、绿色低碳、永续发展的路径深入推进。强调土地集约利用、优先发展公共交通、混合土地使用功能、保护开放空间和创造舒适环境、鼓励公共参与、建设紧凑型社区等，通过政府行政、经济、法律杠杆手段发挥限制、保护和协调作用，实现经济、环境和社会的公平发展。实现产城一体，升级产业结构，振兴老工业区。在全球化的浪潮中，美国中西部传统工业区出现经济滑坡和城市中心区产业空洞化现象，为此政府采取一系列举措，包括放松管制，适当放宽或取消一些妨碍经济发展的规章制度；保护国内市场，严格控制国外钢铁产品进口；制定税收、补贴及信贷优惠政策，引导制造业从东北部向西部、南部地区转移；发放迁移费用补贴、住房补贴，鼓励剩余劳动力外迁；扶持国内制造业对外投资，支持老工业区向国外转移部分劳动密集型和耗能污染型产业①。

（二）英国"产、城、景"互动发展的实践

英国以科学完善的发展规划统筹"产、城、景"互动发展，从而实现城镇的可持续发展。英国赋予规划重要地位，突出"三个注重"。一是注重城镇化发展规划。英国的城镇化发展规划在制定及执行过程中，旨在推动政府实现四项可持续发展目标。二是更加注重规划执行的刚性要求。英国的规划管理非常严格，按照规划法规的有关要求，进行城镇建设和管理必须以规划为依据，如动用绿地搞开发，必须经副首相批准。三是更加注重强调规划建设的适度超前性，把城镇的远景规划与近期改造和发展相结合，让规划引导城镇的发展。据统计，自 1909 年以来，英国先后颁布 40 余部关于城市的法规。1909 年，英国颁布了世界上第一部城市规划法——《住宅、

---

① 参见《美国推进城镇化的经验》，《中国财经报》2013 年 1 月 13 日。

城镇规划条例》，标志着城市规划作为一项政府职能的开端。1947年颁布实施了《英国城镇和乡村规划法》和《综合发展地区开发规划法》，第一次在法律上将城乡纳入一体进行统筹规划与建设，1952年还颁布了《城镇发展法》。英国已经形成了由中央、地区和地方三级组成的完善的规划制定管理体系。2004年新修订的《城乡规划法》，将原来的指导性地区规划上升为立法性规范。城乡规划立法强化了政府宏观调控的作用，为政府用强制性规定和规划立法来干预、调节、规范、引导城乡的有序建设、发展发挥了保障作用。[1]

（三）法国"产、城、景"互动发展的实践

法国"产、城、景"互动发展的实践主要体现在发展循环经济上。法国政府通过整合分散的小城市，从垃圾、水、交通、住宅等方面，实施整体集约利用，构筑了一条完整的循环经济产业链条。法国约80%的生活垃圾得到了可循环处理，其中63%的废弃包装类垃圾经再处理后被制成了纸板、金属、玻璃瓶和塑料等初级材料，17%的垃圾被转化成了石油和热力等能源。法国可持续城市企业联盟，由法国政府主导成立，致力于传播和推广法国生态理念和技术，引领法国投资，提升全球可持续城市发展水平的重要品牌和企业联盟，内部聚集了包括规划设计、能源、交通、环境、城市开发等领域的100多家法国优秀企业，包括阿尔斯通、阿尔卡特朗讯、威立雅、施耐德、圣戈班、法国电力等。[2]

（四）德国"产、城、景"互动发展的实践

德国是可持续发展城镇化的代表，也是"产、城、景"互动发展的实践先驱。德国城市区域可持续发展的基本模式是：避免过度发展城市区域中的某一单一支配性中心城市，形成若干功能互补的多极城市群。遍布全德的中小城镇，虽然城市规模不大，但水、电等基础设施都是高标准，街道整洁干净，并且城市布局大体相同——主教堂居于城市中心，周围是城市广场和市政厅，由广场中心向外延伸出一条或几条商业主街。在那里可

---

① 参见《英国推进城镇化建设的主要经验》，《中国经济时报》2013年4月2日。
② 参见卢海元《法国城镇化的特点与城镇化加速的启示》，《中国财经报》2013年12月26日。

以找到大城市里几乎所有的一线品牌商品和全国连锁超市。中小城镇的生活便利程度和大城市并无二样，但其具有的远离喧嚣、环境清新、文化底蕴深厚、生活成本适中等优势，是大都市无法比拟的。[①]

第二节　贵阳市"产、城、景"互动发展的目标

"产、城、景"互动发展的本质就是要处理好城镇化过程中产业、城镇自身发展、生态保护之间的关系，因此贵阳市的"产、城、景"互动发展的目标就要从统筹产业、城镇和生态的角度出发，走一条产业发展扎实、城镇化有序推进、生态环境良好的路子。

一　核心目标——城镇的互促共进

"产、城、景"互动发展的核心都是围绕城镇进行的，促进城镇的健康发展，把城镇建设成为安居乐业、生态宜居的新型城镇，这就是新型城镇化的"新"应有之义。我们认为贵阳市"产、城、景"互动发展的核心目标是紧紧围绕做大、做强、做好城市的理念，处理好推进城镇化过程中的各种影响贵阳市发展的要素关系，尤其是处理好产业发展、城市发展、生态保护之间的关系，让它们互促共进，实现贵阳市可持续发展。

（一）产业与城镇的互促共进

产业是城镇存在和发展的内核和支撑，城镇是产业的载体和发展的强有力的平台。它们之间的关系就如同"鱼和水"的关系，"鱼"（城镇）离开了"水"（产业），就会丧失生命的源泉。"水"离开了"鱼"，就如同一潭死水，失去了存在的价值，因为城镇是产业发展最强有力的推动力，城镇衰落或发展滞后，产业发展就会失去方向和动力。只有让产业和城镇实现互促共进、双双做强做大、互相依赖、相互支持、共同发展，才是新型城镇化的应有之义。

[①]　参见叶齐茂《借鉴德国经验思考城镇化进程》，《经济参考报》2009 年 10 月 15 日。

（二）产业与生态的互促共进

绝对健康、不产生任何污染的产业在现实中并不存在，产业在发展过程中或多或少会对生态环境造成一定的损害。贵阳市的产业发展亦是如此。第一产业发展会对一些农村地区环境产生破坏，第二产业和第三产业会对城市环境增加压力和产生污染，这都说明产业存在负外部性。因此，处理好产业发展与生态环境保护的关系，是产景互动发展的本质要求。这就要求贵阳以绿色生态统领产业发展，以产业发展促进生态进步，以生态保护提升产业发展质量。

（三）城镇与生态的互促共进

城镇的发展不能破坏生态环境，以生态环境保护促进绿色城镇建设，是城镇与生态互促共进的本质，即要建设绿色城镇、生态城镇，改善城镇的生态质量，让绿色"住满"城镇，把城镇打造成人们的"美丽、自然"安居宜居之所，提升人们的舒适感和生活质量。

二　主要目标——城镇的和谐发展

和谐是对立事物之间在一定的条件下的具体、动态、相对、辩证的统一，它是不同事物之间相同相成、相辅相成、相反相成、互助合作、互利互惠、互促互补、共同发展的关系。这是辩证唯物主义和谐观的基本观点。城镇的和谐发展，也影响城镇发展的各种要素之间相辅相成、互利互惠、互促互补、共同发展。

（一）产业与城镇的和谐发展

产业和城镇本是一对矛盾统一体，它们之间相互依存，互为发展的条件和基础，但它们之间往往也有矛盾，某些产业发展可能会严重破坏城镇的生态环境。如具有较强污染性的煤炭、水泥、造纸、化工等产业，在为城镇带来经济利益和就业的同时，也造成了空气、土壤、水质污染，引发突发性或慢性病等负面效应。而城镇的发展质量也会影响产业发展速度、质量和效益。因此，要减少或避免它们之间的矛盾，促使它们互促互补，共同发展。

（二）生态与城镇的和谐发展

城镇发展的历程，就是处理自身与外部世界关系的过程。城镇从外部世界获取生存和发展的各种资源、能源等必需要素，它们一直不间断地进行着各种各样的物质、信息交换。然而，它们之间矛盾依然存在，尤其是城镇与生态环境的矛盾日渐尖锐。城镇的过度和过快发展正在增加生态环境的压力和破坏力。因此，城镇的和谐发展要处理好生态与城镇的关系，促使它们和谐发展。

三　基本目标——城镇的生态宜居

城镇化的本质是以人为本，实现农民变市民，让更多的民众享受到城镇给他们的生活和工作带来的较高质量和幸福感。吃穿住用行的质量好坏关系到人们能否在城镇长久生存下去，而在城镇有所居、能居、安居已成为人们首要关注的问题。有所居是人们在城镇要有居所；能居包括两层含义，一是自身有能力在城镇居住，二是房屋的价格、区位、环境等能够满足自身的居住需求；安居指人们能够在城镇中高质量的、长久的居住，并获得在城镇生活的身体上、心理上的幸福感。生态宜居是民众在城镇安居的重要表现。

（一）生态宜居能够提升民众的生活品质

城镇化给现代人提供了丰富的物质财富和精神财富，人们在城镇中可以获取一切所需要的东西，城镇俨然可以满足民众的一切需求。然而，长期以来，城镇生态环境不断恶化的现象让人们看到城镇发展的两面性。城镇民众"天蓝、绿水、干净的空气"的需求正在被逐渐削弱，远赴风景秀丽的景区或清爽干净的乡村成为他们满足生态需求的主要方式。这使得城镇的吸引力在某种程度上出现了弱化，一定程度上降低了城镇居民的生活品质和水准，导致城镇郊区化或"逆城镇化"的现象兴起。把生态宜居定位为贵阳市发展的基本目标，一是延续贵阳大力发展生态文明的成果，保持"爽爽的贵阳，避暑的天堂"的美誉。二是提升民众的生活品质，让民众在贵阳城镇化过程中感受到生态宜居给他们带来的幸福感和归属感。

（二）生态宜居能够提升城镇的内涵和魅力

生态宜居给民众的感受是城镇的生态环境质量好，生活的舒适度高。现代人们在选择城镇时，除看重城市的知名度、发展的速度与规模、医疗卫生、教育质量等因素外，城镇的环境质量在他们抉择中占的比重增大。因为他们清楚身体是人之根本，纵使拥有优质的医疗资源，但一个生态宜居的城镇环境能够让人身心可以获得"不用药品"的健康。这种健康的状态是长久自然的。这样的城镇是人们梦寐以求的。贵阳市把生态宜居作为城镇化发展的目标，不仅可以为民众创造一个优质的生活、工作环境，而且可以增强贵阳市的吸引力，让它在全国甚至全世界的美誉迅速扩散，不断提升其城镇化的内涵和魅力。

第三节　贵阳市"产、城、景"互动发展的条件

贵阳市推进"产、城、景"互动发展，不仅有良好的基础，而且有充实的条件。良好的自然环境持续营造和生态文明建设持续推进，使贵阳实现"产、城、景"互动发展的基础牢固。而有力的政策保障、可借鉴的经验支撑使贵阳有充分实现"产、城、景"互动发展的现实性和可能性。

一　有力的政策保障

政策指的是国家政权机关、政党组织和其他社会政治集团为了实现自己所代表的阶级、阶层的利益与意志，以权威形式标准化地规定在一定的历史时期内，应该达到的奋斗目标、遵循的行动原则、完成的明确任务、实行的工作方式、采取的一般步骤和具体措施。它体现国家的利益和意志。国家出台的各种产业、城镇化和生态文明建设的相关政策是"产、城、景"互动发展的重要保障。

（一）产业政策

产业政策包括产业组织政策、产业结构政策、产业技术政策和产业布局政策，以及其他对产业发展有重大影响的政策和法规。各类产业政策之间相互联系、相互交叉，形成一个有机的政策体系。我国的产业政策种类

繁多、内容复杂，既有关于区域性的产业政策又有行业性的产业政策。它们都以不同的形式、方式和力度影响各地区产业发展的内容、过程和结果。当前，《国务院关于进一步推进西部大开发的若干意见》（国发〔2004〕6号，2004年3月11日）、《产业结构调整指导目录（2011年修正）》（2013年5月1日起施行）、《可再生能源产业发展指导目录》（发改能源〔2005〕2517号，2005年11月29日）等国家层面的产业政策对贵阳市产业发展具有重大的约束和指导作用，也有《贵州支持健康养生产业发展若干政策措施的意见》《贵州省关于大力推进农业产业化经营的意见》《贵阳市加快旅游产业发展若干政策措施》《关于加快大数据产业发展应用若干政策的意见》《贵阳市产业扶持政策》等地方层面的产业发展政策，它们更是对贵阳市的产业发展具有直接的指导意义。

（二）城镇化政策

农村人口不断向城镇转移，第二、第三产业不断向城镇聚集，城镇数量增加，城镇规模扩大，这不仅是一个自然的过程，也是人为引导的过程。政策就是最好的、最有力的引导方式。我国从1978年《中共中央关于加快农业发展若干问题的决定》提出"有计划地发展小城镇建设和加强城市对农村的支援"的政策，到1998年10月《中共中央关于农业和农村工作若干重大问题的决定》提出"发展小城镇，是带动农村经济和社会发展的一个大战略"，再到2005年胡锦涛同志强调，坚持走中国特色的城镇化道路，按照循序渐进、节约土地、集约发展、合理布局的原则，努力形成资源节约、环境友好、经济高效、社会和谐的城镇发展新格局，直到2012年12月16日，中央经济工作会议提出，新型城镇化战略是我国现代化建设的历史任务，也是扩大内需的最大潜力所在，城镇化政策一直指导和规范中国城镇化沿着民众期望和社会需求的方向进行。按照国家的政策指导，贵州省出台了《中共贵州省委　贵州省人民政府关于加快城镇化进程促进城乡协调发展的意见》《贵州省"十二五"城镇化发展专项规划》等城镇化政策，这对包括贵阳市在内的全省推动城镇化具有重大的约束、保障和指导意义。此外，《贵阳市"十一五"城镇化建设专项规划》《贵阳市11个省级示范小镇发展规划》等城镇化政策直接指导贵阳市城镇化推进的轨迹和执行力度。

（三）生态文明政策

生态文明是人类为保护和建设美好生态环境而取得的物质成果、精神成果和制度成果的总和，是贯穿经济建设、政治建设、文化建设、社会建设全过程和各方面的系统工程，反映了一个社会文明进步的状态。2007 年党的十七大报告提出要建设生态文明，基本形成节约能源资源和保护生态环境的产业结构、增长方式、消费模式。2012 年党的十八大将生态文明提到一个前所未有的战略高度，从建设"美丽中国"的高度把生态文明置于贯穿五大文明建设的始终，全党全社会加快推进生态文明建设。2015 年 5 月 5 日《中共中央　国务院关于加快推进生态文明建设的意见》颁布，标志着我国已全面开始推进生态文明建设。《贵州省生态文明先行示范区建设实施方案》《贵州省生态文明建设促进条例》《贵阳建设全国生态文明示范城市规划》《贵阳市建设生态文明城市条例》《贵阳市促进生态文明建设条例》等不仅明确规定了包括贵阳市在内的贵州全省生态文明建设的规划建设、保障措施、法律责任，而且为贵阳市开展生态文明建设提供了政策和立法保障。

二　可借鉴的经验支撑

贵阳市推进"产、城、景"互动发展有很多经验值得借鉴，既有比较成熟的"产城互动"经验、城镇化发展经验、生态文明建设经验，又有处于探索阶段的一些认识。这些都为贵阳市"产、城、景"互动发展提供了众多的经验支撑。

（一）我国产城融合发展的经验

产城融合是在我国转型升级的背景下相对于产城分离提出的一种发展思路，要求产业与城市功能融合、空间整合，"以产促城，以城兴产，产城融合"。其核心是城镇化与产业化要有对应的匹配度，不能一快一慢，脱节分离。

我国各地在产城融合的实践过程中，总结出了不少可供借鉴的产城融合发展经验。

1. 实行产城规划先行，实现产城互动

产城融合的核心在于产业、城市要做好前瞻性的规划和定位，避免盲目地城镇化导致城市空心化，真正落实产业定位，实现城市与产业发展之间相互促进。

2. 把握产业趋势，引领产业变革

产城融合在于突破早期城镇化的弊端。而城市更新的土地资源、空间资源用于发展新兴产业（或未来前沿产业）具有非常重要的现实和长远意义。只有积极地实现产城融合，城市才具有发展的可持续性。

3. 兼顾国际化城市竞争

国际化竞争格局是中国推进新型城镇化不可回避的问题，当前，全球产业正在发生新的重点转移。我国各地区只有借助产业结构转型机遇，吸引优质产业，鼓励企业做大做强，积极参与国际化竞争，不断提升城市的国际影响力，才能实现高质量的城镇化。

因此，政府要发挥促进产城融合的主导作用，制定好符合区域持续发展的产业、城市规划及城市功能配套政策，鼓励发展新兴产业。积极引入优质的开发工业园（产业园）区企业，借助社会力量进行招商引资。一方面，降低了政府打造开发区（工业园）的经济压力；另一方面，通过市场化提升产业竞争力。整备产能落后的工业园区，由政府和相关的企业机构进行统一管理，加大产业结构转型力度。加强城市功能规划（住宅、商业、道路、市政等城市规划）与产业发展定位的"规划与定位同步原则"，以落实产城融合推进城镇化建设。

（二）国外城镇化的经验

从国外来看，无论是美国的大中小城镇均衡发展，英法两国的规划优先、历史遗迹保护，还是德国的可持续发展战略，它们都坚持以人为本，重视规划、尊重城镇发展规律、尊重历史，以明确的定位，科学的推进方式实现城镇化的发展。其中，以人为本是城镇化的核心。

国内城镇化的实践也为贵阳市"产、城、景"互动发展提供了宝贵的经验。北京、上海、广州等一线城市的城镇化实践说明城市发展的规模、速度一定要与城市的要素承受力相匹配。成都、西安、武汉、郑州、重庆等二线城市的城镇化经验是明确定位、不断提升城市功能品质和公共服务质量。部分三线城市的城镇化启示是城镇化不是房地产化，城镇的发展绝不能过分地求速度、求规模。

第四节 贵阳市"产、城、景"互动发展的成效与困难

围绕确立的目标，立足于现有的条件，贵阳市"产、城、景"的互动发展既取得了不俗的成效，也面临一定的前进中的困难。

一 贵阳市"产、城、景"互动发展的成效

自1978年改革开放以来，贵阳市一直在积极推进提高城镇化水平。抓产业、抓城镇、抓生态的脚步没有停歇。虽没有明确提出"产、城、景"互动发展的概念，但一直在积极实践产业、城镇、生态的发展。当前，贵阳市"产、城、景"发展已经达到了一定水平。

（一）产城互动发展较快

产业是城镇发展的源泉和动力，是城镇的基础。没有产业的城镇发展滞后及缓慢，产业能够增强城镇的功能和力量。因此，城镇的发展不能缺少产业的支撑，要求产业与城市功能融合、空间整合，"以产促城，以城兴产，产城融合"。城市没有产业支撑，即便再漂亮，也就是"空城"；产业没有城市依托，即便再高端，也只能"空转"。首先，贵阳市产业门类齐全，三大产业都取得了较快发展，尤其是第二、第三产业发展较快，对城市的支撑作用明显。一些产业已初具规模，经济效益和社会效益已经显现。以旅游业为例，2014年贵阳市累计接待游客为3969.8万人次，比2013年同期增长13.6%；2014年全市实现旅游综合收入192.6亿元，比2013年同期增长15.9%。贵阳市紧扣建设国际旅游城市的目标，围绕"吃、住、行、游、购、娱"六大要素，全面实施的6大升级计划，正在如火如荼地开展。其次，产业以城市为依托发展的成效明显。贵州省"高、精、尖、优"的产业绝大多数都集中在贵阳市，尤其是大数据产业聚集区或大数据技术的产业化项目孵化区的大数据产业落户贵阳，就是看到了贵阳市在资金、技术、人才、交通、医疗、文化等方面无可比拟的省内优势。贵阳市是贵州省的经济增长极，其对资源要素的聚合、带动和扩散效应明显，产业发展

以贵阳市为依托,获得较快发展的可能性,空间和效益的机会大大提升。因此,中国数据中心产业发展大会将贵阳评选为"最适合投资数据中心的城市"。

(二) 城景互动发展效果明显

城景互动在贵阳的表现是生态文明城市建设。首先,贵阳承办的生态文明国际论坛每年定期举行,这是贵阳积极推行城景互动发展,敢于向全国、全世界展现信心、决心的重要体现。其次,贵阳市生态文明建设成效明显。"两湖一库"水质持续好转,水质持续恶化趋势得到遏止;环城林带得到有效保护,全市森林覆盖率 2008～2009 年每年提高一个百分点以上,花溪湿地公园、阿哈湖湿地公园被列为国家城市湿地公园;日处理污水 25 万吨的新庄污水处理厂建成投入使用;2019 年,二氧化硫排放量控制在 17.9 万吨,已经完成"十二五"总量控制目标,城区空气质量良好以上天数稳定在 95% 以上。贵阳市被列为"全国生态文明建设试点城市""全国首批低碳试点城市""全国首批节能减排财政政策综合示范城市""中国十大低碳城市",获得了"全国文明城市""国家卫生城市""国家森林城市""中国避暑之都""国家园林城市"等称号。通过持续的造林增绿,贵阳森林覆盖率提高到 43.2%,成为全球喀斯特地区绿色植被最佳城市之一;建立生态补偿机制,加大治污力度,强化法制手段,率先设立了环保审判庭、环保法庭等。贵阳市生态文明志愿者 46 万多人,占贵阳市总人口的 10.6%,10 万名公职人员承诺每年志愿服务时间不少于 48 小时。最后,老城区环境改造力度加大,新城区生态建设态势良好。贵阳市对云岩和南明两大老城区坚持"改造不毁景,改造为景让路""小区配景带、景色在小区"等理念,新建了云岩区宝山北路沿路景观休闲带等一系列城市景观走廊。贵安新区和观山湖区是贵阳的两大新区,秉承"生态优先,景城融合"发展的思路,积极推进城景互动发展,观山湖区城市公园、贵安大道沿路景观长廊、贵安新区生态新城(中心区)及海绵城市建设等就是城景互动发展的重要体现[1]。

---

[1] 姜春:《以务实措施推动生态文明建设——贵阳市建设生态文明城市的实践和启示》,《人民日报》2013 年 6 月 22 日。

（三）产景互动发展态势良好

产景互动发展的实质是发展生态产业，或者以生态理念改造产业。贵阳市秉承产业生态学理念，在实践中积极推动产景互动发展。产业的周围基本上都配有景点、景区或景观长廊，"产业在景中，景绕在产业外"是贵阳市产景互动发展的真实写照。贵阳沙文生态科技产业园，是当前全力开发的核心生态产业园区，全力打造由新材料新能源、高端装备制造、生物医药、电子信息四大主导产业构成的"生态产业集聚圈"。这些产业技术含量高，环保标准高。同时，贵阳市从制度建设层面重视生态产业发展，编制了《贵阳市现代中药产业发展规划》《贵阳市生态农业产业发展规划（2008—2012年）》《贵阳市生态畜牧产业发展规划（2008—2012年）》《贵阳市生态花卉产业发展规划（2008—2012年）》《贵阳市生态果树产业发展规划（2008—2012年）》《贵阳市中药生态农业产业发展规划（2008—2012）》《贵阳市生态蚕桑产业发展规划（2008—2012年）》《贵阳市生态茶产业发展规划（2008—2012年）》《贵阳市农业植物有害生物防控体系建设规划（2008—2012年）》《贵阳市生态农业种子保障体系建设规划（2008—2012年）》等系列规划。生态产业现已成为贵阳市工业四大特色优势产业之一。贵阳市有2家中药制药企业获全国驰名商标并进入全国中成药制药业销售额前30名，有1家企业成为"中国第一股"在美国纽约证交所上市，有1家上市公司在全国制药行业上市企业中净资产收益率名列第11名。贵阳市医药工业已获得国药字批准文号的品种有1000余种，其中苗族药品近100种；新药30多种，并有近30种产品为国家中药保护品种。

二　贵阳市"产、城、景"互动发展的困难

贵阳市"产、城、景"互动发展虽然已经取得了一定的成效，但是也面临一些前进中的困难。

（一）"产、城、景"互动发展的能力、意识不强

这表现在产业对城镇发展的带动能力不强、产业与生态融合发展意识不强、城景互动发展的融合能力不强。产业对城镇发展带动能力不强的表

现是，贵阳还没有一个或几个强大的、足以支撑城镇发展的、有较强影响力的主导和支柱产业。当前，贵阳市确定的各大主导产业实力相当，突出性不明显。产业与生态融合发展意识不强是指全市各产业、各行业还没有形成融合发展的意识，违反生态理念发展不良产业的行为时有发生。城景互动发展的融合能力不强是指城镇的发展还是普遍重视城镇的商业区、住宅区的建设，对生态布局和环境建设的重视程度不够。

（二）"产、城、景"互动发展的层次不高

当前，贵阳市"产、城、景"互动发展还处于简单的"三区"相加，或区块拼凑的发展阶段，还未上升到互动发展的较高阶段，即生态产业化、城镇生态化、产城景一体化。这是因为贵阳市还处于产业、城镇、生态大发展的初期，产业、城镇、生态发展都不成熟，处于摸索阶段，因此，互动发展的层次不高是必然的。

（三）"产、城、景"互动发展的质量不高

"产、城、景"互动发展的质量不高主要表现在贵阳市产城一体中，主导产业的发展质量不高，产业的经济效益不好，产业对城镇化人口的就业和吸纳质量不高。城景一体中，景色布局合理度不高，景点、景区、景观长廊等生态群落与城镇的融合度不强，导致景城的协调性不高。产景互动发展中，产业周围景观的融合度不强，人为造景及对景观的保护不力，造成景观的效益和质量下降，产业和景观"两张皮"的现象凸显。

第五节　贵阳市"产、城、景"互动发展的路径

科学、有效、合法、合理的路径能够最大限度地提升目标实现的可能性和现实性。因此，贵阳市推进"产、城、景"互动发展选择合适的路径极其重要，事关发展的质量、效益。

一　以科学规划、合理布局为基础

规划要具有科学性、前瞻性、系统性和可持续性，能够避免重复建设、盲目发展等不合理现象，最大限度地减少社会资源浪费。

（一）科学规划、准确定位

贵阳市是贵州区域经济的增长极，是西南地区重要城市，具有重要的极化效应和扩散效应。贵阳市实现"产、城、景"互动发展要科学规划三个方面，一是科学规划"产、城、景"发展的空间和区位，准确定位城市不同区域的功能。二是科学规划"产、城、景"发展的内容和形式，力求统一。三是科学规划"产、城、景"发展的结合方式，实现产业、城镇建设、生态环境保护的有机结合，既要考虑地区发展和群众生活的需要，也要考虑产业发展的需要，尤其在老城改造和新城镇建设上要彰显黔地地域文化特色和现代功能。

（二）合理布局、明确功能

贵阳市"产、城、景"互动发展，需要整合主城区、郊区和下辖县城的"产、城、景"发展。因此，要合理布局，明确各个区县在"产、城、景"发展中的地位和功能。首先，要在全市范围内对各区县的发展状态、前景、优势及劣势进行全面的摸底考核。明确其在"产、城、景"互动发展中承担的任务和角色。其次，对各区县内的"产、城、景"互动发展的产业区域、城镇区域、生态区域进行明确的划分。虽然一个区域主要承担互动发展的一部分，但是其余部分不可或缺，因为它们对于大小区域的发展同等重要。

二 以改善生产生活条件为抓手

以人为本是"产、城、景"互动发展的本质，产业的发展是为了满足人们的需求，城镇化的发展是为了改善民众的生产生活质量，生态保护和发展是为了让人们在城镇生活的舒适、健康。因此，贵阳市"产、城、景"互动发展必须紧紧围绕以人为本、以改善民众生产生活条件为抓手，把贵阳市建设成为民众想居、能居、乐居的幸福城镇。

（一）着力改善民众的生产条件

民众的生产条件是民众在生产或工作中面临的自然条件、社会经济条件和技术装备条件等综合因素的总称。生产条件是人们与外界进行能量、物质、资源交换的客观环境。它们能够影响人们的工作情绪、思维和行为。

因此，生产条件对人们非常重要。良好的生产条件不仅让人感到心情舒畅、干劲十足，而且还能达到事半功倍的效果。恶劣或长期变化缓慢的生产条件会抑制人们的动力。贵阳市的生产条件参差不齐，尤其是一些行业的自然条件、社会经济条件和技术装备条件的水准不高，需要改善民众的生产条件，主要从以下三个方面：一是要大力改善社会低层次行业的工作环境，给予他们足够的尊重和认同；二是大力整顿和改造某些行业民众的生产条件，增强他们的舒适感；三是提升他们的收入水平，加快行业的流动，让更多的人看到改变自己的希望。

（二）大力改善民众的生活条件

生活条件是人们吃穿住用行的满足程度和质量。生活条件好，说明社会对民众吃穿住用行满足程度高，民众对生活条件的自我感受好。改善民众的生活条件，首先，为民众建造一个安全、稳定、和谐的工作环境，让他们能够在稳定的外部环境中创造自己的生活条件。其次，要把不断满足居民的需求作为其生活条件不断提升的核心。再次，千方百计地增加居民收入，让他们有满足自我生活条件的能力。最后，通过发展完善教育、医疗等不断提升人们满足自我需求的能力和水平。

三　以产业集群发展为支撑

产业集群（Cluster）是指集中于一定区域内特定产业的众多具有分工合作关系的不同规模等级的企业与其发展有关的各种机构、组织等行为主体，通过纵横交错的网络关系紧密联系在一起的空间积聚体，代表着介于市场和等级制之间的一种新的空间经济组织形式。它不是众多企业的简单堆积，企业间的有机联系才是产业集群产生和发展的关键。

贵阳市"产、城、景"互动发展要注重产业集群的特殊优势。因为产业集群从整体出发挖掘特定区域的竞争优势。产业集群突破了企业和单一产业的边界，着眼于一个特定区域中具有竞争力和合作关系的企业、相关机构、政府、民间组织等的互动。这样使他们能够从一个区域整体来系统思考经济、社会的协调发展，来考察可能构成特定区域竞争优势的产业集群，考虑邻近地区间的竞争与合作，而不仅仅局限于考虑一些个别产业和狭小地理空间的利益。产业集群要求政府重新思考自己的角色定位。产业集群观点更贴近竞争的本质，要求政府专注于消除妨碍生产力成长的障碍，强调通过竞争来促进集群产业的效率和创新能力的提高，从而推动市场的不断拓展，繁荣区域和地方经济。

四 以城镇环境建设与治理为底线

城镇环境建设与治理是维护城镇生命的最直接、最有效的方法。城镇生态环境的破坏和恶化意味着城镇的衰败、发展的终结。因此，重视城镇环境建设与治理是保持城镇可持续发展和实现宜居、安居、乐居城镇的最大魅力之处。

要以城镇环境建设与治理为底线，即城镇的发展不能突破生态这条"红线"，一旦城镇发展与生态相背离，其结果必然导致城镇生命力的下降，随着城镇环境的进一步恶化，作为人的常住地的功能消失，选择离开的人增加，进而使一系列城镇要素陆续离开，直到城镇的衰落。贵阳市虽然具有良好的生态条件和优势，但是同样要把城镇环境建设与治理作为"产、城、景"互动发展的底线常抓不懈，主要做到两个方面的工作。一是要维护当前的生态条件和治理成果，让其越来越好。二是要抓紧治理的进程、质量，重视城镇环境建设的社会评价和价值。特别是对破坏城镇生态行为要予以重罚，对保护生态有功的组织和个人要给予重奖，同时明确城镇每一个主体在保护生态环境中的责任和义务，让民众知晓触及生态底线的严重性，一旦触及，会面临法律的惩处，受到社会舆论和良心的谴责。

五 以优质的城市服务为保障

城市服务是指城市的不断发展给民众的医疗、交通、教育、文化等生产、生活活动带来的舒适感、便利感。这是城镇的软实力表现。城镇服务越优质、层次越高，它对常住居民的保障能力就越强，对城市之外的民众的吸引力就越大。优质的城市服务是许多人进入城市，并安心在城市生活、工作的核心原因。

贵阳市"产、城、景"互动发展的目的是促进城镇的更好、更快、更高发展。而城市服务是贵阳市发展的重要评价指标，是贵阳市软实力的集中体现，是城市发展的第一竞争点。因为资金、技术、项目、人才都可以引进，唯有"软环境"只能靠自己创造。我们要充分利用贵阳优势，抓住机遇，加速推进，实现现代服务业的突破性发展，全面提升城市的综合服务功能。城市服务的关键是让服务更加人性化，把服务向弱势群体和民生倾斜，把人文关怀落到实处。要实现城市服务更加规范化，建立服务承诺，并且让其有机制和体制保障，使优势服务日益深入。一切以群众满意不满意、拥护不拥护、高兴不高兴为前提。坚持以规划为引领、以建设为支撑、以招商为重点，在借鉴世界先进城市服务范例的同时，注重与自身创新相结合，体现黔地文化特色，体现时代气息，进一步拓展中心城区发展空间，提升中心城区服务功能，真正形成具有贵阳特点的城市服务风格。

第四章　新常态下贵阳守住生态底线与财税政策的选择

第一节　贵阳市守住生态底线的理论基础

一　哲学基础理论分析

保护生态必须坚持马克思主义唯物辩证法，牢固树立底线意识。守住生态底线，关键要树立底线思维，而底线思维的树立必然涉及哲学维度辩证唯物主义的对立统一规律和质量互变规律。对立统一规律是唯物辩证法的根本规律，这一规律的基本内容包括矛盾的统一性和斗争性、矛盾的普遍性与特殊性、主要矛盾和次要矛盾、矛盾的主要方面和次要方面等。其方法论是"两点论"与"重点论"的辩证统一。质量互变规律是唯物辩证法的又一重要规律，它告诉我们，量变积累到一定程度就会促成事物质的变化，可见，量变是因，质变是果，但这种果并非总是好的，我们愿意看到的是好的质变，而非坏的质变。

所谓"底线"原指"足球、篮球、羽毛球等运动场地两端的界线"，因此，底线是指不可逾越的红线、警戒线、限制范围、约束框架。底线一旦被突破，就会出现行为主体无法接受的坏结果，甚至导致彻底失败。所以，从唯物辩证法的角度来看，底线是由量变到质变的一个临界值，一旦量变突破底线，即达到质变的关节点，事物的性质就会发生根本性的变化。底线仅仅是底线思维的一个基本概念，它仅仅能告诉人们许多事物都存在不可跨越的底线。而底线思维则是一种系统战略思维，它不仅指出什么是不可跨越的底线，按照现行的战略规划可能出现哪些风险和挑战，可能发生的最坏情况是什么，以做到心中有数；而且它还能通过系统的思考和运作告诉人们如何防患未然，如何化风险为坦途、变挑战为机遇，如何守住底线、远离底线、坚定信心、掌握主动、追求系统的最佳结果和最大正能量①。

"在守住生态的底线上，对贵州而言，生态的底线就是要率先建成全国生态文明先行示范区，就是要筑牢长江、珠江上游的生态安全屏障，就是水及大气环境质量要保持稳定并持续改善。"② 结合贵阳市的实际，就是要守好"四条底线"（即"天蓝、地洁、山青、水清"底线）③。要让空气常新，必须守住天蓝底线，天蓝需要做到两个方面，一要保护好"天然大氧吧"，这既能给全市人民带来人气、财气，也能给全市人民带来福气；二要继续大力实施大气污染防治行动计划，对所有燃煤发电机组进行脱硫、脱硝和除尘改造，全面加强建筑、道路、矿山扬尘和机动车尾气排放治理，加快风能、太阳能、天然气等清洁能源替代利用，进一步提升空气质量，努力消除人民群众的"心肺之患"④。要让土壤常净，必须守住地洁底线。这既是全市人居环境的重要基础，也是全市农产品安全的首要保障，地洁需要做到两个方面，一要保护好、利用好十分短缺的耕地和草地资源，念好"山字经"，种好"摇钱树"，打好"特色牌"，发展现代山地特色高效农业，建设无公害绿色有机农产品；二要大力实施土壤污染防治行动计划和耕地质量保护提升行动计划，以推动绿色化生产为契机，对基本农田进行永久性保护，坚决守住贵阳这片净土⑤。要让群山常绿，必须守住山青底线。要立足贵阳实际，更加懂"绿"、爱"绿"、用"绿"，坚持"产业生态化、生态产业化"，加快编制实施造林绿化规划，扎实推进绿色贵阳建设行动计划和林业产业倍增计划，研究制定林业生态建设体制机制改革方案，

---

① 张国祚：《谈谈底线思维》，《求是》2013年第19期。
② 吴大华：《依法守住发展与生态两条底线》，《光明日报》2015年2月8日。
③ 陈敏尔：《应用辩证思维守住两条底线——深入学习习近平总书记在贵州调研时的重要讲话精神》，《求是》2015年第18期。
④ 陈敏尔：《应用辩证思维守住两条底线——深入学习习近平总书记在贵州调研时的重要讲话精神》，《求是》2015年第18期。
⑤ 陈敏尔：《应用辩证思维守住两条底线——深入学习习近平总书记在贵州调研时的重要讲话精神》，《求是》2015年第18期。

严格执行林业生态红线保护问责制度，掀起新一轮林业发展的高潮①。要让碧水常流，必须守住水清底线。要做好"五水"文章（多蓄水、供好水、治污水、防洪水、节约水），在全面加强骨干水源工程建设的同时，深入实施环境污染治理设施建设行动计划，推进工业废水治理，加强集中式饮用水源地保护，加快复制推广赤水河流域生态文明制度改革试点经验，构筑水污染防治的坚强防线②。

二 公共产品理论

（一）公共产品理论概述

公共产品（Public goods）是相对于私人物品（Private goods）而言，是指主要由公共部门（主体是政府部门）提供用以满足全社会公共需要的产品和服务。通常可将其分为纯公共产品（Pure public goods）与非纯公共产品（或混合产品、半公共产品、准公共产品，Non-pure public goods）两大类型。前者同时具有消费上的非竞争性（Non-competitive）与受益上的非排他性（Non-exclusive）；而后者的非竞争性与非排他性是不完全的，要么非竞争可排他，要么非排他可竞争。这里讲的竞争性和非竞争性主要是从产品或服务提供的成本而言的，也就是说，判断竞争性和非竞争性的标准是看：增加一个人对该类产品或服务的消费会不会增加其边际成本，如果不增加即为非竞争性；如果增加则为竞争性。排他性与非排他性主要是就产品或服务的排斥技术而言的，也就是说，判断排他性和非排他性的标准是看：能否从技术上把其他任何一个人排斥在某产品或服务的利益之外，如果能且排斥成本不高，即存在排他性；如果不能或排斥成本高昂，则存在非排他性。一般认为，纯公共产品应由政府部门来提供（付费或买单），公众免费享用；而非纯公共产品往往采取混合提供的模式，即政府和市场共同提供。可见，无论是纯公共产品还是非纯公共产品，政府部门都参与提供。公共产品的上述特性决定其通常具有"免费搭乘"的特征，从财政学

---

① 陈敏尔：《应用辩证思维守住两条底线——深入学习习近平总书记在贵州调研时的重要讲话精神》，《求是》2015年第18期。

② 陈敏尔：《应用辩证思维守住两条底线——深入学习习近平总书记在贵州调研时的重要讲话精神》，《求是》2015年第18期。

角度看，即是指不承担任何成本而消费或使用公共产品，有这种行为的人或具有让别人付钱而自己享受公共产品收益动机的人称为免费搭车者。这一现象往往导致公共产品供应不足。为了有效解决这一问题，政府部门就只有向公众征税，作为提供公共产品的资金。因此，从这个意义上说，公共产品也是需要公众支付成本的产品，这一成本就是公众缴纳的税收。既然税收取之于民，就必须用之于民，造福于民。可见，政府提供公共产品以满足公共需要是不可推卸的基本职责之一。

（二）"生态保护"具有非竞争性与非排他性

在这里，我们要把"生态保护"视为一种产品或服务，首先，从成本上看，该产品被提供出来以后，每个人都能从中获得好处，都能自由呼吸清新的空气，都能享受美好的生存环境、清洁的水源、丰富的物产、安全的食品、优美的景观等，尽管人口数量会有所增加，但增加一个消费者并不会减少任何一个人对该产品消费的质量和数量，即其他人消费该产品的额外成本为零，也就是 MC（边际成本）为零。所以"生态保护"具有明显的非竞争性特征。其次，从技术层面来看，某个人对该产品的消费并不能或很难排斥其他任何一个人对该产品的消费。所以，"生态保护"也具有明显的非排他性特征。可见，"生态保护"是一种纯公共产品。

（三）政府必须建立健全财税体制，用好用足财税政策，守住生态底线

2013 年，习近平同志在考察海南时强调，"良好生态环境是最公平的公共产品，是最普惠的民生福祉"，这不仅科学地揭示了生态与民生的关系，也阐明了生态环境的公共产品属性及其在改善民生中的重要地位，还丰富和发展了民生的基本内涵。贵阳尽管是天然的大氧吧，但必须强化政府责任，加强保护，努力克服生态系统的脆弱性、弥补生态产品的短缺性、减轻生态系统的重压力。必须充分发挥财税政策的守护作用，建立和完善激励与惩戒机制。"无山不绿，有水皆清，四时花香，万壑鸟鸣，替河山装成锦绣，把国土绘成丹青。"这是新中国第一任林业部部长梁希先生所描绘的美好愿景。我们要以习近平生态文明思想为指导，发扬钉钉子的精神，以踏石留印、抓铁有痕的劲头，全力推进生

态保护工作，为建设一个生态环境更加良好、公共产品更加丰富、民生福祉更加完善、人民生活更加幸福的美丽贵阳，做出每个贵阳市民应有的贡献。

三 外部效应理论分析

（一）外部效应理论概述

所谓外部效应也称外部影响、溢出效应、外差效应、外部性（Externality）等，是指某一市场主体的活动或行为对其他市场主体产生影响，这种影响可能是好的，也可能是坏的。前者往往是给他人带来一种利益，也就是正的外部性（或外部收益或外部经济，Positive externality）；后者往往是给他人造成了一定的损失，也就是负的外部性（或外部成本或外部不经济，Negative externality）。可见，外部性问题实质上反映的是私人与社会之间关于成本与利益的非一致性。一方面，在很多时候，某个人（生产者或消费者）的一项经济活动会给其他社会成员带来好处，但他自己却不能因此而得到补偿，此时，这个人从其活动中得到的私人利益就小于该活动所带来的社会利益，其私人成本大于私人利益，而社会成本小于社会利益。另一方面，在很多时候，某个人（生产者或消费者）的一项经济活动会给社会上其他成员带来危害，但他却并不为此支付足够抵偿这种危害的成本，此时，这个人为其活动所付出的私人成本就小于该活动所造成的社会成本，其私人成本小于私人利益，而社会成本大于社会利益。

（二）"生态保护"是外部经济的典型例子

世界只有一个地球，而地球是人类的家园。保护地球，保护环境，保护生态，其实就是保护我们人类自己。因此，保护生态，人人有责，必须全民行动，全球行动。如前所述，一旦"生态保护"这类产品或服务被提供出来，其受益范围和对象将是宽广而众多的，即其释放了大量正的外部性。由于"生态保护"的利益外溢，市场便不愿意主动提供更多这类产品或服务。故此，加大生态产品或服务的财政投入，提供生态产品或服务，作为政府的职责之一，理固宜然。

（三）政府应恰当应用财税政策，充分发挥其矫正外部性的作用

对于那些符合"三型"即"资源节约型、环境友好型和生态保护型"的市场主体（包括相关的产业、企业及个人），应通过财税政策扶持一批，表彰一批，以补偿和激励其保护生态的行为。对于那些破坏生态的市场主体行为，则应按照法律法规坚决取缔并进行严厉惩处。

第二节 贵阳市守住生态底线的重要性、必要性

2012 年 12 月 17 日，国家发改委批复了我国第一个生态文明城市规划，即《贵阳建设全国生态文明示范城市规划（2012—2020）》（以下简称《规划》）。根据《规划》，在国家和省一级层面政府将在财税、投资、金融及产业政策等方面对贵阳予以倾斜。2015 年 9 月 22 日，为加快建立系统完整的生态文明制度体系，加快推进生态文明建设，增强生态文明体制改革的系统性、整体性和协同性，中共中央国务院印发了《生态文明体制改革总体方案》（以下简称《方案》），强调要完善生态补偿制度、严格实行生态环境损害赔偿制度、健全生态保护市场体系、建立生态环境损害责任终身追究制等。当前，贵阳市按照中央和省委、省政府的要求，认真贯彻落实《规划》和《方案》，坚守生态底线，砥砺前行，确保建成绿色经济崛起、幸福指数更高、城乡环境宜人、生态文化普及、生态文明制度完善的全国生态文明示范城市，意义重大，时间紧迫。

一 重要性

（一）守住生态底线是运用马克思主义唯物辩证法的根本体现

贵阳生态资源丰富，但生态基础脆弱，因此，经济发展与生态保护必须等量齐观，并行不悖，要在发展中强调保护，在保护中促进发展。在协调二者关系上，务必运用辩证的思维。辩证思维的基本要求就是要用全面、联系和发展的眼光看问题。习近平同志强调，要学习掌握唯物辩证法的根本方法，不断增强辩证思维能力，提高驾驭复杂局面、处理复杂问题的本领。我们的事业越是向纵深发展，就越要不断增强辩证思维能力。2015 年 6

月中旬，习近平同志在贵州视察时强调，要看清形势、适应趋势、发挥优势，善于运用辩证思维谋划发展。如何善于运用辩证思维谋划发展呢？习近平同志给我们指明了方向和要求，就是要守住发展和生态两条底线。把发展和生态保护作为两条底线提出来，这是辩证思维的大智慧和生动体现。具体而言，就是要辩证处理好绿水青山与金山银山的关系。习近平同志指出，我们既要绿水青山，也要金山银山。宁要绿水青山，不要金山银山，而且绿水青山就是金山银山。良好的生态环境既是贵州的发展优势和竞争优势，又是人民美好生活的重要组成部分和我们要实现的重要目标。脱离生态环境保护搞经济发展是竭泽而渔，离开经济发展抓生态环境保护是缘木求鱼。我们要像对待生命一样对待生态环境，像保护眼睛一样保护生态环境，大力推进生态文明建设，创造更多的绿色财富和生态福利，避免陷入"破坏环境换取产值——花费巨大投入医治环境创伤"的恶性循环。这些关于守住生态底线的论述，无不深刻体现着马克思主义唯物辩证法的内在要求。

（二）守住生态底线是坚持可持续发展理念和实践的主要体现

可持续发展是指"既满足当代人的需要，又不对后代人满足其需要的能力构成危害的发展"①。其基本内容包括生态可持续发展、经济可持续发展和社会可持续发展等方面。持续性、公平性与共同性是其遵循的基本原则。我国自 1992 年实施可持续发展战略以来，在生态、经济、社会等方面虽然取得了举世瞩目的成绩，但是仍然存在不少问题。21 世纪初，我国确立了以"可持续发展能力不断增强，经济结构调整取得显著成效，人口总量得到有效控制，生态环境明显改善，资源利用率显著提高，促进人与自然的和谐，推动整个社会走上生产发展、生活富裕、生态良好的文明发展道路"② 为可持续发展的总体目标。《2015 中国可持续发展报告》针对我国全面深化改革背景下建立政府、企业和社会共同保护生态环境的治理格局所面临的机遇、挑战和存在问题，提出了构建我国生态环境治理体系的主

① 世界环境与发展委员会：《我们共同的未来》，王之佳等译，吉林人民出版社，1997，第 52 页。
② 《中国 21 世纪初可持续发展行动纲要》，2003 年 7 月 24 日，见 http：//news. xinhuanet. com/newscenter/2003-07/24/content_ 992450. htm。

要目标、基本原则和总体框架，并对生态环境治理体系改革所涉及的法制保障、行政管理体制改革、企业责任、社会治理、创新治理、全球治理以及重大制度安排进行了深入分析。由于生态可持续发展是可持续发展不可或缺的重要内容，因此，坚守生态底线体现了贵阳坚定不移走可持续发展道路的正确方向。

（三）守住生态底线是科学发展观和生态文明建设的本质体现

科学发展观是马克思主义中国化的产物，是科学的世界观与方法论，生态文明和守住生态底线的思维与实践必须以科学发展观为指导。科学发展观在党的十七大上被写入党章并作为中国共产党的指导思想之一，其第一要义是发展，核心是以人为本，基本要求是全面协调可持续性，根本方法是统筹兼顾。生态文明是迄今为止人类文明的最高形态，从规范角度讲，包括生态物质文明、生态道德文明、生态消费文明、生态制度文明，需要全方位的建设，守住生态底线的思维与实践也必须以生态文明理念为指引。党的十五大报告明确提出实施可持续发展战略；党的十六大以来，在科学发展观指导下，党中央提出建设生态文明的发展战略和举措；党的十七大报告又进一步明确提出了建设生态文明的新要求；党的十八大报告首次单篇论述生态文明，首次把"美丽中国"作为未来生态文明建设的宏伟目标，把生态文明建设放在突出地位，融入经济建设、政治建设、文化建设、社会建设各方面和全过程，努力建设美丽中国，实现中华民族永续发展[1]。如前所述，由于科学发展观强调可持续发展，而生态文明建设的基本要求之一就是要坚守生态底线，因此，反过来讲，守住生态底线也就是贯彻落实科学发展观和推进生态文明建设的本质体现。

（四）守住生态底线是贯彻习近平同志对贵州工作指示的重要体现

近几年来，习近平同志十分关心和惦念贵州，不论在"两会"期间，还是亲自来贵州视察工作期间，都多次强调要守住发展和生态两条底线，

---

[1]　胡锦涛：《坚定不移沿着中国特色社会主义道路前进 为全面建成小康社会而奋斗》，人民出版社，2012，第39~41页。

这既是对贵州经济社会发展的明确要求，也是对全国各地的殷切希望①。作为省会城市的贵阳，必须带好头、起好步，要牢记习近平同志的指示和全市人民的重托，坚守生态底线，坚持以生态保护优化经济发展，利用好改善环境质量、增进民生福祉的倒逼机制，把生态环境保护的要求传导到经济转型升级上来，追求生态保护与经济发展的双赢，以最小的资源环境代价支撑经济社会的持续、健康、快速发展②，从而交上一份满意的生态保护答卷。

（五）守住生态底线是正确认识适应和引领新常态的最新体现

当前，全国经济处于"三期叠加"（即经济增速换挡期、经济结构调整阵痛期和前期政策刺激消化期）的新阶段，中央在此基础上提出了以"中高速"、"优结构"、"新动力"和"多挑战"为主要特征的"新常态"治国执政理念。贵州从全国新常态大背景出发，结合本省实际，提出了"三坚持"和"一坚守"的经济社会发展新常态。具体是指：坚持既要"赶"又要"转"，加快推进新型工业化、城镇化、信息化和农业现代化同步发展；坚守发展和生态两条底线，实现百姓富和生态美有机统一；用好改革开放关键一招，坚持开放带动、投资驱动、创新驱动共同推动发展；坚持领导干部以上率下、勇于担当，以自己的辛苦指数换取人民群众幸福指数③。正是因为守住生态底线是贵州新常态必不可少的一部分，因此，贵阳市扎实推进守住生态底线的各项工作及其取得的成就必然是正确认识、适应和引领贵州新常态的体现和结果。

二 必要性

当前，对于贵州来说，贫困落后仍是主要矛盾，加快发展是主要任务。作为省会城市，贵阳在协调发展经济与保护生态关系方面理应起示范带头作用，尤其是在守住生态底线方面更是如此，并且比以往任何时候都更加紧迫。

---

① 平言：《守住发展和生态两条底线》，《经济日报》2015 年 6 月 20 日。
② 《贵州日报》评论员：《贵州的发展要守住两条底线》，《贵州日报》2013 年 11 月 21 日。
③ 陈敏尔：《贵州省 2015 年政府工作报告，2015 年 1 月 26 日，见 http://yjbys.com/gongzuobaogao/749878.htm。

（一）要实现百姓富与生态美有机统一，贵阳必须坚守生态底线

实现百姓富与生态美的有机统一，既是贵州新常态内容之一，也是全体贵阳市民的诉求。百姓富与生态美的关键问题是如何处理好发展中人与自然和谐共生的关系。百姓富强调的是人们在物质上的富裕和精神上的富有；生态美强调的是人们所处环境的改善。这两者互为基础和内涵，相互影响和促进。在生态环境遭受严重破坏，人们对生活质量尤其是健康要求越来越高的今天，"生态美"已经成为"百姓富"的重要内容和应有之义[①]。良好的生态是贵阳最响亮的品牌、最突出的优势。当前，要深入贯彻习近平同志的重要指示精神，正确处理好生态环境保护和发展的关系，让绿水青山充分发挥经济效益，带来源源不断的金山银山。

人民群众对于美好生活的期待，就是我们的奋斗目标。随着经济社会的发展，人民群众对包括生态在内的环境要求越来越高，不仅希望安居、乐业、增收，也希望山清水秀天蓝、社会公平正义、人际关系和谐。必须把"百姓富"与"生态美"有机结合起来，牢固树立"保护环境就是保护人类自身、改善环境就是提高生活质量"的理念，切实改变我们的生产方式和生活方式，努力实现生产发展、生活富裕、生态良好的均衡发展[②]。

（二）要实现率先在全省建成小康社会，贵阳必须坚守生态底线

习近平同志说过，小康全面不全面，生态环境是关键。2020 年我国实现全面建成小康社会的宏伟目标，这既是"四个全面"战略的龙头，也是中国梦的首要目标，其内容涉及经济、政治、文化、社会及生态等诸方面。其中生态底线守得如何，对全面建成小康社会具有重要的影响。贵州是全面建成小康社会任务最艰巨的省份之一，2015 年，全省有贫困人口 600 多万，所以，贵州也是全国扶贫攻坚的主战场。在实施"主战略"和"主基调"的进程中，贵州人口的持续增长对本来就脆弱的生态环境带来空前的压力；消费需求的增长对环境产生重大影响；城镇化进程的加

---

① 陆开锦：《科学把握"百姓富"与"生态美"的辩证关系》，2014 年 4 月 4 日，见 http：//www.qstheory.cn/zl/bkjx/201404/t20140404_ 337453. htm。

② 陆开锦：《科学把握"百姓富"与"生态美"的辩证关系》，2014 年 4 月 4 日，见 http：//www.qstheory.cn/zl/bkjx/201404/t20140404_ 337453. htm。

快也会对环境安全形成冲击；发展方式转变过程中的工业污染压力将更为突出；随着人民生活水平的提高，人民群众对改善环境质量的要求更加强烈；国际竞争的加剧对环境保护提出了更高要求。这都说明，环境质量要达到与全面建设小康社会相适应的目标，困难很大。如果不加快转变发展模式，我们将面临生态环境与发展之间更大的矛盾。作为省会城市，贵阳务必在坚守生态底线的基础上，克难攻坚，既转又赶，率先在全省全面建成小康社会。

（三）要实现率先建成生态文明示范区，贵阳必须坚守生态底线

作为在国家层面上通过的第一个生态文明城市规划，《贵阳建设全国生态文明示范城市规划（2012—2020）》（以下简称《规划》）将贵阳市定位为全国生态文明示范城市、创新城市发展试验区、城乡协调发展先行区和国际生态文明交流合作平台，将生态文明建设融入到贵阳市经济、政治、文化、社会建设的各方面和全过程中去。《规划》要求贵阳在生态文明建设关键环节和重点领域先行先试，实现人与自然和谐发展，到2015年全面建成小康社会，全国生态文明示范城市建设取得明显成效；到2020年建成全国生态文明示范城市，为全国推进生态文明建设发挥示范作用。贵阳牢牢守住生态底线，积极实现上述目标。

（四）要打造好生态贵阳的发展升级版，贵阳必须坚守生态底线

2014年12月30日，中共贵阳市委第九届第四次全体会议通过了《中共贵阳市委关于全面实施"六大工程"打造贵阳发展升级版的决定》（以下简称《决定》）。《决定》指出，当前及今后一段时间，贵阳市要全面实施"六大工程"，即"打造发展升级版即实施平台创优工程，打造开放贵阳升级版；实施科技引领工程，打造创新贵阳升级版；实施公园城市工程，打造生态贵阳升级版；实施社会治理工程，打造法治贵阳升级版；实施文化惠民工程，打造人文贵阳升级版；实施凝心聚力工程，打造和合贵阳升级版"[①]。守住生态底线是保护和发展贵阳市生产力的要求。把生态优势保护得

---

① 《中共贵阳市委关于全面实施"六大工程"打造贵阳发展升级版的决定》，《贵阳日报》2015年1月1日。

更好、发展得更好，我们的开放优势、资源优势、后发优势才更有魂、更有生命力，发展的底线也才能守得更稳、更好。全市上下要牢固树立"保护生态环境就是保护生产力，改善生态环境就是发展生产力"的理念，拿出共产党员的使命担当与责任担当，在加快发展上毫不含糊，在保护生态上毫不含糊，努力使我们今天所做的一切能给后人留下赞叹而不是遗憾①。

（五）要打造好全新的中国大数据之都，贵阳必须坚守生态底线

发展大数据需要具备很多条件和要素，其中之一是气候条件。贵阳因其天气凉爽，有"中国避暑之都""中国第二春城""森林之城""爽爽的贵阳""上有天堂，下有苏杭，气候宜人数贵阳"等美称，这种宜人的气候尤其适合发展大数据产业。众所周知，班加罗尔是印度的"硅谷"，印度政府当年之所以选择该地作为高科技产业发展基地，就是因为它的生态环境，特别是空气质量好，符合精密制造业研究发展，大批科技人员愿意来这里定居。贵阳的自然条件与班加罗尔相似，气候凉爽，平均气温15度，夏季平均气温24度，空气清新，负氧离子丰富，海拔适中，紫外线辐射少，地质结构稳定，地震、台风等灾害罕见，信息网络设备的安全系数很高，对世界上高智商、高知识、高投资、高收入群体的吸引力很强。因此，我们必须坚守生态底线，要像保护生命一样把这种优越的生态气候条件保护好，为做大做强贵阳大数据产业，从而打造中国大数据之都做出应有的贡献。

第三节　贵阳市坚守生态底线的成效及存在的不足

这些年来，贵阳市以习近平新时代中国特色社会主义思想为指引，扎实推进生态文明建设，紧紧围绕"守底线，走新路，奔小康"的总要求，在坚守生态底线方面取得了明显的成效。

一　取得的成效

（一）生态文明理念与实践不断引向深入

一是举办生态文明会议（或论坛），从 2009 年起至 2021 年，贵阳市已

---

① 《"禁"字当头坚守生态底线》，《贵州日报》2014 年 9 日 24 日。

成功举办了 10 届生态文明会议或论坛（2013 年 1 月 21 日，经党中央、国务院同意，外交部批准举办生态文明贵阳国际论坛，生态文明贵阳会议就此升级，一跃成为我国目前唯一以生态文明为主题的国家级国际性论坛）；二是编印了生态文明建设中小学读本、市民读本、干部读本，推动生态文明进机关、进课堂、进工厂、进企业、进社区、进农村；三是大力弘扬"知行合一、协力争先"的贵阳精神；四是提升"爽爽贵阳"的城市品牌形象；五是以"三创一办"为载体，大力开展城乡环境综合整治；六是积极倡导低碳生活与绿色消费，启动生活垃圾分类试点，低碳社区建设成效明显，贵阳市被列为全国首批低碳试点城市，进入中国十大低碳城市行列[①]。这些举措，都广泛传播了生态文明理念，有力推动了生态文明实践。尤其是通过生态文明贵阳国际论坛年会的成功举办，中国生态文明建设的理念、行动、成效得到国际社会更为广泛的认同，达成了走向生态文明新时代的国际性共识。2013 年，习近平同志发来贺信首次提出："走向生态文明新时代，建设美丽中国，是实现中华民族伟大复兴的中国梦的重要内容"；2014 年，李克强同志在贺信中指出："生态文明贵阳国际论坛是共享可持续发展经验的国际平台"；同年，联合国秘书长潘基文在贺信中写道："生态文明国际论坛为我们提供了一个重要平台，帮助中国主要决策者们协调合作、付诸实践"。国内外政要、嘉宾高度评价说："生态文明贵阳国际论坛给我们打开了一扇窗户，让我们思考如何解决全球问题的方案。"[②]

（二）生态文明建设的理论体系不断完善

在生态文明建设实践不断引向深入的基础上，贵阳市设立财政专项资金，由贵阳市委宣传部及社科规划办负责和组织，每年推出若干有关生态文明方面的社科规划选题，鼓励社会各界特别是高等院校和科研院所的研究人员积极投标申报，并对中标课题加强管理，注重质量建设。社科理论界围绕贵阳市生态文明建设实际，对生态文明相关理论问题（目标、内容、指标体系、制度体系、国家意义、根本要求、本质特征、战略任务、根本

---

① 《贵阳建设全国生态文明示范城市规划》，2013 年 7 月 30 日，见 http：//xxgk. gygov. gov. cn/xxgk/jcms_ files/jcms1/web1/site/art/2013/7/30/art_ 99_ 106647. html。

② 《生态文明贵阳国际论坛推动"中国绿"》，2015 年 5 月 25 日，见 http：//gz. sina. com. cn/news/city/2015-05-25/detail-icpkqeaz5454061. shtml? from＝gz_ cnxh。

目的等）进行了诸多研究与探讨，形成了不少研究成果，在客观上丰富了生态文明建设的理论体系。

（三）"三创一办"在全市有声有色开展

"三创一办"是贵阳市创建"国家卫生城市"（1990 年开始）、"全国文明城市"（1999 年开始）、"国家环境保护模范城市"（2007 年开始）和协办 2011 年第九届全国少数民族传统体育运动会的简称，是纵深推进生态文明城市建设的主要载体。2011 年 12 月 20 日，在中央文明委和全国爱卫会分别召开的命名表彰大会上，贵阳市获得"全国文明城市"和"国家卫生城市"称号①。2015 年 1 月 23 日，国家考核验收组认为贵阳市以生态文明建设为引领，"创模"工作决心大、措施实、有特色、效果好，一致同意贵阳创建国家环境保护模范城市通过考核验收②。在"三创一办"行动中，全体贵阳市民真切感受到了守护生态底线带来的实实在在的好处。

（四）五大工程治"两湖一库"成效显著

从 2007 年开始，贵阳市全面实施工业污染治理（对现有排污企业特别是排污大户，实行高于国家标准的环保标准，全面实现达标排放；加大湖区和流域内重点排污企业的搬迁力度，限制水力发电厂取水发电；严禁在湖区、库区和流域范围内新上污染项目；彻底解决矿井废水污染问题）、生活污染治理〔在湖区、库区和流域范围内修建和完善污水收集系统和污水处理系统，并确保正常运行，实现生活污水达标排放，杜绝生活污水直接排入湖（库），依法查处在水源保护区内生产、销售和使用含磷洗涤剂的行为；逐步取缔湖（库）区游船，取缔沿湖（库）周边的农家乐、休闲山庄，拆除违法建筑，严禁新增游船、农家乐、休闲山庄和违章建筑；妥善解决库区移民安置问题〕、农业面源污染治理〔调整农业种植结构，发展现代农业、有机农业；饮用水源地湖泊水库最高水位线以上 1 公里范围内，禁止从事施用化肥强度大的农业活动，减少化肥、农药施用量；湖（库）区禁止

养殖畜禽，大幅削减农业污染]、生物净化（科学制定"两湖"水位综合控制方案，提高水体自净能力；对防治"两湖一库"水质富营养化、治理蓝藻和治理湖库沉积物污染等重点难点项目，立项进行科技攻关，尽快使用新技术、新工艺进行治理；取缔围栏养鱼、网箱养鱼）、生态修复［科学划定水源保护区范围，对划定的饮用水源保护区设立围栏、界桩和警示牌；加大湖（库）区周边退耕还林力度，加大湿地建设和保护；对流域范围内水土流失进行综合治理，加大生态建设力度；对"两湖一库"进行清淤；对入湖（库）河道逐条进行治理，减少污水排入湖（库）］五大工程①，全面治理"两湖一库"，使"两湖一库"水质恶化的趋势得到有效遏制，确保了贵阳市民饮用水源的安全。

（五）政策法规及体制机制不断建立健全

1. 统一管理体制

一是组建了两湖一库管理局（2007 年），对"两湖一库"进行统一管理，集中履行环保的监督管理与执法等行政职能。二是组建了全国首家环境保护"两庭"（2007 年成立贵阳市中级人民法院环境保护审判庭、清镇市人民法院环境保护庭，2013 年更名为生态保护"两庭"），对被人起诉涉及不同行政区域和不同隶属关系的环境污染问题进行统一司法管理。三是组建全国首家生态文明建设委员会（2012 年），对全市生态文明建设的统筹规划、组织协调和督促检查等工作负责。四是组建生态保护"三局"，2013年，在贵阳市检察院、清镇市检察院分别设置生态保护检察局，办理涉及生态保护的公诉案件和环境公益诉讼案件、涉及生态保护领域的职务犯罪预防，对涉及生态保护的刑事侦查和审判活动开展法律监督；在贵阳市公安局设置生态保护分局，办理涉及生态、环境保护的各类刑事、治安案件，加大对破坏生态文明建设的各类违法犯罪行为的打击力度，对森林公安相关业务进行指导、协调。②

---

① 王太师等：《贵阳市全面实施"五大工程"治理"两湖一库"》，2007 年 9 月 26 日，见 http：//gzrb.gog.com.cn/system/2007/09/26/010135007.shtml。

② 国家林业局信息办：《中国生态文明建设的"贵阳模式"》，2014 年 12 月 12 日，见 http：//www.forestry.gov.cn/main/195/content-725385.html。

2. 建立考评机制

2008 年 1 月和 10 月贵阳先后公布了《贵阳市建设生态文明城市责任分解表》和《贵阳市建设生态文明城市指标体系及监测方法》。前者内容涉及 9 个方面共 138 项与百姓生活息息相关的主要任务且每 1 项的第一负责人均被逐一落实在市"四大班子"成员和市委其他常委、市政府各位副市长名下，并明确了责任及完成时限；后者主要包括生态经济、生态环境、民生改善、基础设施、生态文化、政府廉洁高效等 6 个方面共 33 项指标。

3. 完善法制保障

贵阳市修改并通过了《贵阳市建设生态文明城市条例》，于 2013 年 5 月 1 日起施行，同时，还制定了《贵阳市禁止生产销售使用含磷洗涤剂规定》《贵阳市生态公益林补助办法》等一系列"绿色"法规。这些法规加上公安局的森林派出所和法院的生态保护法庭，为生态底线的守护和经济社会的可持续发展提供了法制保障。

（六）"爽爽贵阳"的品牌效应不断提升

爽爽的贵阳是多彩贵州的避暑天堂。这些年，贵阳市充分利用自身资源禀赋优势，科学规划设计，努力攻克交通基础设施瓶颈，做好"显山""露水""见林""透气"四篇文章，打好"红色""养生""人文""民俗"四张品牌，办好中国贵阳避暑季系列活动，不断提升"爽爽贵阳"的品牌效应。2015 年 9 月 24 日，在昆明举行的 2015 中国避暑旅游产业峰会上，贵阳市获得了"最佳避暑旅游城市"称号。[①]

（七）"知行合一，协力争先"大放异彩

"知行合一，协力争先"是贵阳城市精神。"知是行的主意，行是知的功夫；知是行之始，行是知之成"，王阳明"知行合一"的思想影响深远。通过重温 500 年前的阳明思想，我们汲取丰富的生态文化营养，以此获得建设生态文明的精神动力。北京大学张学智教授认为，人既可以普遍地关爱万物，又可以合理地取用万物，人与自然的和谐，从人生境界到生态意识，

---

① 《贵阳获"最佳避暑旅游城市"称号》，2015 年 9 月 28 日，见 http://gyxxw.gygov.gov.cn/art/2015/9/28/art_22320_832170.html。

这就是王阳明"良知上自然的条理"在环境伦理上给我们的启示①。有研究表明:按照目前碳排放的速度,到2100年地球大气中的碳含量将超过氮含量。英国物理学家霍金曾预言:因持续恶化的环境,人类将在200年内灭亡或移居外星球。对此,生态文明建设成为人类寻找出路的方式。近年来,贵阳人民在市委、市政府的领导下,大力弘扬"知行合一,协力争先"的贵阳精神,走科学发展路,建生态文明市,牢牢守住生态底线不动摇。

(八) 孔学文化和谐共生理念发扬光大

贵阳孔学堂自2013年正式向社会公众开放以来,开展了形式多样、内容丰富的活动,深受广大市民喜爱。活动主要包括八个方面:一是举办优秀传统文化讲座,二是开展传统文化师资培训,三是向中小学生普及传统文化,四是开展"道德讲堂"活动,五是开展文化民俗和礼仪活动,六是积极引进国内外著名大学入驻中华文化研修园,七是设立孔学堂杂志社、孔学堂书局,专事发表、出版传统文化研究成果,八是设立孔学堂基金会。中华文明蕴含着丰富而深刻的生态智慧,在上述活动中,不乏宣教"道法自然""天人合一""民胞物与"等和谐共生的生态理念,因此,孔学堂是传播生态文明思想、坚守生态底线的重要平台。②

(九) 全国生态文明示范城市建设规划获得批准

2012年12月17日,国家发改委批复《贵阳建设全国生态文明示范城市规划(2012—2020年)》。批复强调,贵阳市要把生态文明建设放在更加突出的地位,切实把生态文明建设融入到贵阳市经济建设、政治建设、文化建设、社会建设的各方面和全过程中去,把贵阳市建设成为全国生态文明示范城市以及全国创新城市发展试验区、城乡协调发展先行区和国际生态文明交流合作平台。批复要求,要着力优化空间开发格局,科学规划高效集约发展区、生态农业发展区、生态修复和环境治理区、优良生态系统保护区。要加快构建生态产业体系,增强工业的核心竞争力和可持续发展

---

① 《生态文化馆里解读贵阳城市精神:"知行合一,协力争先"为引领》,2013年7月23日,见http://epaper.gywb.cn/gyrb/html/2013-07/23/content_350497.htm。

② 《贵阳孔学堂简介》,2014年4月22日,见http://www.kxtwz.com/。

能力，打造具有民族和地域文化特色的旅游产业体系，进一步提高服务业的比重和水平，建立现代农业产业体系，做大做强节能环保产业。要切实加强生态建设和环境保护，促进自然生态系统保护与修复，强化资源节约和循坏利用，全面推进环境综合治理。要积极建设生态宜居城市，彰显"显山、露水、见林、透气"的城市特色。要加快生态文化建设。要着力建设生态文明社会，推进生态城镇和生态乡村建设。要建立健全有效推进生态文明建设的体制机制，逐步把生态文明建设纳入法制化、制度化、规范化轨道，为推进全国城市生态文明建设发挥示范作用①。

（十）三大保护计划扎实稳步推进

自 2014 年以来，贵阳市深入推进"蓝天""碧水""绿地"三大保护计划，加大生态建设保护和环境治理力度，强化生态环境执法监管，工业结构进一步优化，机制体制进一步完善，环境质量得到明显提升，为推进生态文明城市建设奠定了基础。2014 年，贵阳市环境空气质量优良天数为 314天，优良率为 86.0%；全市饮用水源地水质达标率均为 100%，水质总体良好；全面完成原有新庄一期等 7 座城市污水处理项目提标改造工程，新建新庄二期、花溪二期、青山、麻堤河等污水处理项目 4 个，全市污水日处理能力达到 98 万吨/日；全市森林覆盖率达到 45%，② 已经形成"森林围城、森林绿城、森林护城、林在城中、城在林中"的生态大格局。

二　存在的不足

如今的贵阳，天更蓝了，地更洁了，山更绿了，水更清了，越来越多的人深切感受到坚守生态底线带来的福祉。但是，守住生态底线只有进行时，没有完成时，在取得成绩的同时，我们也不能忽视存在的问题。比如，公众生态文明意识尚需进一步强化，忽视资源节约与生态环境保护以及过度消费的现象仍不同程度存在；有些制度供给与创新能力不够，现行财税制度与政策还不能更为有效地守护生态底线；现行法规制度还不够完善，

---

① 《〈贵阳市建设全国生态文明示范城市规划〉获得国家发改委批复》，2012 年 12 月 20 日，见 http：//epaper. gywb. cn/gywb/html/2012-12/20/content_ 324335. htm。

② 《贵阳推进"蓝天""碧水""绿地"保护计划》，2015 年 6 月 18 日，见 http：//www. qxcu. com/region/5/54081. htm。

需要进一步加强；执法监督有待进一步强化，虽然贵阳已经建立了行政执法违法责任追究制度，但相关配套措施还没有跟上；行政执法监督力度不够，执法程序不到位，重实体、轻程序的现象等仍然存在。总之，守住生态底线的意识尚需固化、财税政策尚需创新、法规制度尚需健全、执行监督尚需强化、配套措施尚需完善。

第四节　贵阳市守住生态底线的思路及对策
——着眼于财税政策视角

综上所述，贵阳市坚守生态底线既取得了长足的进步，也面临着不小的压力，要破解存在的难题，根本的途径在于制度创新和政策完善。财政是国家治理的基础和重要支柱，在生态底线守护中无疑能大有作为。目前，侧重就如何应用财税政策助推生态底线守护提出一些思路及对策。

一　改革和创新财政政策

整个"十二五"期间，贵阳市委市政府对生态保护工作十分重视，多措并举，投入了大量财政资金，科学引领，强力推进，各级各部门通力合作，严格执行，取得了明显的效果。但是生态环保形势依然严峻，节能减排任重道远，生态底线的守护工作与全市人民的愿望和要求还有一定距离，政府还需百尺竿头，更进一步，更好地发挥作用，弥补市场失灵，充分满足老百姓对良好生态的需求。为此，非常有必要进一步改革和创新以绿化为中心内容的促进生态底线守护的财政政策。

（一）进一步加大财政支持守住"生态底线"的投入力度

现在看来，生态问题已成为最大民生问题，因此，财政投入向生态领域倾斜是保障和改善民生之需。

1. 压缩一般，确保重点

要不断深化财政支出改革，大力压缩一般行政及经济建设支出，为提高生态投入比例奠定基础和创造条件。

2. 调整存量，动用增量

要根据生态规划建设的目标及要求，以低碳循环绿色和"蓝天""碧水""绿地"为重点，既调存量，也调增量，在每年新增财政收入中进一步加大对生态的投入比例。

3. 整合专项，形成合力

为了避免遍地开花，到处撒花椒面，要对已设立的各种专项资金进行整合，形成统一且有一定规模的守护生态发展专项资金，以提高财政资金使用效益。

4. 改革预算，设新科目

按法定程序走预算道路是保证生态支出的主要手段，为使生态投入有持续稳定的来源，有必要对预算科目进行改革，比如，可在"环境保护"（211）类下，设"生态保护"、"节能"、"污染物排放"及"碳排放"等科目。

5. 省市联动，共同投入

守护生态底线，需要省市联动，形成各级财政和主管部门共同投入的制度。

（二）进一步优化财政支持守住"生态底线"的投入结构

1. 支持生态服务产业的培育和发展

政府应充分发挥财政资金奖励激励功能，培育和发展那些由生态服务产业（如环保服务业、节能服务业、节水服务业等）提供能够直接改善生态环境的服务。

2. 支持明确生态投资的重点和方向

政府必须有主有次，分清轻重缓急，要把危险物的污染防治、重点污染物的减排、蓝天绿水青山的守护、农村生态环境的保护等列为生态投资的重点和方向。

3. 支持生态科技的研发示范与推广

生态科技由于初始投资较大、涉及面广的特点，通常具有一定的风险，所以，如果对生态科技的研发给予必要的财政扶持与优惠，必将促进生态技术的改进，同时，政府应积极协调和引导，帮助生态企业转化生产力，进行技术示范与推广。

（三）进一步创新财政支持守住"生态底线"的投入手段

应针对不同的生态发展领域，采用不同的财政投入手段。

1. 改革补贴环节

对生态产品的补贴，要在以往主要补贴生产环节的基础上，增加对消费环节的补贴。

2. 改革使用方式

为了更好发挥财政资金"四两拨千斤"的功效，吸引银行贷款和社会资本更多投入绿色经济发展领域，政府要多应用财政贴息这种间接优惠手段。

3. 扶持担保行业

为了充分吸引社会资本进入担保市场，政府可通过财政注资设立担保公司和担保风险补偿基金。

（四）进一步建立多元化的守住"生态底线"投入新机制

1. 鼓励支持社会资本进入生态业

由于生态领域大多具有公共产品的性质，"搭便车"行为总会或多或少存在，因此，社会资本大多也望而生畏，不敢轻易投入。鉴此，政府应该通过各种奖补政策及优惠措施，打消顾虑，吸引国内外私人及民间团体等社会资本参与到生态建设事业中来。

2. 明确企业生态投资的主体地位

生态领域中，既有纯公共产品的部分，也有半公共产品的部分，对于前者，政府应全部买单，而对于后者，政府只是部分提供（买单），多半应由私人部门负责，也就是说，政府应充分发挥财政税收的杠杆作用，吸引企业投融资于准生态领域，使其治污成本内在化并明确企业在准生态领域的投资主体地位。

3. 建议设立守护生态底线的投资基金

设立专门的生态投资基金，对那些发展潜力好的生态项目进行投资，一则解决了生态资金供求缺口，二则实现了生态基金的良性发展。这是OECD国家通行的做法，已经取得了明显的成效，积累了丰富的经验。对贵阳市来说，这种做法也可借鉴和尝试。

4. 积极推进生态投资的PPP模式

PPP模式（Public-Private-Partnership）是指公共部门与私人部门之间，为了提供某种公共产品，以特许权协议为基础，彼此之间形成一种伙伴式的合作关系，并通过签署合同来明确双方的权利和义务，以确保合作的顺利完成，最终使合作各方达到比预期单独行动更为有利的结果。一方面，政府通过各种优惠措施，把可盈利可市场化的生态产品推向企业；另一方面，用好国际国内两大市场资源，在全球范围内与各国开展生态领域的资金与技术合作。这样，政府与社会主体建立起"利益共享、风险共担、全程合作"的共同体关系，政府的财政负担减轻，社会主体的投资风险减小。

5. 引导金融业加大投资生态领域

为解决公私部门生态投资资金需求问题，政府可引导金融机构加大对生态领域的投资力度；也可通过政策性金融进行支持；还可创造条件发行绿色金融债券、生态补偿基金彩票等。

二　改革和创新税收政策

改革和创新税收政策的主线同改革和创新财政政策一致，同样是本着绿色化方向展开。

（一）抓住机遇，改革资源税制

党的十八届三中全会报告中强调，要"加快资源税改革"[①]。从全国的情况来看，资源税实施以来，既有成绩也有不足。其中不足主要表现在以下几个方面：一是税率税额较低；二是征收范围较窄；三是计征方式不太恰当；四是计征依据不太合理。关于资源税制的改革，总体思路应是进一步扩大征税范围，相应改革其他环节。

贵阳市拥有较丰富的水资源、森林资源和草场资源等生态资源，其生态价值非常高，但现行资源税主要是采用定额税率对原油、天然气、煤炭、其他非金属矿原矿、黑色金属矿原矿、有色金属矿原矿及盐七类资源征收，并没有把更多生态资源纳入征税范围。因此，贵阳市应抓住机遇，积极争取。首先，贵阳市力争把本市所有的生态资源纳入资源税的征收范围，实现对全部资源的保护。这样，一方面，可将现行比较混乱的各种资源性收费改为公开公正透明的法制性征税；另一方面，可合理有效开发利用和保

[①] 《中共中央关于全面深化改革若干重大问题的决定》，2013 年 11 月 15 日，见 http://cpc. people. com. cn/n/2013/1115/c64094-23559163. html。

护生态资源，减少对生态环境的破坏。其次，贵阳市虽然不是煤炭资源富集区，但也有零星煤炭资源，鉴于当前电煤市场化和煤价走低的情况，应抓紧进行煤炭资源从价计征方式改革，并适当提高其税率，以弥补长期以来采取从量计征难以发挥促进资源节约和保护环境作用的不足。此外，资源税的计税依据应改为按实际开采或生产数量的市场价格计税，以生产环节为纳税环节，这样，既能减少纳税人对资源的积压和浪费，又能减少对资源的过度开采和生态环境的污染。

（二）积极争取，开征环境税收

生态危机给人类的生存和发展带来了严峻的挑战，寻求更有效的生态保护措施，实现可持续发展，已是人类社会共同的课题。当前，以管制或命令为主的环保手段已暴露诸多缺陷，如何以科学发展观为指导，利用经济手段包括税收手段促进可持续发展，是政府面临的重要实践问题，也是环境经济学和财政学的一个重要理论课题。开征环境税应以"对环境和自然资源的利用必须考虑带给其他人的损害成本和带给后代人的机会成本，并使之得到经济上的补偿"为逻辑前提，以公共产品的"外部性"为理论基础，以保护生态为直接目的，以可持续发展为根本目标（当存在外部性时，私人成本和社会成本往往不一致，环境税的征收就要将社会成本内在化，使外部负效应得以补偿，从而保护生态环境，实现可持续发展），以"谁污染谁治理，谁开发谁保护，谁破坏谁恢复，谁利用谁补偿，谁受益谁付费"及专款专用为基本原则。

理论界对环境税存在广义和狭义的理解。前者把环境税理解为税收体系中与环境、自然资源利用和保护有关的各种税种的总称。根据这种观点，环境税实际上是一种绿色税收体系，而非一个税种，不仅包括自然资源税、污染排放税等，还包括为实现特定环境目的而筹集资金的税种以及政府影响某些与环境相关的经济活动的税收手段。后者把环境税理解为同污染控制相关的税种和税收手段，主要包括向排污企业征收的排污税和针对原材料、中间产品或最终消费品征收的消费税。

从我国的情况来看，构建绿色税收并非一蹴而就的事，不是简单设计一个或几个税种的问题，将广泛涉及生产与生活的各个方面，需要妥善处理一系列复杂问题。党的十八届三中全会指出，要"推动环境保护费改税"，这里的"费改税"并不是指把所有的保护环境收费都改为税，而是指宜转税的就改为税，不宜转税确需保留的就保留，不宜保留也不能转税的非合理合法收费则坚决取消。鉴此，我们认为，目前我国既不能照抄照搬西方国家的版本，也不能拘泥于走自己原来的老路。具体而言，作为首个在国家层面上批复建设全国生态文明示范区的贵阳市，应积极有为，努力争取，先行先试，对现行有关环境税种和环保措施，认真梳理整合，增设必要的新税种，保留必要的生态补偿收费，也就是说，可采取环境税与相关税种结合、税收与收费相结合的模式，建立适合生态文明城市发展的绿色税收体系。开征这种环境税应做到"三个明确"：一是要明确征税范围（建议把各类污染物排放如废气、废水、固体废弃物排放和噪音等通通纳入征税范围，而二氧化碳排放即国外所称的碳税则可作为其中一个税目暂缓推出）；二是要明确收入归属（建议作为中央与地方共享税种，但对西部地区尤其是对建设初期的生态文明示范城市分配比例应高于其他一般地区）；三是要明确税收优惠〔建议对贫困县（市）、节能降耗成效显著的县（市）及企业、能源密集型行业酌情给予优惠〕。

（三）有增有减，调整消费税制

党的十八届三中全会强调，要"调整消费税征收范围、环节、税率，把高耗能、高污染产品及部分高档消费品纳入征收范围"。现行消费税是在普遍征收增值税的基础上选择一部分消费品（14 类）主要在生产环节再征一道税的辅助性税种。20 多年来，其功不可没，但随着经济的发展，产业结构的变化和居民可支配收入的增加，人们的消费结构也发生了变化，与此同时，消费税在征收范围和税率设计等方面存在不少问题，亟待调整。如何在顺应结构性减税的背景下按照守住生态底线的要求，改革完善消费税制已经显得紧迫而重要。

按照循序渐进、与其他税种协调配合、与其他节能环保政策及手段配合的原则，结合贵阳市实际，当前，政府应把消费税征收范围由特殊商品消费领域向高端服务消费领域拓展，扩大高档消费品、消费行为及奢侈品的范围，把不可再生资源、不符合节能技术标准的高污染、高耗能产品纳入征税范围，同时，在适当时候，适当提高现行成品油和其他高耗能产品的税率；适当降低低排量汽车及普通化妆品的税率；对符合节能减排技术的产品给予一定的税收优惠；改价内税为价外税；改单一征税环节为多环节即把生产环节拓展为生产与消费环节并重。

（四）调整优惠，规范税式支出

税式支出是指国家以特殊的法律条款规定的，给予特定类型的活动或纳税人以各种税收优惠待遇而形成的收入损失或放弃的收入。可见，对政府而言，税式支出是其主动放弃的一笔收入，是一种间接性支出，即为一种特殊的财政补贴性支出；对纳税人而言，税式支出就是一种税收优惠。

目前，我国的税收优惠尚未完全通过税式支出理念进行引导和管理，缺乏一定的规范，特别是涉及激励生态保护方面的还尚待进一步努力。从贵阳市的情况来看，当前政府应积极争取，尽可能加大并规范对生态保护的税式支出力度。总体思路应是：激励和吸引那些从事或涉及生态环保诸如节能、节水、节电等的企业做大做强，使其充分发挥示范带动作用。具体而言，一是要调整政策适用条件，比如为了使环保企业真正能享受优惠，应将自项目取得第一笔生产经营收入所属纳税年度起给予减免税调整为自项目盈利所属纳税年度起给予减免税，或者将企业从事节能环保项目的所得减免调整为按照节能环保项目的投资额的一定比例进行乘税额抵免。二是要在现有基础上拓宽符合条件的环保项目，诸如对本企业生产过程中产生的"三废"（废水、废气和废渣）进行治理达到环保需求的项目、对其他企业或民居生活中产生的"三废"进行治理的项目、生产生态产品的项目、环保技改和开发转让的项目、环保咨信和技术服务的项目等。三是要对企业自产自用满足国家产业政策规定的资源综合利用产品，可参照对外销售，在严格资源综合利用项目管理的基础上，按同类产品售价计算所获收入的10%给予应税所得额扣除。四是要对产制环保设备及产品的企业所获收入参照资源综合利用的企业所得税优惠政策给予一定优惠（如可减征10%）。五是要对企业提供技术服务所取得的收入（包括企业在环保、节能、节水等方面提供的技术培训、技术咨询及技术转让所取得的收入）给予减免税优惠，以推动节能减排技术的发展①。

---

① 苏明：《我国生态文明建设与财政政策选择》，《经济研究参考》2014年第61期。

三 改革和创新转移支付

我国各省区发展不平衡,财力有一定的差异,同一省区之内的各地州市县之间亦同样如此。分税制实施以来,中央占有较大财力,而地方负担较多支出责任,这在一定程度上可能会形成地方财政缺口。要实现横纵向的财政均衡即地区间基本公共服务水平的均等化,就要通过政府间转移支付制度来解决。由于生态环境问题往往会影响经济利益(受到损失),所以构建政府间转移支付制度时有必要把生态因素考虑在内。这里的侧重点是探讨贵州省对贵阳市及贵阳市对所属区、市、县的生态转移支付问题。

(一) 建立省对市纵向生态转移支付

实施分税制以来,中央对省级纵向转移支付制度基本理顺,但省以下纵向转移支付制度仍需进一步健全。贵州省在安排省以下生态补偿财政转移支付资金时,应将全省视为一盘棋,通盘考虑,全局补偿,在此基础上向重点生态功能区倾斜,同时,在财力允许条件下,可适当考虑对贵阳市生态文明示范区的建设进行专项补助。

(二) 建立市以下纵向生态转移支付

贵阳市要整合现有相关转移支付和各种补助金,建立健全生态补偿资金(由生态补偿专项资金和生态补偿财力性转移支付资金组成)。要根据所属区、市、县的具体情况,合理安排生态补偿资金的规模、方向,明确转移支付的重点、分配使用原则和使用范围,重点是支持本市内重要生态功能区,特别是"两湖一库"、重要饮用水源保护地,对区域生态环境作用明显的项目。要明确倾斜性的生态环保项目,结合生态建设责任制考评结果安排项目。要按照辖区内治污成本的一定比例安排补偿资金。在设立区、市、县生态项目补偿资金时可单列对物权受限人的补偿。构建这种多层次补偿资金的目的就是形成上下多层的互动机制,刺激市属各区、市、县守护生态的积极性。

一是健全生态补偿专项资金。①

---

① 参见《贵阳市生态建设补偿资金管理暂行办法》,2021 年 4 月 8 日,见 http://qiye. gygov. gov. cn/art/2010/4/30/art_ 23452_ 642200. html 2010-04-30。

（1）基本原则

建立生态补偿专项资金要坚持政府主导、社会参与，循序渐进，突出重点，统筹协调，共同发展的原则。

（2）筹资渠道

生态补偿专项资金要采取多元化方式筹集，一是来源于现有农、林、水、环保等部门投向生态保护和环境整治的资金；二是来源于每年市本级财政预算；三是来源于市本级和所属"一市三县六区"每年的土地出让金收入（集中一定比例纳入生态补偿专项资金）。

（3）使用范围

按照贵阳市建设生态文明城市的总体规划和要求，对重要生态功能区，特别是"两湖一库"、重要饮用水源保护地给予扶持，对区域生态环境作用明显的项目给予支持，并将《贵阳市生态公益林补偿办法》确定的公益林补偿列入生态补偿资金的使用范围。

（4）支出程序

一是各部门的生态补偿专项资金，仍按原渠道由各部门按程序审报，由市财政部门在部门预算中批复；二是新增的生态补偿专项资金，每年年初由市级相关部门按照要求申报项目，由市财政局根据资金安排原则，结合生态环境目标考评，在确定的可用资金规模内，统一平衡，提出年度专项资金安排计划，纳入年度预算；三是集中的土地出让金，每年年终，由市财政局对上一年度土地出让金进行清算，根据生态补偿机制提取比例确定可用资金规模后，提出年度资金安排计划，报市政府批准后执行。

二是健全生态补偿财力性转移支付资金。[1]

（1）筹集

生态补偿财力性转移支付资金的筹集从市级和各区、市、县地方财政收入比上年增收部分按一定比例集中，并在以后年度随地方财政收入同比例增长。

（2）使用

生态补偿财力性转移支付资金由市级财政转移支付到各区、市、县级

---

[1] 参见《贵阳市生态建设补偿资金管理暂行办法》，2021 年 4 月 8 日，见 http://qiye.gygov.gov.cn/art/2010/4/30/art_ 23452_ 642200. html 2010-04-30。

财政，由各区、市、县人民政府统筹安排，重点用于生态治理及生态保护区民生和基本公共服务均等化等方面的支出。

（3）计算

生态补偿财力性转移支付资金的计算以环境评价指标考核体系数据为依据，市林业部门负责提供林业方面数据，市城管部门负责提供城市管理及城市用水方面数据，市环保部门负责提供环境规划和环境质量方面数据，其他相关单位负责提供相关数据。

（4）分配

生态补偿财力性转移支付的资金总量一年一定，每年考核年度结束后，由市环境保护、林业、城管等相关单位核定各区、市、县的相关生态数据，并于每年年初送达市财政部门，由市财政部门根据相关规定和市级相关单位核定的数据进行测算，拟定具体的资金分配方案，报市政府批准后下达各区、市、县。

三是加强生态建设补偿资金的监督管理。[①]

（1）生态补偿资金应当分轻重缓急，统筹安排使用，提高使用效益。每年年底各区、市、县人民政府要向市财政部门说明生态建设补偿资金使用情况；相关主管部门要向市政府报送生态建设补偿专项资金的使用情况；市财政部门和项目主管部门应当定期或不定期对项目进行跟踪管理，了解项目进展情况，对资金使用的绩效进行检查、评估，确保资金安全、合理、有效使用。

（2）生态建设补偿资金要单独核算、专款专用并按有关财务制度严格执行。

（3）生态建设补偿资金的使用情况由市监察局、市财政局等部门实施监督，由市审计部门进行专项审计。

（4）生态建设补偿资金严禁贪污、挪用、骗取，发现有上述情况之一的，由财政部门追回已拨付的资金，并依法处罚。

（三）建立区域间横向生态转移支付

由于贵阳市是省会城市，经济发展水平和人均收入水平均居全省第一，

---

① 参见《贵阳市生态建设补偿资金管理暂行办法》，2021 年 4 月 8 日，见 http：//qiye. gygov. gov. cn/art/2010/4/30/art_ 23452_ 642200. html 2010-04-30。

因此，不大可能依靠其他地州市的横向生态转移支付。当然，从跨区域公共产品利益外溢性角度而论，似乎受益地市州应做出相关补偿。目前，贵阳市要解决的是所属区、市、县之间的横向生态转移支付即横向生态补偿问题，主要针对区、市、县之间或流域上下游地方之间生态受益者对受损者的补偿。在这方面，可借鉴其他地方成功的经验，不断摸索，加快推进，形成制度。

第五章　花溪区文化旅游创新区建设的探索

新时代花溪区建设文化旅游创新区，是贵阳市实现又好又快跨越式发展过程中的一项重要工作，因此很有必要对此及其相关问题进行研究。

第一节　问题的提出与核心概念

一　问题的提出

一是政策层面的布局和规划。根据 2002 年 12 月中共贵州省委、省政府正式发布的《贵州旅游发展总体规划》的要求，旅游发展的整体目标是，将旅游业作为贵州省的一个主要的支柱产业，实现快速、可持续和跨越式发展，同时，将环境和文化资源作为全省社会经济可持续发展的主要基础加以保护，绘制出将贵州省建设成为"自然生态和民族文化相结合的旅游大省"的蓝图。2012 年 2 月，《国务院关于进一步促进贵州经济社会又好又快发展的若干意见》（国发〔2012〕2 号）首次从国家层面明确了贵州旅游业的战略定位，贵州旅游业迎来了融合、创新、跨越发展的新机遇。为贯彻落实国务院〔2012〕2 号文件把贵州加快建成"文化旅游发展创新区"的战略要求，贵州省政府、国家旅游局和世界旅游组织联合编制了《贵州生态文化旅游创新区产业发展规划（2012—2020 年）》，明确了贵州2012—2020 年旅游产业发展的战略方向和实施路径，引领全省旅游发展，提出了建设"国家公园省"总体定位，明确了国家公园省的要素支撑体系和生产力布局，确定了"国家公园省·多彩贵州风"品牌营销宣传口号。2014 年 10 月，贵阳市委、市政府根据贵州省委、省政府的关于《贵州生态文化旅游创新区产业发展规划（2012—2020 年）》具体要求，召开支持贵阳市花溪区建设文化旅游创新区动员大会，强调要坚决贯彻落实省委和省政府对花溪区规划、建设和发展的要求，以"大花园、大溪流"为主要特色，按照"园区高端化、市区园林化、农村特色化、景区生态化"的理念，全面推进贵阳市花溪区文化旅游创新区建设。二是贵阳市花溪区内生条件的优越性。花溪区隶属于贵州省贵阳市，地处黔中腹地，贵阳市南部，东邻黔南州龙里县，西接贵安新区，南连黔南州惠水县、长顺县，北与南明区、观山湖区接壤。贵安新区、双龙临空经济区等新兴城市的崛起以及贵阳至广州高铁的开通，贵阳轻轨、环城铁路等重大生产力的布局，已使花溪成为贵阳南部重要的门户和枢纽。只要积极抓住文化旅游创新区建设的历史性机遇，全力应对各种挑战和困难，就有条件、有能力实现弯道超车，实现花溪区经济社会又好又快的跨越发展。与此同时，花溪区素有"高原明珠"的美誉，文化和旅游优势突出。域内森林覆盖范围广，河道纵横交织，著名的风景旅游区有十里河滩国家城市湿地公园、孔学堂、花溪公园、天河潭、青岩古镇、苗乡高坡等多处，其中天河潭风景区为国家 AAAA 级旅游区，青岩古镇景区为国家 AAAAA 级旅游区。特别值得提及的是 2010 年，花溪区整体入选贵州十大影响力风景名胜区；2019 年，国家生态环境部对第三批国家生态文明建设示范市县和"绿水青山就是金山银山"实践创新基地进行命名表彰，花溪区荣获"国家生态文明建设示范区"称号。与此相联系，近年来，花溪区一直坚持为生态旅游文化铸魂，建成了十里河滩生态文化教育基地和贵阳市首个以生态为主题的专题性城市展示馆——贵阳生态科普馆。为此，按照省委、省政府的要求，市委、市政府决定支持花溪区建设文化旅游创新区，充分发挥花溪区文化和旅游资源丰富优势，大力发展文化事业和文化产业，着力提升旅游业发展的质量和水平，促进文化与旅游融合发展，建设综合实力超强的高品质的文化旅游创新区。

二　核心概念

（一）旅游的概念及其特点

旅游从字意上理解。"旅"是旅行，外出，即为了实现某一目的而在空间上从甲地到乙地的行进过程；"游"是外出游览、观光、娱乐，即为达到这些目的所开启的旅行。二者合起来即旅游。所以，旅行偏重于行，旅游不但有"行"，且有观光、娱乐含义。中国的骨刻文中已有"旅游"二字：

"旅"和"游"二字在山东昌乐骨刻文中被发现，是远古东夷平民旅游娱乐活动最早的记录，也是中国最早旅游文化的体现。中国旅游不仅历史久远，也是世界上唯一具有最早文字记载的国家。旅游的基本要素简单归纳为"吃、住、行、游、购、娱"六个字，现代旅游更注重它的享受性、知识性、意志性和休闲性等特点。享受性：旅游者不远千里而来，就是想领略异地的新风光、新生活，在异地获得平时不易得到的知识与平时不易得到的快乐，"求新、求知、求乐"是旅游者心理的共性。知识性：旅游给大家带来很多见识，增进了对各地了解，丰富了人文知识。意志性：旅游给大家带来心灵的意志，会让自己的思维、心情发展到兴奋、快乐的极致。休闲性：生活和工作节奏的加快，使人越来越感到生活的过大压力，所以人们需要在节假日放松自己，去享受天蓝、地绿、水清的环境和氛围。

（二）文化的概念及其影响

文化是指人类活动的模式以及给予这些重要模式的符号化结构。不同的人对文化有不同的定义。文化通常包括文字、语言、地域、音乐、文学、绘画、雕塑、戏剧、电影等，大致上可以用一个民族的生活形式来指称。关于文化的分类，人们通常根据文化的结构和范畴把文化分为广义和狭义两种概念。广义的文化即大写的文化，狭义的文化即小写的文化。广义的文化指的是人类在社会历史发展过程中所创造的物质和精神财富的总和。它包括物质文化、制度文化和心理文化三个方面。物质文化是指人类创造的种种物质文明，包括交通工具、服饰、日常用品等，是一种可见的显性文化。制度文化和心理文化分别指生活制度、家庭制度、社会制度以及思维方式、宗教信仰、审美情趣，它们属于不可见的隐性文化，包括文学、哲学、政治等方面内容。狭义的文化是指人们普遍的社会习惯，如衣食住行、风俗习惯、生活方式、行为规范等。文化在其形成和发展进程中，对经济、政治、社会等各方面的影响日益显著。经济、政治和文化是社会生活的三个基本领域。其中，经济是基础，政治是经济的集中表现，文化是经济和政治的反映。一定的文化由一定的经济、政治所决定，又反作用于一定的政治、经济，给予政治、经济以重大影响。先进的、健康的文化会促进政治、经济的发展。落后的、腐朽的文化则会阻碍政治、经济的发展。当今世界，各国之间的综合国力竞争日趋激烈，文化越来越成为民族凝聚力和创造力的重要源泉，越来越成为综合国力竞争的重要因素，文化软实力的竞争将是各国竞争力的最终场所和阵地。

（三）创新的定义及其重要地位

创新是指以现有的思维模式提出有别于常规或常人思路的见解为导向，利用现有的知识和物质，在特定的环境中，本着理想化需要或为满足社会需求，而改进或创造新的事物、方法、元素、路径、环境，并能获得一定有益效果的行为。从哲学的层面看，创新是人的实践行为，是人类对于发现的再创造，是对于物质世界的矛盾再创造。人类通过物质世界的再创造，制造新的矛盾关系，形成新的物质形态。从经济学的视角看，创新就是利用已存在的自然资源或社会要素创造新的矛盾共同体的人类行为，或者可以认为是对旧有的一切所进行的替代、覆盖。从社会学的观点看，创新是指人们为了发展的需要，运用已知的信息，不断突破常规，发现或产生某种新颖、独特的有社会价值或个人价值的新事物、新思想的活动。创新有着重要的地位，人类社会从低级到高级、从简单到复杂、从原始到现代的进化历程，就是一个不断创新的过程。不同民族发展的速度有快有慢，发展的阶段有先有后，发展的水平有高有低，究其原因，民族创新能力的大小是一个主要因素。创新是一个民族进步的灵魂，是一个国家兴旺发达的不竭动力，也是一个政党永葆生机的源泉。

（四）文化创新的定义及其作用

文化在交流的过程中传播，在继承的基础上发展，都包含文化创新的意义。文化发展的实质，就在于文化创新。文化创新，是社会实践发展的必然要求，是文化自身发展的内在动力。文化创新可以推动社会实践的发展。文化源于社会实践，又引导、制约着社会实践的发展。推动社会实践的发展，促进人的全面发展，是文化创新的根本目的，也是检验文化创新的标准所在。文化创新能够促进民族文化的繁荣。只有在实践中不断创新，传统文化才能焕发生机、历久弥新，民族文化才能充满活力、日益丰富。

第二节　贵阳市花溪区文化旅游资源发展的现状分析

一　贵阳市花溪区的基本区情

花溪区隶属于贵州省贵阳市，地处黔中腹地，贵阳市南部，东邻黔南龙里县，西接贵安新区，南连黔南惠水县、长顺县，北与南明区、观山湖区接壤。花溪区下辖 2 个镇——青岩镇、石板镇，7 个乡——燕楼乡、孟关乡、久安乡、马铃乡、麦坪乡、黔陶乡、高坡乡，18 个社区服务中心，122个行政村，52 个居委会。花溪区国土面积 964.32km²。

花溪区全区地貌以山地和丘陵为主。花溪区具有高原季风湿润气候的特点，冬无严寒，夏无酷热，无霜期长，雨量充沛，湿度较大。年平均气温为14.9℃，无霜期平均 246 天，年雨量 1178.3mm，空气优良天数 341 天。

花溪区地处长江、珠江分水岭，是贵阳市著名的生态区。区内有大小河流 51 条、总长 390km，松柏山水库、花溪水库两座中型水库总库容达7140 万立方米，阿哈水库、红枫湖、百花湖的重要流域也在花溪区。花溪区生物多样性比较丰富，森林覆盖率达到 41.53%。花溪区已经成功创建国家级生态示范区。2012 年末，花溪区常住人口 62.61 万人，有苗、布依等少数民族，少数民族约占花溪区总人口数的 33%。

二　贵阳市花溪区的文化旅游资源现状分析

（一）　多姿多彩的民族文化节日

花溪区常住人口 62.61 万人，少数民族人口众多，形成了较为丰富多彩的少数民族文化。如，布依族六月六歌会，"布依族人民十分重视这个节日，有'小年'之称。节日来临，各村寨都要杀鸡宰猪，用白纸做成三角形的小旗，沾上鸡血或猪血，插在庄稼地里，传说这样做，'天马'（蝗虫）就不会来吃庄稼"。苗族的四月八，"苗族四月八是苗族人的传统节日，又称'亚努节'。每逢这天，附近的苗族都要聚集到喷水池举行各种活动，纪念古代英雄亚努。人们在一起吹笙、跳舞、唱山歌、荡秋千、上刀梯、玩龙灯、耍狮子等，人山人海，场面极为壮观。传说苗族祖先原来住在罗格桑（今贵阳附近），他们过着丰衣足食的生活。可是，一次激烈的战斗中，他不幸被当时的统治阶级杀害，于四月初八光荣牺牲。每逢他的遇难日，苗胞总要到墓地（现贵阳喷水池附近）来纪念这位古代民族英雄。年年如此，代代相传"。苗族的斗牛节，"苗族有斗牛的风俗。最早见于史书的记载，是明万历二十五年（1597 年），高坡、惠水、龙里等地苗族共同在批弓（地名）开辟牛打场，每年七月秋收之后，在龙、虎（猫）、狗、鼠等日子中择一日举行斗牛活动。斗牛时敲锣打鼓、吹长号（大型唢呐），成千上万的人围观，欢声雷动。结束后，于农历九月择吉日举行'敲把郎'仪式，杀牛祭祖"。跳地戏，"其演唱用当地方言，形式憨直拙朴、粗犷自然。据不完全统计，该区地戏表演共有 20 余堂，主要演绎历史上各个朝代的英雄人物，歌颂保家卫国、英勇善战的英雄主义精神，传统剧目包括隋唐薛仁贵征东、宋朝杨家将、岳飞传等。花溪民间地戏文化具有悠久历史、丰厚的底蕴，传承几百年来成为当地布依族同胞劳动之余喜爱的娱乐活动"。

（二）　丰富多彩的旅游景点和旅游景观

贵阳市花溪区景区面积 $222km^2$，占全区面积的 25%。该地区有景物景观 81 个，包括自然景观 56 个、人文景观 25 个；有国家级特等景观 4 个、一等景观 18 个、二等景观 32 个、三等景观 27 个，以花溪公园、天河潭、镇山民族文化村、青岩古镇、高坡民族风情游最为有名。陈毅元帅曾赋诗称赞花溪："真山真水到处是，花溪布局更天然。十里河滩明如镜，几步花圃几农田。"其中花溪天河潭风景区、青岩古镇景区已成为国家 4A 级国家旅游区；花溪国家城市湿地公园、孔学堂已建成并对外开放。

（三）贵阳市花溪区文化旅游资源

从贵阳市花溪区旅游资源的细分来看（见表 6），其自然景点、湖光山色、民族民俗、宗教文化、历史遗迹、名人遗迹、儒家文化以及饮食文化等均有展现，可谓文化大观园。也正是基于此，按照贵州省委、省政府关于花溪区建设文化旅游创新区的要求，贵阳市委、市政府决定举全市之力加快推进花溪区建设发展，把花溪区打造成为特色鲜明、配套完善、环境优美的文化旅游创新区。

表6 贵阳市花溪区文化旅游资源

景观类别	景观类型	景点或项目
地文景观	凸峰	蛇山、龟山、凤山、麟山
	岩石洞与岩穴	天生桥、银河宫、天河洞、龙潭洞、摆念大洞
	岛区	芙蓉洲、放鹤洲、牛角岛
水域风光	观光游览河段	十里河滩、花溪河
	观光游憩湖区	卧龙湖
	潭池	天河潭
	跌水瀑布	卧龙飞瀑
生物景观	林地	孟关林海、青岩油杉
	丛树	黄金大道、松梅园
	独树	红豆杉
	草地	高坡草场
	草场花卉地	牡丹园
	林间花卉	桂花园、樱花园、碧桃园
遗址遗迹	历史事件发生地	青岩教案遗址
	军事遗址	青岩古镇
建筑与设施	宗教祭祀活动场所	万寿宫、慈云寺、迎祥寺、龙泉寺、天主教堂、基督教堂、武庙
	军事观光地	青岩炮台、古城墙
	展示演示场馆	镇山博物馆
	碑碣（林）	赵理伦百岁坊、周王氏媳刘氏节孝坊
	名人故居与历史纪念建筑	赵以炯故居、桐野书屋、周渔璜故居、邓颖超旧居
	墓（群）	李仁宇将军墓
	悬棺	高坡洞棺葬
	儒学文化馆	孔学堂
	水库观光区	花溪水库、松柏山水库、杨眉水库
旅游商品	菜品饮食	雷家豆腐园子、青岩豆腐、状元蹄、鸡辣椒、糕粑稀饭、米豆腐、花溪牛肉粉
	传统手工产品与工艺品	玫瑰糖、刺绣品
	其他物品	双花醋、苦丁茶、久安绿茶

景观类别	景观类型	景点或项目
	人物	吴中蕃、周渔璜、周钟瑄、赵以炯、姚华、平刚
	民间节庆	吃新节、四月八
人文活动	民间演艺	斗鸡、跳场、吹芦笙、斗牛、跳地戏
	庙会与民间集会	三月三歌圩
	特色服饰	苗族服饰、布依族服饰、仡佬族服饰
	文化节	浪漫花溪艺术节、花溪之夏艺术节、孔学堂文化庆典

第三节 贵阳市花溪区文化旅游创新区发展的现状

花溪区紧紧围绕贵阳市委、市政府出台《花溪建设文化旅游创新区建设三年行动计划（2015—2017年）》的要求，三年拟实施文化旅游创新区建设项目129个，总投资估算568亿元。2014年10月30日花溪区文化旅游创新区动员大会召开后，花溪区文化旅游创新区建设项目得到有序高效推进。

（一）坚持规划先行

按照市委、市政府《中共贵阳市委、贵阳市人民政府关于支持花溪建设文化旅游创新区的意见》，花溪区启动编制花溪区总体规划、总体城市设计导则及迎宾馆片区、大学城周边、甲秀南路等"两路六区域"详细城市设计，并启动《花溪文化旅游创新区空间发展战略规划研究》，编制青岩镇水系景观规划、花溪湖规划及水源工程项目实施方案、花溪河保护和污染防治规划方案、十里河滩国家湿地公园、天河潭等景区景点提升方案，加强文化旅游创新区建设的顶层设计。

（二）实施项目带动

根据《中共贵阳市委、贵阳市人民政府关于支持花溪建设文化旅游创新区三年行动计划（2015—2017年）》的要求，花溪区启动路网建设、区域整治、生态建设、文化旅游4个方面的32个项目，其中，孟溪路、花桐路、大职路、印象路等路网建设项目 12 个；田园南路地块、奶牛场地块、大寨、云上（上寨、下寨）、十和田、董家堰（一、二组）、花溪山庄等区域整治项目 16 个；中国电力投资集团生活垃圾综合处理项目、红岩水库等生态建设项目 2 个；花溪区新党校等文化旅游项目 2 个。

（三）加强城市管理

花溪区加强城市景观绿化、污染防治、环境卫生等基础设施建设。采取市场化运作方式与京溪公司合作，启动中心城区和青岩、孟关、石板部分区域环卫社会化服务工作。开展"控违拆违"攻坚战，建立"市区联动、以区为主"的工作机制，形成区、乡（镇、社区）、村（居）三级违法建筑防控体系，组建应急队伍，开展控违巡查，全年拆除违法建筑 1424 户共 47.13 万平方米，仅文化旅游创新区建设启动后就拆除违法建筑 744 户共 31.2 万平方米。

（四）提供资金保障

花溪区拓宽融资渠道，整合资源实行项目"打捆"，充分利用市、区两级融资平台，为文化旅游创新区建设项目提供资金保障①。

总之，经过近一年的工作开展和项目实施推进，贵阳市花溪区旅游文化创新区的建设工作取得积极进展和显著成效。

第四节　贵阳市花溪区文化旅游创新区建设的
目标、原则和机制

一　贵阳市花溪区文化旅游创新区建设的目标

2014 年 10 月 30 日，贵阳市委、市政府支持花溪区建设文化旅游创新区动员大会在花溪区召开，明确了一年初见成效、三年明显变化的工作目标，正式启动花溪区文化旅游创新区建设。根据动员大会同步下发的《中共贵阳市委、贵阳市人民政府关于支持花溪建设文化旅游创新区的意见》

---

① 《贵阳出台意见全力支持花溪建设文化旅游创新区》，2014 年 10 月 30 日，见 http：//www.hxgov.gov.cn/news18797.html。

和《花溪建设文化旅游创新区三年行动计划（2015—2017 年）》的要求，市委、市政府提出花溪区文化旅游创新区建设目标：以文化旅游创新区建设为目标，以"大花园、大溪流"为主要特色，一年内城乡环境取得明显变化，3 年内文化旅游创新区建设初见成效，到 2020 年把花溪区建设成为生态优势凸显、文化事业繁荣、旅游产业发达、经济实力较强、城乡环境优美、人民生活殷实的文化旅游创新区①。

二　贵阳市花溪区文化旅游创新区建设的原则

为切实推进贵阳市花溪区文化旅游创新区的建设，确保建设目标到位，建设内涵实现，根据省内外成功的文化旅游创新区建设的成功经验，在构建文化旅游创新区和推进其建设过程中，花溪区应坚持如下原则。

（一）政府主导，市场运作

在现代市场经济条件下，政府的主要职能是管理和服务。为此针对花溪区文化旅游创新区的建设，政府的主要职能是制定发展规划、调整发展战略、深化体制改革、搞好项目监督，确保文化旅游创新区各项工作的有序推进和具体落实。与此同时，在具体组织实施过程中，应充分发挥市场对资源配置的基础性作用，要建立和创新相应的体制和机制，激活资金、技术、人才等市场要素，不能替代市场发挥市场本应发挥的功能。

（二）积极推进，循序渐进

从目前花溪区经济社会发展的现状来看，相关工作已经取得了长足的进步和发展，但花溪区要深入持久保质保量地营造出一块文化旅游创新区的金字招牌，却非三五年之功。一定要尊重经济社会发展的客观规律，尤其是要遵循旅游文化和旅游产业的自身发展规律，循序渐进，逐步发展，主要做到以下两个方面，一是要积极科学有效地推进文化旅游创新区建设，二是要在发展战略和推进战术上，慎重推进科学谋划，切忌只讲热情和干劲，不讲科学和规律，尤其是在深化改革和制度创新中，还要提供一些过渡性的制度安排。

---

① 《贵阳出台意见全力支持花溪建设文化旅游创新区》，2014 年 10 月 30 日，见 http：//www.hxgov.gov.cn/news18797.html。

（三）区别对待，分类指导

花溪区文化旅游创新区的建设，要按照区别对待、分类指导的原则进行。因为花溪区的旅游资源类型丰富，景观不一，发展程度和成长要素各不相同。因此，对不同的文化资源和景点，要提出不同的发展措施和发展任务，对不同的阶段要有不同的发展思路和发展规划，不能采用统一模式，走同一条路子，每个地方应根据其经济发展实际水平，提供不同的发展思路和发展路径。

（四）总体布局，重点突破

花溪区文化旅游创新区的建设，要紧紧围绕文化旅游创新这一主题来布局和建设，要做好总体规划和设计。但是在工作中要分清轻重缓急，细心谋划、重点突破，切记不能一哄而上，不分主次。与此同时，在文化景观的打造和包装上，也要注意培育主体文化、次生文化以及衍生文化。因此，要根据经济社会发展的实际情况，在总体谋划的基础上，突出重点，逐一突破。

（五）政策引导，社会参与

花溪区文化旅游创新区的创建，仅仅依靠政府力量和投入是不够的和不能持续的。要通过政策因素，充分调动全社会力量参与到文化旅游创新区建设中来。要进一步发挥政策导向作用，通过财政贴息、以奖代补、税收优惠等形式，引导城市和社会资金、技术、人才等要素流向花溪区，充分发挥社会力量，切实有效推进文化旅游创新区的建设。

三 贵阳市花溪区文化旅游创新区建设的机制

为了切实有效地推进贵阳市花溪区文化旅游创新区目标的实现，确保文化旅游创新区定位的顺利实施，花溪区文化旅游创新区的建设还必须建立相应的机制，在制度、体制和政策上做出相应的调整和安排，才能有效构建文化旅游创新区。

（一）投入保障机制

投入保障机制是贵阳市花溪区文化旅游创新区顺利推进的前提和基础，

因而，构建和创新花溪区文化旅游创新区的投入保障机制是确保建设目标实现的重要基础。目前现有的做法就是努力把中央、贵州省以及贵阳市的各项支持和优惠政策落实好、实施好，并逐步调整和改革财政、金融体制，加大对项目建设的投入力度，为文化旅游创新区的发展和创建提供持续良好的投入保障基础。

（二）产业支撑机制

贵阳市花溪区文化旅游创新区的建设和发展离不开产业的发展和支撑。因而，要进一步优化产业布局，调整产业结构，构建结构良好、效益优良的产业支撑机制，在全面发展和推进花溪区第一、第二、第三产业发展的同时，要大力培育和壮大小孟工业园区的支柱产业和强势产业，转变增长方式，走结构、效益、生态和环保相结合的产业发展之路，为花溪区文化旅游创新区的发展奠定坚实的产业基础。

（三）促进就业机制

贵阳市花溪区文化旅游创新区的建设和推进，就是要通过发展不同种类的新型业态来带动和促进更多人就业，主要做到以下两个方面。一方面加快农村剩余劳动力的转移，同时也是促进农民增收最直接和最有效的途径；另一方面也可构建农民平等的就业机制，适应城镇化以及现代服务业发展的要求。因此，要统筹考虑、合理安排创新就业机制，促进农村剩余劳动力有序向城镇转移，扩大非农就业促进农民增收，使参与文化旅游创新区建设的农民真正得到实惠。

（四）公共服务机制

城乡、地区、群体之间的经济和社会利益的差距过大不利于社会的稳定和发展，不利于效率和公平的协调和统一。因而，构筑花溪区文化旅游创新区公共产品的服务机制显得尤为重要，主要做到以下两个方面，一是要充分发挥政府调节宏观经济的功能，通过调整公共财政投入的重点和国民收入分配格局，启动针对特定区域、特定群体的利益分配机制，来缩小城乡之间、地区之间及区域内部不同群体之间的过大差距。二是要提供相应的公共服务政策，譬如在教育、医疗服务以及社会保障等方面为社区居民提供相应政策使之获益。

（五）　市场管理机制

随着现代市场经济的不断发展和进步，市场因素以及经济利益的驱动对花溪区文化旅游创新区建设的影响和带动作用也越来越明显。因而，构建相应的市场管理机制，就是要不断强化政府宏观调控的能力，自觉运用符合市场规律的手段来调控市场要素、调节市场要素使之集聚，并集中产生积极效益，为文化旅游创新区的建设提供服务和帮助。

（六）　法律保障机制

政策调整和法律规范都是花溪区文化旅游创新区建设和发展必不可少的手段。法律保障机制的确立，就是要在充分发挥政策功能作用的同时，高度重视运用法律手段来管理和推进文化旅游创新区建设，同时也为文化旅游创新区的经济利益主体获取正当的经济利益提供法律保障。因而，花溪区在推进文化旅游创新区建设的过程中要制定相关的政策和法规，激励和约束市场经济主体行为。

（七）　生态优先机制

贵阳市花溪区无论地形地貌，还是气候条件、湖光山色、民族民俗、文化遗迹都是不可复制和不可替代的，因此要使文化旅游创新区建设得以持续和发展，就要始终坚持生态优先的机制和原则，如若不然文化旅游创新区建设就不能得以延续和发展。为此，要求花溪区无论是在做战略规划，还是项目落实以及引进项目和资金方面，都不得以破坏生态和环境为前提和代价，这样花溪区的建设和发展才是持续和健康的。

（八）　社会参与机制

花溪区文化旅游创新区目标的实现以及项目的推行，都需要凝聚各方面的智慧，动员各方面的力量。因此，花溪区要用好文化旅游创新区建设这个契机，因势利导，加大宣传力度，广泛发动群众，积极鼓励党政机关、人民团体、企事业单位和社会各界人士、志愿者以多种方式参与到文化旅游创新区中来。积极引导更多的人才、资金、智力等资源流向文化旅游创新区，为花溪区旅游文化创新区目标的实现以及项目的推进创造良好的发展环境。

第五节　贵阳市花溪区文化旅游创新区创建过程中存在的问题

经过近几年的建设和开发，花溪区的景观虽然有丰富多彩的一面，但是发展中的问题也逐步显现。

一　旅游形象不明确，宣传力度不够

所谓旅游形象，就是指旅游产品及服务等在人们心目中形成的整体印象。正确地确定目的地产品的旅游形象有助于旅游业的成功发展、带动旅游经济提升。花溪区文化旅游创新区的定位是要把花溪区建设成为"大溪流、大花园、大景观"生态文化旅游之地，这个定位较好地体现了花溪区的自身特色以及将要建设的目标，对树立新的旅游形象，起到了积极作用。但客观地说，知道这一目标定位的人数并不是很多。网站建设过于简单，街道标识和介绍过于简略，没有过多地介绍为何要建设成为"大溪流、大花园、大景观"。建设成功的花溪区文化旅游创新区的模拟视频图片又是什么样子，不得而知。这就会使人们对我们正在做什么、做的事对我们有何益处等不知情、不了解，在很大程度上影响我们工程的进展和进步，使我们的建设质量达不到设计初衷。

二　文化品牌打造推介不够

花溪区旅游资源得天独厚，拥有神秘壮美的自然景观、古朴浓郁的民族风情、舒适宜人的气候条件以及悠远丰富的历史文化。但可惜的是花溪区在发展旅游业，塑造旅游形象过程中更多的是强调丰富的自然资源，却忽视了深层次挖掘资源的文化性。就目前而言，孔学堂的儒家文化以及青岩古镇的历史遗迹和文化得到了较好的打造和宣传，但苗族、布依族等地民族民俗文化没有得到很好的展现和开发。镇山村布依族以及高坡苗族乡的村落文化，以及吴中蕃、周渔璜、周钟瑄、姚华、平刚等历史名人的历史业绩的整理发掘和宣传都远远滞后，出现了自然风光和人文底蕴不协调不匹配的格局。按照现代旅游的发展规律来看，只有真正意义上有特色、有情调的文化之旅，才是持久和持续的。所以，文化产品的挖掘、整理、包装和推介将是花溪区文化旅游创新区构建的重中之重。

三　观念较为滞后、体制创新不足

为了推进花溪区文化旅游创新区的建设，决策和管理层应对全区旅游资源开发利用和管理统筹规划，对旅游市场需求特点进行科学分析和了解。但是，在文化旅游创新区创建过程中，旅游资源的开发和旅游项目建设存在的一定的盲目性。譬如，在文化旅游创新区建设过程中，旅游资源存在无规划开发、无序开发、低层次开发等问题，这是因为花溪区没有很好地抓住"文化旅游"这张王牌，如若这些问题持续存在，将在一定程度上致使花溪区文化旅游资源的结构优化与整体优势不能得以很好的展现。为此，面对开放、多元化、竞争日趋激烈的市场环境，显然需要完全打破陈旧的发展观念及模式，在旅游市场培育方面形成足够的认识和创新的思维，这就要求我们树立文化旅游创新区的大观念，从体制和机制着手，进一步加快推进文化旅游创新区的建设。

四　旅游管理创新和人才培养不足

花溪区文化旅游创新区的建设除了需要在观念、体制和机制层面创新之外，尤其需要专业人才和专业人士擘画，在具体管理层面进行管理和创新，按照科学管理、科学规划、科学落实的原则，有序推进、科学施工。因为花溪区文化旅游创新区的构建，是属于层次更高、内涵更深的文化建设。它的建设需要出色的规划人才、优秀管理人才、精细的建设人才和出色的推介人才。但在这方面，我们目前的人才数量和人才储备远不能满足建设和发展的需求。

五　社区文化的建设和推进不够

现代社会的发展和进步在很大程度上取决于社会文化建设力度，社区居民的文化素质高低决定了社区文化建设的水平高低。为此，笔者曾先后前往镇山民族文化村、高坡苗族文化乡，试图调研他们对本民族的文化、本地方的历史的了解程度，能够回答的社区居民寥寥无几。社会居民对本民族的文化、本民族的历史以及本村寨的过去都不了解，如何能有效推进文化旅游创新区建设。为此，在着手和推进文化旅游创新区建设的同时，该区域内的社会居民的文化建设以及相应的民族民俗文化建设等方面工作，必须得到有效开展和推进，否则将难以从基层社区居民的素养提升中得到更好的发展和建设。

第六节　贵阳市花溪区文化旅游创新区建设的路径选择

一　以工程项目为抓手，深入推进文化旅游创新区建设

花溪区文化旅游创新区的建设要以加速推进工程项目建设为抓手，项目模块是构建文化旅游创新区的基本元素。为此，花溪区文化旅游创新区的建设主要做到以下几个方面，一是要实施重点区域整治工程，塑造城市环境新形象。花溪主城区给人的印象就是街道狭窄，过于拥挤，给人以压抑和不透气感觉，这对旅游区的打造是极为不利的，旅游要寻找一种轻松、舒缓、舒适和宁静的感觉，因此，要对过于狭窄的主街道和街区实施拓展和拓宽。二是要实施景观提升工程，创造城市特色景观新亮点。旅游区景观的建设不是越多越好，而是能体现特色和亮点，能打造出最能代表本地区本民族文化和精髓的建筑，这将是文化旅游创新区建设的重点所在。因此，在谋划酝酿景观建设或提升品质的时候必须要努力做到最好最亮。三是要实施生态环境保护工程，构建生态环境新体系。花溪素有"高原明珠"之称，在于它的天蓝、地绿、水清，这是它最亮丽和最值得人向往之处。因此，旅游文化创新区工程项目的开发和建设要以不破坏和污染环境为前提，与此同时要加大"整脏治乱"力度，提升居民文化修养和文明习惯，永远保持它不可复制的山清水秀人美的格局。四是要实施路网建设工程，形成文化旅游城市新交通。为了提升旅游区的疏通和吞吐能力，花溪区文化旅游创新区的建设必须要构建现代发达的交通路网体系，这样才能使游客和旅客舒适地、便捷地到达想去的目的地，减轻压力放松心情，这也是旅游景区发展成功经验的分享。五是要实施文化旅游提升工程，构筑文化旅游融合新高地。花溪区文化旅游创新区的打造，要始终抓住"文化"这个主题，要把现有的儒家文化、民族文化、民俗文化、历史文化、军事文化以及饮食文化实现很好的融合和提升，提炼和锻造特色亮丽的文化品牌，构筑文化高地使之成为文化旅游创新区的亮丽

名片。六是要实施立面整治工程，展示花溪地域特色新风貌。花溪区旅游资源丰富，不仅有丰富别致的自然风光，也有令人炫目的文化色彩，如何巧妙地把两者融合，锻造出有别于它处的景观和景点是花溪区必须认真思索的问题。要努力刻画和雕琢出山水田园、民族风情、历史遗迹、文化斑斓集聚一身的理想胜地。七是要实施城市管理提升工程，提高长效管理水平。一个现代旅游城市或者旅游社区的建设，离不开现代化的设施和技术，把它打造成为智慧城市、智慧社区，要依靠现代化的管理理念和现代化的管理措施，通过大数据来实现科学管理、科学谋划和科学安排。为此，花溪区文化旅游创新区的建设要积极依靠现代化设施和现代化管理，才能做到提升管理水平，优化管理水平，提升文化旅游创新区的品质和格调。

二 以整体推进为战略重点，有效提升文化旅游创新区的内在品质

花溪区文化旅游创新区的建设，要从加快城乡统筹发展，不断提升城乡一体化发展水平的战略高度来思考和谋划。要通过城乡统筹发展，整体推进战略，才能更好地实现和推进花溪区文化旅游创新区的建设。为此，主要做到以下几个方面，一是加快园区规划建设，推进园区高端化。要通过高端的产业规划和布局来推动园区建设，通过高端技术、数字化的水平来营造和构建一种新型的企业文化和园区文化，作为提升和改进文化旅游创新区的重要助推器。二是加快提高城市品位，推进城区园林化。文化旅游创新区的建设就是要从整体上提升花溪城区的城市品位，要切实从景观布局的构思、文化氛围的营造以及人的文明素养的塑造等方面来推进文化旅游区建设。三是加快统筹农村发展，推进农村特色化。花溪区文化旅游创新区大部分区域属于农村，因而，要从城乡统一布局，以城带乡，城乡共建的思路来引领文化旅游区的建设。尤其是要按照典型民族村寨来打造美丽乡村的景致，来布局和推进农村特色化建设，使城镇、乡村融为一体，使城乡文化的整体形象呈现在游客面前。四是加快提升景区水平，实现景区生态化。花溪区文化旅游创新区既有自然资源、自然风光多姿多彩的一面，但也存在着资源脆弱性的一面。喀斯特地形地貌、石漠化地区的大量存在都给景区的建设带来极大挑战和困难。为此，要使景区的环境"常绿"，只有按照生态化的战略思考来改造和发展景区，只有通过多种树、多

种草等方式来逐步改善和改造景区的整体绿化水平。

三 以产业支撑为保障，加速构建文化旅游创新区的发展新格局

花溪区文化旅游创新区的建设要主动适应经济发展新常态，把转方式、调结构放到更加重要位置，着力打造以文化旅游、现代服务业、大数据产业、现代都市农业"四轮并进"的花溪"经济动车"，以产业支撑为保障，来带动和促进花溪区文化旅游创新区的建设和发展，主要做到以下几个方面，一是精细打造和深耕文化旅游业，打造文化旅游新业态。要精心设计、巧妙构思把文化旅游这张牌打好，要注意打造和延伸文化旅游产业，使之真正成为心之旅、情之约，使群众在文化的氛围中得到放松和荡涤，心灵得到净化，自身得到拓展和提升，使群众在文化和审美的情趣中心驰荡漾。二是打造和发展现代服务业，打造新兴经济增长极。文化的繁荣和发展离不开经济的发展和带动，要努力培育和催生新的经济增长极，形成良好的经济商业圈，能使体验文化之旅的客人留得下、坐得住、吃得好、玩得欢，充分体验和感受现代都市的文化气息，使经济和文化的发展相得益彰共同进步。三是充分发展大数据产业，打造新型工业化集群。花溪区文化旅游创新区的发展和创建，要紧紧依靠大数据发展的优势，要利用最先进的大数据产业的兴起和带动推进文化旅游产业的发展。大数据能够通过海量的数据和信息为我们文化旅游区的建设提供信息和帮助，营造智慧旅游，智慧管理的新模式。四是大力发展观光型农业，打造现代农业新品牌。花溪区文化旅游创新区的建设，要夯实现代农业基础。现代农业观光以及现代农业体验已经成为现代游客逐渐垂青的旅游方式，我们可以利用花溪区特有的农业资源来打造农业示范基地让游客来观光和体验。为此要科学规划、细致安排、周密部署，打造乐而忘返的现代观光型农业。

四 以解民生所困为依归，营造文化旅游创新区的和谐新环境

花溪区文化旅游创新区的建设初衷和归属都缘于提高群众生活幸福指数。因为群众生活幸福指数是衡量政府工作好坏得失的标尺，群众生活幸福指数高，他们才能更容易参与到文化旅游创新区的建设中来，否则他们将会对文化旅游创新区建设形成阻碍。为此，要做到以下几个方面，一是

要更加重视教育事业，促进教育均衡发展。花溪区的教育资源与云岩区、南明区相比，无论在学校数量、学生生源以及师资力量等方面都具有一定的劣势。与此同时，在花溪区内部城乡相比也存在较大差异。为此，要创造条件、创新机制超常规发展，充分利用花溪大学城的人才集聚优势来扩充和提升师资队伍，夯实基础教育根基，提升基础教育水平，最大限度满足群众和学生对教育的期盼和要求。二是要更加重视医疗卫生，解决看病难看病贵的问题。医疗卫生条件的改善，最大限度地满足和解决群众看病难、看病贵的问题，是解决好群众民生问题的重点。群众往往因病致贫、因病致困根源在于医疗保障体制不健全、不到位。为此，要千方百计提高村镇一级医疗条件水平，鼓励全科医生下乡为群众治病，切实解决好关系群众疾苦的医疗卫生事业。三是要更加重视劳动就业，提高就业收入水平。花溪区文化旅游创新区建设的逐步推进，一定会给群众提供更多的就业空间和就业机会。作为决策部门，政府一定要做好就业规划和安排，同时也要为群众提供就业条件和机会，提高和提升群众文化素养和知识水平，因为他们处于基层、处于工作一线，他们的素质高低在很大程度上决定着文化旅游创新区的成败。四是更加重视社会民生，完善社会保障体系。社会民生问题解决的好坏，很大程度上取决于社会保障体系建设是否完善。在建设文化旅游创新区过程中，花溪区同样要关注群众的社会保障体系建设问题，它是社会进步和发展的稳定器和安全阀，只有它的逐步健全和完善才能为群众更好地参与文化旅游创新区建设提供保障。五是更加重视文体事业，促进文化繁荣发展。文化发展和繁荣的基础来自实践，来自实践一线的群众。为此，要努力创造环境和条件让群众有广阔的舞台去表现，有广阔的平台去展示。要培育和创新相应的文化发展和创新机制，积极引导群众去创造和营造更多、更丰富的文化娱乐方式，从而更加丰富文化旅游创新的内涵和实质。六是更加重视平安创建，维护社会和谐稳定。稳定与和谐是发展和创造的前提和基础。努力打造和创建和谐社区、幸福家庭，以此为我们营造文化旅游创新区的和谐环境。

参考文献

一 专著类

《马克思恩格斯文集》第1~10卷，人民出版社，2009。

《马克思恩格斯选集》第1~4卷，人民出版社，2012。

《列宁选集》第1~4卷，人民出版社，1995。

《毛泽东选集》第1~4卷，人民出版社，1991。

《邓小平文选》第1卷，人民出版社，1994。

《邓小平文选》第2卷，人民出版社，1994。

《邓小平文选》第3卷，人民出版社，1993。

《江泽民文选》第1~3卷，人民出版社，2006。

《胡锦涛文选》第1~3卷，人民出版社，2016。

习近平：《决胜全面建成小康社会 夺取新时代中国特色社会主义伟大胜利》，人民出版社，2017。

《习近平总书记系列重要讲话读本》，人民出版社、学习出版社，2016。

中共中央文献研究室编《十八大以来重要文献选编》上，中央文献出版社，2014。

中共中央文献研究室编《十八大以来重要文献选编》中，中央文献出版社，2016。

中共中央文献研究院编《十八大以来重要文献选编》下，中央文献出版社，2018。

中共中央文献研究室编《习近平关于社会主义生态文明建设论述摘编》，中央文献出版社，2017。

〔德〕康德：《纯粹理性批判》，蓝公武译，商务印书馆，1960。

〔德〕黑格尔：《自然哲学》，梁志学等译，商务印书馆，1980。

〔德〕霍克海默：《批判理论》，李小兵等译，重庆出版社，1989。

〔美〕赫伯特·马尔库塞：《单向度的人——发达工业社会意识形态研究》，张峰等译，重庆出版社，1988。

〔美〕赫伯特·马尔库塞：《现代文明与人的困境》，李小兵等译，上海三联书店，1989。

〔德〕马克斯·韦伯：《经济与社会》（上卷），林荣远译，商务印书馆，1997。

〔德〕胡塞尔：《欧洲科学危机和超验现象学》，张庆熊译，上海译文出版社，1988。

〔美〕弗洛姆：《健全的社会》，孙恺详译，贵州人民出版社，1994。

〔美〕约翰·奈斯比特等：《高科技·高思维》，尹萍等译，新华出版社，2000。

〔美〕默顿：《十七世纪英国的科学、技术与社会》，范岱年等译，四川人民出版社，1986。

〔美〕丹尼尔·贝尔：《后工业社会的来临》，高铦等译，商务印书馆，1986。

〔美〕谢勒：《技术哲学导论》，刘武等译，辽宁科学技术出版社，1986。

〔美〕霍尔姆斯·罗尔斯顿：《环境伦理学》，杨通进译，中国社会科学出版社，2000。

〔美〕弗·卡普拉等：《绿色政治——全球的希望》，石音译，东方出版社，1988 年。

〔美〕亨廷顿：《变化社会中的政治秩序》，王冠华等译，生活·读书·新知三联书店，1989。

〔英〕怀特海：《科学与近代世界》，何钦译，商务印书馆，1989。

〔美〕戴维·佩珀：《生态社会主义：从深生态学到社会正义》，刘颖译，山东大学出版社，2012。

〔加〕本·阿格尔：《西方马克思主义概论》，慎之等译，中国人民大学出版社，1991。

（清）王先谦：《汉书补注》，中华书局，1983。

茅以升：《中国古桥技术史》，北京出版社，1986。

余谋昌：《生态哲学》，陕西人民教育出版社，2000。

余满晖：《马克思新唯物主义自然观及其生态批判》，人民出版社，2020。

邹文广：《人类文化的流变与整合》，吉林人民出版社，1998。

杨国荣：《理性与价值》，上海三联书店，1998。

二 论文、期刊类

《习近平总书记深情阐述"中国梦"》，《人民日报》2012年11月30日。

习近平：《推动我国生态文明建设迈上新台阶》，《求是》2019年第3期。

《生态文明贵阳国际论坛二〇一三年年会开幕 习近平致贺信》，《人民日报》
2013年7月21日。

《习近平在贵州调研》，《人民日报》2015年6月19日。

姜春：《以务实措施推动生态文明建设——贵阳市建设生态文明城市的实践
和启示》，《人民日报》2013年6月22日。

《贵州日报》评论员：《"禁"字当头 坚守生态底线》，《贵州日报》2014年
9月24日。

刘福森：《自然中心主义生态伦理观的理论困境》，《中国社会科学》1997
年第3期。

陈学明：《资本逻辑与生态危机》，《中国社会科学》2012年第11期。

后　记

　　本书是大家集体智慧的结晶，具体分工如下。其中第一篇"生态文明建设的马克思主义之魂"的第三、第四、第五章由李旭华撰写。第三篇"生态文明建设的西方文化之鉴"的第一章由赵耀撰写，第四、第五、第六章由唐圆梦撰写，第七章由邹喜撰写。"贵阳在行动"的第三章由康文峰撰写，第四章由李孔俊撰写，第五章由蒲文彬撰写。其余部分由余满晖撰写。全书由余满晖统一修改定稿。

　　本书在撰写过程中得到了贵州师范大学马克思主义学院各位同仁的帮助与支持。同时，社会科学文献出版社的任文武先生为本书的出版也提供了诸多帮助。在此向所有提供帮助的人们表示衷心感谢！

余满晖

图书在版编目（CIP）数据

生态文明建设的理论与实践／余满晖等著．--北京：
社会科学文献出版社，2021.10
ISBN 978-7-5201-9282-8

Ⅰ.①生…　Ⅱ.①余…　Ⅲ.①生态环境建设-研究-
贵阳　Ⅳ.①X321.273.1

中国版本图书馆CIP数据核字（2021）第218435号

生态文明建设的理论与实践

著　　者／余满晖 等

出 版 人／王利民
组稿编辑／任文武
责任编辑／王玉霞
责任印制／王京美

出　　版／社会科学文献出版社·城市和绿色发展分社（010）59367143
　　　　　地址：北京市北三环中路甲29号院华龙大厦　邮编：100029
　　　　　网址：www.ssap.com.cn
发　　行／市场营销中心（010）59367081　59367083
印　　装／三河市尚艺印装有限公司

规　　格／开本：787mm×1092mm　1/16
　　　　　印张：19.25　字数：312千字
版　　次／2021年10月第1版　2021年10月第1次印刷
书　　号／ISBN 978-7-5201-9282-8
定　　价／88.00元

本书如有印装质量问题，请与读者服务中心（010-59367028）联系